精密激光测量技术与系统

胡鹏程　陆振刚　邹丽敏
崔继文　杨宏兴　付海金　编著

科学出版社
北京

内 容 简 介

本书介绍了几种典型精密激光测量技术的基本原理、关键技术、系统组成与工作特性，并将基本测量原理、典型商用仪器、被测对象特性和实际应用环境联系起来。本书共 6 章，包括激光基本原理及典型器件、激光干涉测量技术与系统、激光测距技术与系统、激光光栅测量技术与系统、激光共焦测量技术与系统、激光自准直技术与系统。

本书可作为测控技术及仪器、光电信息科学与工程、光学工程、机电一体化工程等专业本科高年级学生的教材，也可作为仪器科学与技术、机械工程、精密装备制造等学科和工程领域研究生的教材，还可以作为相关专业科研人员的参考书。

图书在版编目（CIP）数据

精密激光测量技术与系统 / 胡鹏程等编著. —北京：科学出版社，2015.10
ISBN 978-7-03-046014-1

Ⅰ. ①精… Ⅱ. ①胡… Ⅲ. ①激光测距－测量技术 Ⅳ. ①TH761

中国版本图书馆 CIP 数据核字（2015）第 246241 号

责任编辑：朱晓颖 张丽花 / 责任校对：郭瑞芝
责任印制：张 伟 / 封面设计：迷底书装

科学出版社 出版
北京东黄城根北街 16 号
邮政编码：100717
http://www.sciencep.com

中煤（北京）印务有限公司印刷

科学出版社发行 各地新华书店经销

*

2015 年 10 月第 一 版 开本：787×1092 1/16
2025 年 8 月第十次印刷 印张：12 1/4
字数：320 000

定价：59.00 元

（如有印装质量问题，我社负责调换）

前　言

自从 1960 年第一台激光器的研制成功，激光以其方向性好、亮度高和相干性好等特点被广泛应用于几何量、物理量的精密测量与探测领域。数十年来，微电子装备、超精密加工和大科学装置的迅速发展，促使激光技术与先进电子学技术、精密光学机械技术等不断融合，并涌现出多种具有高灵敏度、高精度特征的激光测量技术与系统。

本书着重介绍的激光干涉测量、激光测距术、激光光栅、激光共焦和激光自准直等几种典型精密激光测量技术与系统，是超精密加工、微电子制造、大科学工程、生命科学与医疗等领域的核心测量方法，其相关仪器装备的研发、生产和应用规模庞大，在国民经济发展中有重要作用。同时，这些精密激光测量技术与系统还在向着更高测量精度、更高测量效率的方向发展，并衍生涉及先进材料、加工、光学、电子学等多个学科的一些前沿研究热点问题。

本书从测量原理、关键技术到国际前沿动态多个层面来阐述精密激光测量技术与系统，有利于展现科研创新思维历程并跟踪国际发展状况。同时，还将仪器系统、被测对象特性和实际应用环境联系起来，从精密测量学角度介绍和分析几种典型的激光测量技术。本书的适用对象主要是仪器科学与技术、光学工程、机械工程、精密装备制造领域的本科高年级学生和研究生，以及有关的工程技术人员。

本书编写提纲由胡鹏程制订。全书内容共分 6 章，第 1 章介绍激光产生原理、激光特性以及激光测量系统中常用的光学元器件，第 2 章介绍激光干涉测量原理、关键技术以及仪器特性与应用，第 3 章介绍激光测距原理及关键技术，第 4 章介绍光栅干涉测量原理及关键技术，第 5 章介绍共焦测量原理与测量特性，第 6 章介绍激光自准直原理、关键技术与测量系统。

本书由胡鹏程任主编，陆振刚、邹丽敏任副主编，参与本书编写的有：付海金(第 1 章)、胡鹏程(第 2 章)、杨宏兴(第 3 章)、陆振刚(第 4 章)、邹丽敏(第 5 章)、崔继文(第 6 章)。全书由胡鹏程和陆振刚共同统稿。

在本书编写的过程中，编著者参考了大量文献资料，使本书的内容更加丰富，在此谨向有关作者表示衷心的感谢。本书撰写和出版过程中，获得中央高校基本科研业务费专项资金资助（项目资助编号：HIT. NSRIF. 20168），哈尔滨工业大学超精密光电仪器工程研究所的朱静浩、王越、周红霞、王静、黄凯琦、王东昊、魏培培、王超群、王宝凯、任文然等也给予了许多帮助，在此一并致谢。

由于编者水平有限，书中难免存在不妥之处，恳请读者批评指正。

编　者

2015 年 7 月

前言

[illegible]

目　　录

第 1 章　激光基本原理及典型器件

1.1　激光的基本原理

1917 年，爱因斯坦提出光的受激辐射的概念，预言了激光产生的可能性。20 世纪 50 年代美国科学家汤斯及苏联科学家普罗科霍罗夫等分别独立发明了一种低噪声微波放大器，即一种在微波波段的受激辐射放大器。1958 年，美国科学家汤斯和肖洛提出在一定条件下，可将这种微波受激辐射放大器的原理推广到光波波段，制成受激辐射光放大器(Light amplification by stimulated emission of radiation，Laser)。1960 年 7 月，美国的梅曼宣布制成了世界上第一台红宝石激光器。1961 年，我国科学家邓锡铭、王之江制成我国第一台红宝石激光器，称为“光学量子放大器”，随后我国科学家钱学森建议统一翻译成“激光”或“激光器”。

激光的产生主要是由于光波电磁场与物质分子或原子之间的相互作用，包括自发辐射、受激辐射和受激吸收三个过程。激光基本理论发展经历了三个重要的时期：1900 年，普朗克用辐射量子假设解释了黑体辐射的分布规律；1913 年，玻尔提出了原子中电子运动量子化的假设；在此基础上，1917 年，爱因斯坦首先提出了受激辐射和自发辐射的重要概念，而受激辐射是激光产生的重要基础。

1.1.1　黑体辐射普朗克公式

黑体指的是能够吸收照射在其上的全部电磁波的物体，空腔辐射体就是一个比较理想的黑体，如图 1-1 所示，从外界射入空腔小孔的任何波长的电磁波只能在腔体内部来回反射而无法逸出腔体。黑体除了能够吸收电磁辐射外，还会向外界辐射电磁波。处于热平衡温度 T 的黑体吸收的电磁波能量与辐射的电磁波能量相等，这种平衡状态使得腔体内部存在完全确定的辐射场，称为黑体辐射。

热平衡时，空腔辐射的能量密度是电磁波长的函数，其只与黑体的绝对温度 T 有关，而与黑体的形状和材料无关。电磁辐射能量密度 ρ_ν 定义为单位体积(V_{ol})内处于频率 ν 附近的单位频率的电磁辐射能量，即

$$\rho_\nu = \frac{d\varepsilon}{V_{ol} d\nu} \tag{1-1}$$

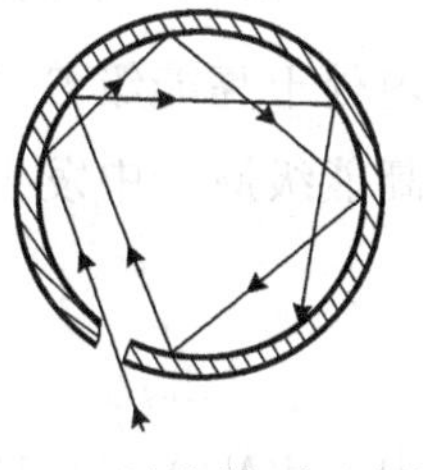

图 1-1　黑体模型示意图

电磁能量密度的单位为 $J \cdot s/m^3$。经典热力学得出的 ρ_ν 的分布规律与实验结果存在一定的偏差，为了解决这一问题，普朗克假定物体在吸收和辐射电能量时，能量的变化不是连续的，而是存在最小的能量单元 ε，称为光量子，且 $\varepsilon = h\nu$，h 为普朗克常量。物体吸收或辐射的能量只能是最小能量单元的整数倍，普朗克在此假定的基础上，建立了与实验结果相符的能量密度公式，即黑体的普朗克辐射公式。

根据热力学定律，在热平衡状态下黑体辐射分配到每个模式上的平均能量为

$$E = \frac{h\nu}{e^{\frac{h\nu}{KT}} - 1} \tag{1-2}$$

式中，K 为玻尔兹曼常量。根据光子简并度理论，空腔内处于频率ν附近的单位频率内的光波模式为

$$M_{op} = \frac{8\pi\nu^2}{c^3} V_{ol} d\nu \tag{1-3}$$

空腔内单位体积内处于频率ν附近的光波模式数为

$$n_\nu = \frac{M_{op}}{V_{ol} d\nu} = \frac{8\pi\nu^2}{c^3} \tag{1-4}$$

那么，辐射能量密度可表示为

$$\rho_\nu = \frac{M_{op} \cdot E}{V_{ol} d\nu} = n_\nu \cdot E = \frac{8\pi\nu^2}{c^3} \frac{h\nu}{e^{\frac{h\nu}{KT}} - 1} \tag{1-5}$$

1.1.2 光与物质的共振相互作用

1. 自发辐射

物质由分子、原子或离子构成，原子由带正电荷的原子核以及绕原子核运动的电子组成，当核外电子的运动状态发生变化时，原子的能量将会发生变化。根据量子力学，原子能量的变化不是连续的，而是量子化的。这些量子化的能量状态称为能级，能量最低的能级称为基能级或基态，能量高于基态的能级称为激发能级或激发态。如图 1-2 所示，当原子从高能级 E_2 向低能级 E_1 发生自发跃迁时，释放一个能量为 $h\nu$ 的光子，其值为两个能级的能量之差：

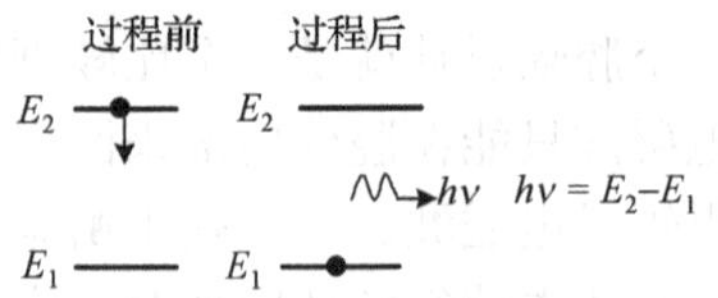

图 1-2　自发辐射示意图

$$h\nu = E_2 - E_1 \tag{1-6}$$

式中，h 为普朗克常量；ν 为光子的频率。

由自发跃迁发出光波称为自发辐射，假定单位体积内处于高能级 E_2 的原子数为 N_2，自发辐射的跃迁几率用 A_{21} 表示，定义为单位时间内由 N_2 个高能级原子中发生自发跃迁的原子数与 N_2 的比值：

$$A_{21} = \left(\frac{dN_{21}}{dt}\right)_{sp} \frac{1}{N_2} \tag{1-7}$$

式中，$d(N_{21})_{sp}$ 为自发跃迁时由高能级 E_2 向低能级 E_1 跃迁的原子数。自发跃迁只与原子本身的性质有关，故 A_{21} 仅仅决定于原子本身的性质。单位时间内能级 E_2 减少的粒子数目为

$$\frac{dN_2}{dt} = -\left(\frac{dN_{21}}{dt}\right)_{sp} \tag{1-8}$$

代入式(1-7)可得

$$\frac{dN_2}{dt} = -A_{21} N_2 \tag{1-9}$$

上式的解为

$$N_2 = N_{20}e^{-A_{21}t} = N_{20}e^{-t/\tau_s} \tag{1-10}$$

由上式可知$\tau_s = 1/A_{21}$，为原子在能级E_2上的平均寿命，A_{21}也称为自发辐射爱因斯坦系数。

2. 受激吸收

如果物质原子只有自发辐射作用，那么与周围环境将无法达到热平衡状态，因此必然还存在一种在辐射场作用下的受激跃迁过程。如图 1-3 所示，处于低能级E_1上的原子，在吸收频率为$h\nu$的光子后跃迁到高能级E_2上，该过程即为受激吸收。假定单位体积内处于低能级E_1的原子数为N_1，并用W_{12}描述受激吸收跃迁的几率，即

$$W_{12} = \left(\frac{dN_{12}}{dt}\right)_{st}\frac{1}{N_1} \tag{1-11}$$

式中，$d(N_{12})_{st}$为受激吸收时由低能级E_1向高能级E_2跃迁的原子数。受激吸收不但与原子自身的性质有关，还与电磁场的能量密度ρ_ν成正比，即

$$W_{12} = B_{12}\rho_\nu \tag{1-12}$$

式中，B_{12}为受激吸收爱因斯坦系数。

3. 受激辐射

处于高能级E_2上的原子在频率为ν的电磁场作用下跃迁到低能态E_1并释放出一个能量为$h\nu$的光子，这个过程称为受激辐射，如图 1-4 所示。受激辐射的跃迁几率用W_{21}描述，即

$$W_{21} = \left(\frac{dN_{21}}{dt}\right)_{st}\frac{1}{N_2} \tag{1-13}$$

受激辐射与原子自身的性质有关，还与磁场的能量密度ρ_ν成正比，即

$$W_{21} = B_{21}\rho_\nu \tag{1-14}$$

式中，B_{21}为受激辐射爱因斯坦系数。

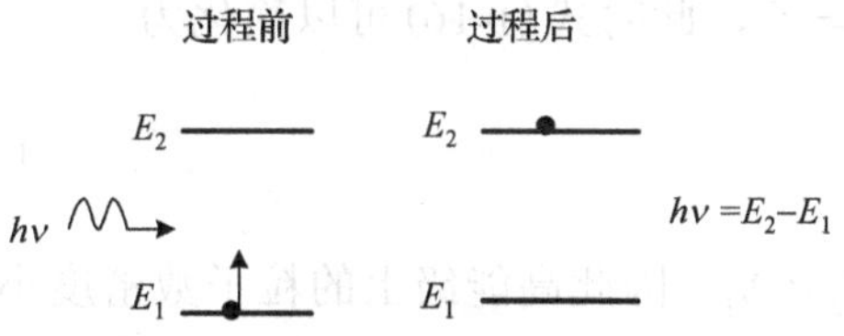

图 1-3 受激吸收示意图

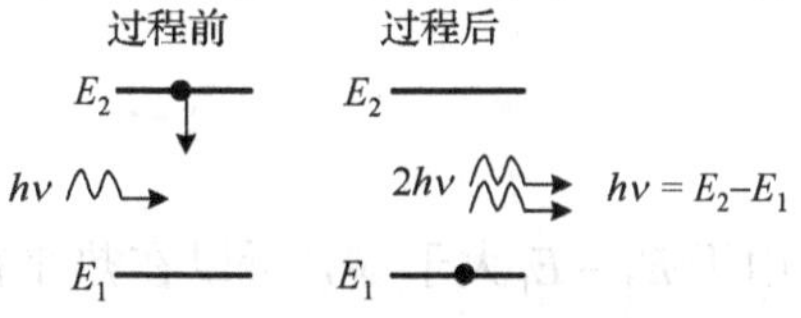

图 1-4 受激辐射示意图

4. 过程系数的相互关系

假设物质原子与周围电磁场处于温度为T的热平衡状态，则根据黑体辐射普朗克公式，此时电磁场的能量密度ρ_ν为

$$\rho_\nu = \frac{8\pi h\nu^3}{c^3}\frac{1}{e^{h\nu/(KT)}-1} \tag{1-15}$$

式中，$K = 1.38062\times10^{-23}$J/℃，为玻尔兹曼常量。在热平衡状态下，原子按照能级分布应该服从玻尔兹曼分布，即

$$\frac{N_2}{N_1}=\frac{f_2}{f_1}\mathrm{e}^{-\frac{(E_2-E_1)}{KT}} \tag{1-16}$$

式中，f_1 和 f_2 分别为能级 E_1 和 E_2 的统计权重。在热平衡状态下，E_2 能级上的原子数目应该保持不变，即

$$\left(\frac{\mathrm{d}N_{21}}{\mathrm{d}t}\right)_{\mathrm{sp}}+\left(\frac{\mathrm{d}N_{21}}{\mathrm{d}t}\right)_{\mathrm{st}}=\left(\frac{\mathrm{d}N_{12}}{\mathrm{d}t}\right)_{\mathrm{st}} \tag{1-17}$$

根据式(1-9)和式(1-11)～式(1-14)，上式还可表示为

$$N_2A_{21}+N_2B_{21}\rho_\nu=N_1B_{12}\rho_\nu \tag{1-18}$$

联立式(1-15)～式(1-18)可得

$$\frac{c^3}{8\pi h\nu^3}(\mathrm{e}^{\frac{h\nu}{KT}}-1)=\frac{B_{21}}{A_{21}}\left(\frac{B_{12}}{B_{21}}\frac{f_1}{f_2}\mathrm{e}^{\frac{h\nu}{KT}}-1\right) \tag{1-19}$$

当 $T\to\infty$ 时，上式仍然成立，所以

$$B_{12}f_1=B_{21}f_2 \tag{1-20}$$

代入式(1-19)，得出

$$\frac{A_{21}}{B_{21}}=\frac{8\pi h\nu^3}{c^3} \tag{1-21}$$

当统计权重 $f_1=f_2$ 时，有

$$B_{12}=B_{21} \tag{1-22}$$

此时 $W_{12}=W_{21}$。

1.1.3 粒子数反转与光放大

假设两个能级 E_1 和 E_2 的统计权重相同，即 $f_1=f_2$，此时式(1-16)可以简化为

$$\frac{N_2}{N_1}=\mathrm{e}^{-\frac{(E_2-E_1)}{KT}} \tag{1-23}$$

由于 E_2-E_1 大于零，所以在热平衡状态下，$N_2<N_1$，因此高能级上的粒子数密度小于低能级上的粒子数密度，如图 1-5 所示。

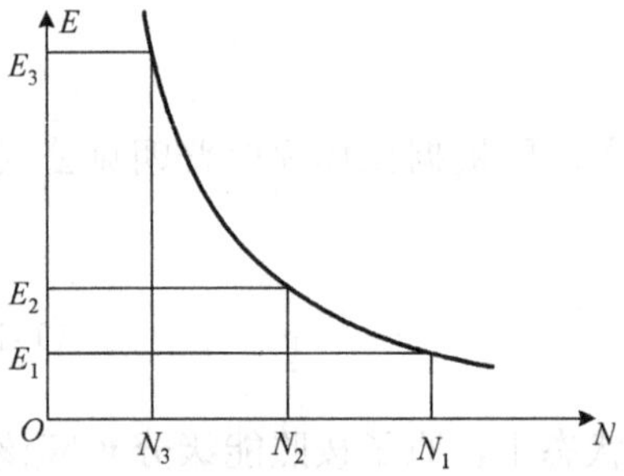

图 1-5　粒子数密度按能级的分布曲线

在能量为 $h\nu=E_2-E_1$ 的光波作用下，物质中同时存在受激吸收和受激辐射，且受激吸收的光子数大于受激辐射的光子数，即

$$N_1W_{12}>N_2W_{21} \tag{1-24}$$

所以热平衡状态下的物质在宏观上表现出光吸收的特性。当物质中处于高能级的粒子数密度大于处于低能级的粒子数密度时，称为粒子数反转，即

$$N_2>N_1 \tag{1-25}$$

若 $f_1\neq f_2$，则粒子数反转条件可表示为

$$N_2 > \frac{f_2}{f_1} N_1 \tag{1-26}$$

处于粒子数反转状态下的物质称为激活物质。在能量为 $h\nu = E_2 - E_1$ 的光波作用下，激活物质中受激辐射的光子数大于受激吸收的光子数，即

$$N_1 W_{12} < N_2 W_{21} \tag{1-27}$$

所以处于激活状态的物质呈现出光放大的特性。

在热平衡状态下，粒子数反转是不可能的。为了实现粒子数反转，必须从外界向物质提供能量，该过程称为激励或泵浦，在外部激励作用下物质处于非热平衡状态，大量处于低能级的粒子向高能级跃迁，进而实现粒子数反转。激励过程是放大的必要条件，常用的激励方式有光激励、电激励、热激励以及化学激励。处于粒子数反转状态的物质是极其不稳定的，它将会通过自发辐射和受激辐射的方式尽可能恢复到热平衡状态。如果在外部激励下，粒子数反转的状态持续存在，那么引起受激辐射的光子将会得到雪崩式的放大，从而有可能形成激光。

1.1.4　激光介质增益系数与增益曲线

当物质处于粒子数反转状态时，由于受激辐射激光介质对光具有雪崩式的放大作用，介质对光的放大特性用增益系数表征，定义为光通过单位长度激光介质后光强增长的百分数，即

$$G = \frac{\mathrm{d}I(z)}{I(z)\mathrm{d}z} \tag{1-28}$$

式中，z 为光在介质中的传播距离；$I(z)$ 为 z 处的光强。如果粒子数反转不随位置 z 而变化，那么增益系数是一个常数 G_0，称为小增益系数，此时公式(1-28)的解为

$$G = I_0 \mathrm{e}^{G_0 z} \tag{1-29}$$

式中，I_0 为光的初始强度，由式(1-29)可知光在介质中的光强以指数规律迅速增大。然而光的强度不可能无限增大，因为当光强增大到一定程度时，增益系数不再是常数，而是随着传播距离的增大而减小，当增益系数下降到与损耗系数相等时，光强达到最大值，由于增益等于损耗，该极大值是稳定的，这种现象称为增益饱和现象。

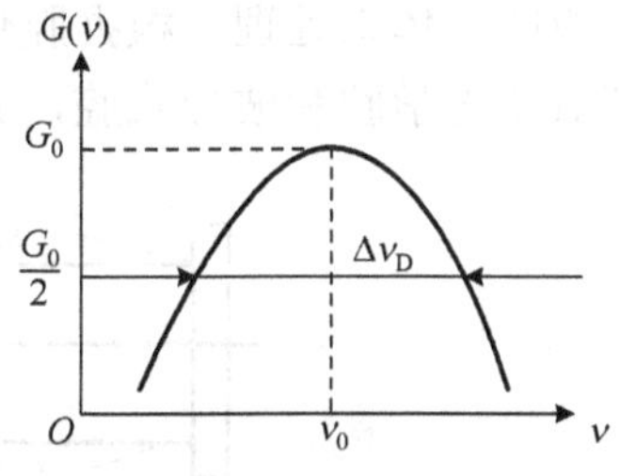

图 1-6　增益曲线

增益系数不但与光的强度有关，还与光的频率有关，这是由各种原因引起的谱线加宽，导致频率在 $\nu_0 = (E_2 - E_1)/h$ 附近的光子都有可能引起受激辐射和受激跃迁。增益系数 G 随光波频率 ν 的变化曲线称为增益曲线，图 1-6 给出了典型的激光增益曲线，其在 ν_0 处的增益系数为最大值 G_0，增益曲线的半峰宽度 $\Delta\nu_{\mathrm{D}}$ 称为增益曲线宽度。

1.1.5　光的自激振荡和振荡条件

激光介质对光有放大作用，但要产生激光需要的增益介质长度非常大，而实际上激光介质长度不可能太长。为了解决这一问题，可以利用两个反射镜构成谐振腔。如图 1-7 所示，沿谐振腔轴向传播的激光被两个反射镜来回反射，如果在谐振腔中放置激活介质，则光在来回反射的过程中被不断放大，最终形成激光振荡，同时由于谐振腔对光有一定的损耗，当

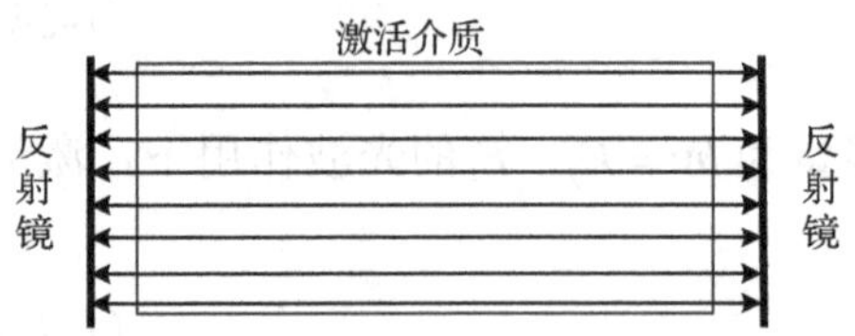

图 1-7　光学谐振腔

增益随着光强的增大下降到与损耗相同时，则达到稳定的振荡状态，这一过程称为光的自激振荡。

光学谐振腔内的激活介质对光进行放大，但谐振腔内部同时还存在多种阻碍光放大的因素，如光的吸收和散射等，这些因素统称为损耗。损耗对光放大的阻碍作用可以用损耗系数来表征，其定义为光经过单位长度后光强衰减的百分数：

$$\alpha_{\mathrm{P}} = -\frac{\mathrm{d}I(z)}{I(z)\mathrm{d}z} \tag{1-30}$$

若同时考虑光学谐振腔增益和损耗，则

$$\mathrm{d}I(z) = (G-\alpha_{\mathrm{P}})I(z)\mathrm{d}z \tag{1-31}$$

在小信号增益的情况下 $G=G_0$，则式(1-31)的解为

$$I(z) = I_0\mathrm{e}^{(G_0-\alpha_{\mathrm{P}})Z} \tag{1-32}$$

根据式(1-32)，若要实现光强度的放大，即 $I(z)>I_0$，则需满足

$$G_0 \geqslant \alpha_{\mathrm{P}} \tag{1-33}$$

式(1-33)就是实现激光自激振荡的条件，而 $G_0=\alpha_{\mathrm{P}}$ 是实现激光自激振荡的阈值。

1.1.6　光学谐振腔与激光模式选择

激光器主要由光学谐振腔、激光介质和激光泵浦等组成，光学谐振腔作为激光器组成的重要部件，其作用体现在两个方面：一是让光束在谐振腔内部来回反射可增大激光介质与光束的作用距离，从而能够将光束放大到足够程度；二是对激光的工作模式进行选择。

两个正对的反射镜就可以构成一个最简单的光学谐振腔，但实际应用中更多的是由两个共轴球面反射镜构成共轴球面腔。但无论采用什么样结构的谐振腔，都可以等效为两个腔镜构成的腔体来处理。根据腔体是否存在侧面边界，光学谐振腔一般可以分为封闭式光学腔、开放式光学腔和波导式腔，其基本结构如图 1-8 所示。

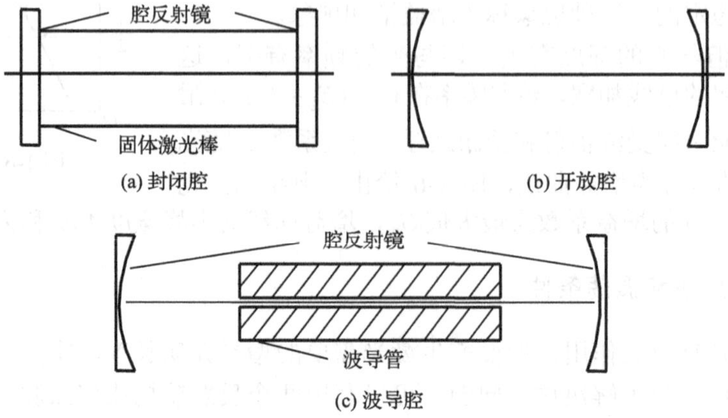

图 1-8　光学谐振腔的典型类型

光学腔对腔体内的电磁场分布会产生一定的约束作用。电磁理论分析表明由于边界条件的约束，腔体内的电磁场分布是一系列分立的状态，每一种状态具有一定的频率和空间分布，一般将腔体内存在的稳定的电磁场状态称为激光模式，其中沿着光学腔轴线方向的稳定电磁场状态称为纵模，而沿着垂直于光学腔轴线方向横截面内的稳定电磁场状态称为横模，同一个光学腔中可以存在多个纵模与横模。

1. 纵模

以两个平面反射镜构成的光学谐振腔为例，如图 1-9 所示，光波在腔镜上来回入射和反射，入射光波与反射光波会产生干涉。为了在腔体内形成的稳定的光学振荡，要求光波之间的干涉满足相互增强条件，即光波从腔体内某一点出发，往返一周回到出发位置时产生的相位差为 2π 的整数倍，该条件也称为驻波条件，可表示为

$$\Delta\varphi=\frac{2\pi}{\lambda}\cdot 2n_{\mathrm{m}}L_{\mathrm{R}}=q\cdot 2\pi \tag{1-34}$$

式中，λ 为真空中的波长；n_{m} 为谐振腔中的激光介质折射率；L_{R} 为谐振腔的长度；q 为整数。

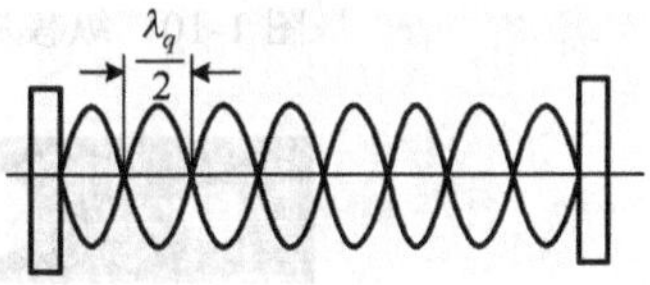

图 1-9 谐振腔内的驻波

显然在谐振腔长度确定的情况下，满足式(1-34)的光波不是连续的，而是分立的，即光波波长需满足以下条件：

$$\lambda_q=2n_{\mathrm{m}}L_{\mathrm{R}}/q \Leftrightarrow L_{\mathrm{R}}=q\cdot\frac{\lambda}{2n_{\mathrm{m}}} \tag{1-35}$$

或者光波的频率需满足

$$\nu_q=q\cdot\frac{c}{2n_{\mathrm{m}}L_{\mathrm{R}}} \tag{1-36}$$

由上式可知能够形成稳定振荡的光波频率也是分立的，每一个分立的频率称为一个纵模，纵模间距是相等的，相邻纵模的频率间隔为

$$\Delta\nu_q=\frac{c}{2n_{\mathrm{m}}L_{\mathrm{R}}} \tag{1-37}$$

由上式可知纵模间隔与谐振腔长度 L_{R} 成反比，腔长 L_{R} 越大，纵模间隔越小。由于光学谐振腔的长度远超过光波的波长，因此整数 q 的数值可以很大，一般为 $10^4\sim10^6$ 数量级。综上所述，光学谐振腔的纵模在频率轴上的分布像一把梳子，称为纵模频率梳，如图 1-10 所示。在理想情况下，一个纵模对应着一个单一的光波频率，但在实际情况中，每一个纵模都具有一定的频率宽度。

虽然满足干涉增强条件的纵模数目有很多，但并不是每个纵模都能够形成激光振荡，只有那些位于激光增益曲线有效宽度内，且增益大于损耗的纵模才有可能形成稳定的振荡，如图 1-11 所示。

2. 横模

横模是光波电场在垂直于谐振腔轴线横截面上的稳定分布，它是由于腔镜的衍射效应而产生的。与纵模类似，横模也是分立的，用 TEM_{mn} 表示，m 和 n 为横模序数，通常横模序数越高，其光斑的图样也就越复杂，一般具有多个能量中心。TEM_{00} 称为基横模或基模，只有一个能量中心。光学谐振腔的腔镜常用的有方形腔镜和圆形腔镜，对于方形腔镜构成的谐振腔，其横模分布为轴对称图样，如图 1-12 所示，m 和 n 分别代表在水平方向和竖直方向光斑

内部出现的暗纹数目。对于圆形腔镜构成的谐振腔，其横模光强分布为旋转对称，但在实际应用中由于激光介质的非均匀性等因素，横模光斑的旋转对称性可能会被破坏。

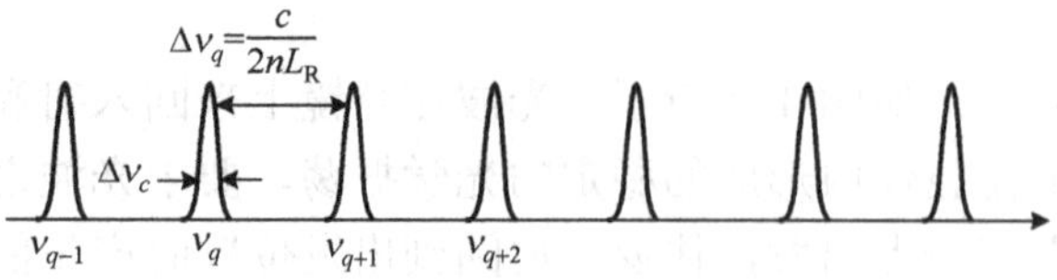

图 1-10　纵模频率梳

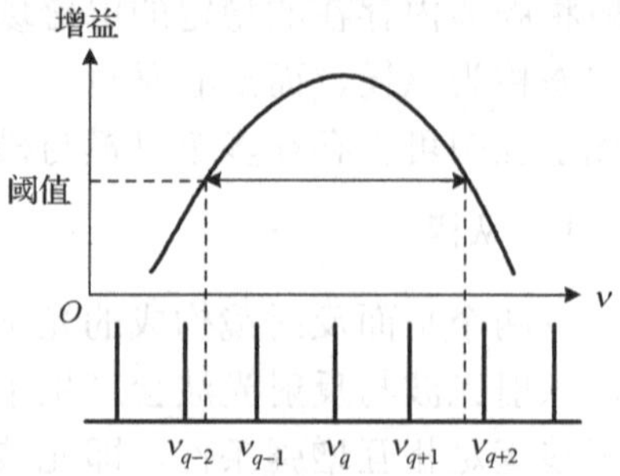

图 1-11　增益曲线与纵模

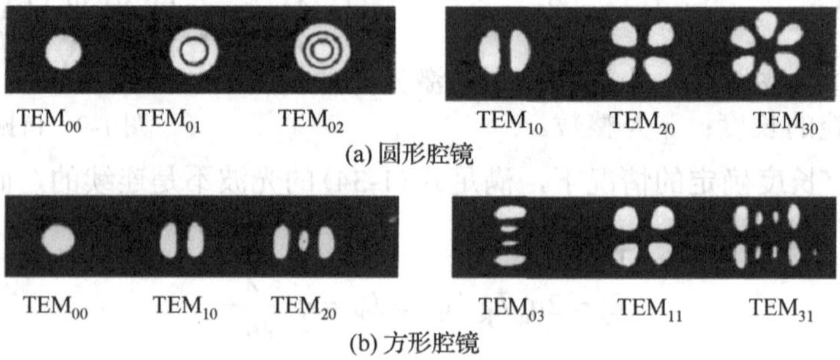

图 1-12　共焦腔的横模光斑

1.1.7　基模高斯光束及其特性

激光谐振腔输出的基模光束称为高斯光束，可以用下式表示(假定光束沿着 z 轴传播)：

$$E_{00}(x,y,z)=\frac{Y_0}{\omega(z)}\exp\left[-\frac{r^2}{\omega^2(z)}\right]\cdot\exp\left\{-\mathrm{i}\left[k\left(z+\frac{r^2}{2R(z)}\right)-\arctan\frac{z}{f}\right]\right\} \tag{1-38}$$

式中，Y_0 为常数。其他参数由式(1-39)计算：

$$\begin{cases} r^2=x^2+y^2, \quad k=2\pi/\lambda \\ \omega(z)=\omega_0\sqrt{1+(z/f)^2} \\ R(z)=z\left[1+(z/f)^2\right] \\ f=\pi\omega_0^2/\lambda, \ \omega_0=\sqrt{\lambda f/\pi} \end{cases} \tag{1-39}$$

式中，ω_0 称为基模光束的束腰，f 为高斯光束的共焦参数，二者由谐振腔自身的结构和特性参数决定。$R(z)$ 是与坐标 z 处的高斯光束等相位面的曲率半径，$\omega(z)$ 是与传播轴线相交于 z 点的高斯光束等相位面上的光斑半径。对于稳定的球面谐振腔，参数 ω_0 和 f 与谐振腔两个端面反射率 R_1 和 R_2、谐振腔长度 L_R 的关系为

$$\begin{cases} \omega_0^4=\left(\dfrac{\lambda}{\pi}\right)^2\dfrac{L_R(R_1-L_R)(R_2-L_R)(R_1+R_2-L_R)}{(R_1+R_2-2L_R)^2} \\ f^2=\dfrac{L_R(R_1-L_R)(R_2-L_R)(R_1+R_2-L_R)}{(R_1+R_2-2L_R)^2} \end{cases} \tag{1-40}$$

1. 基模高斯光束振幅分布

由式(1-38)，基模高斯光束的振幅可以表示为

$$A_{00}(x,y,z)=\frac{C_0}{\omega(z)}\exp\left[-\frac{r^2}{\omega^2(z)}\right] \tag{1-41}$$

由上式可知，基模激光光束在垂直于 z 轴的平面内是一个圆形光斑的形状，中心处光斑振幅最大，向边缘方向振幅逐渐减小，服从高斯函数分布，因此基模光束也称为高斯光束。图 1-13(a)为高斯光束随横向半径 r 的变化规律，其中 $A_0=A_{00}(0,\ 0,\ z)$。光斑半径定义为振幅下降到中心值 $1/e$ 处对应的 r 值，即

$$\omega(z)=\omega_0\sqrt{1+(z/f)^2} \tag{1-42}$$

对于式(1-41)所示的高斯光束，光斑半径 $\omega(z)$ 随坐标 z 按照双曲线变化。如图 1-13(b)所示，在 $z=0$ 处光斑具有最小值 ω_0，该位置称为光束束腰，其半径为 ω_0，双曲线焦点 F 的坐标为(0，$\pm f$)。基模高斯光束的发散角 θ_0 定义为两条双曲线渐近线之间的夹角，即

$$\theta_0=\lim_{z\to\infty}\frac{2\omega(z)}{z}=\frac{2\lambda}{\pi\omega_0}=2\sqrt{\frac{\lambda}{\pi f}} \tag{1-43}$$

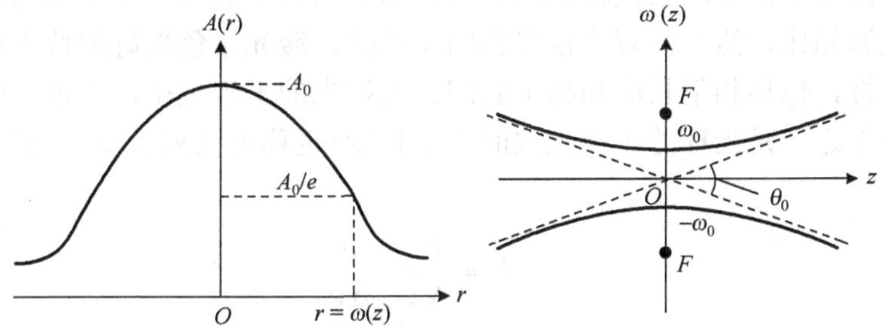

(a) 横向分布图　　(b) 纵向分布图

图 1-13　高斯光束振幅横向和纵向分布规律图

2. 基模高斯光束相位分布

根据式(1-38)，基模高斯光束的相位因子为

$$\phi_{00}(x,y,z)=kz+\frac{kr^2}{2R(z)}-\arctan\frac{z}{f} \tag{1-44}$$

式(1-44)描述的是高斯光束在空间坐标点(x，y，z)处相对于坐标原点的相位延迟，其中 kz 表示集合相移，$\arctan(z/f)$ 表示与 z 对应的附加相位超前，$\frac{kr^2}{2R(z)}$ 表示与横向坐标相关的相位延迟，其表明高斯光束等相位面(波面)是以 $R(z)$ 为半径的球面，如图 1-14 所示。根据式(1-39)，当 $z=0$ 时，$R(z)\to\infty$，曲率中心位于束腰所在位置；当 $z\to\pm\infty$，$R(z)\to\infty$，即无穷远处等相位面也是平面，且曲率中心位于束腰处；当 $z=\pm f$ 时，$R(z)$ 具有最小值 $2f$；当 $0<z<f$

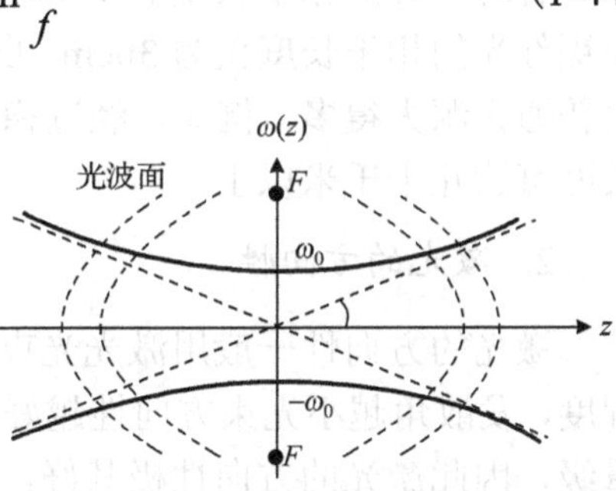

图 1-14　高斯光束波面示意图

时，$R(z)>2f$，等相位面的曲率中心在区间$[-f,\infty]$上；当$z>f$时，$z<R(z)<z+fz$，等相位面的曲率中心在区间$[-f,0]$之上。

综上所述，基模高斯光束在其轴线附近可以近似看作非均匀的球面波，其曲率中心随着传播过程不断发生变化，但其振幅在横截面内始终保持高斯分布特性，且其等相面始终保持为球面。

1.1.8 激光的基本特性

激光的基本特性可归纳为单色性好、方向性好和亮度高三个方面。

1. 激光的单色性

激光具有非常好的单色性，指的是与普通光源相比较，激光包含波长的范围$\Delta\lambda$或频率范围$\Delta\nu$非常小，这是由于激光的发光机制与普通光源的发光机制完全不同。普通光源的发光机制属于自发辐射，发光过程具有很大的随机性，不同时刻光源中分子或原子发射的光束具有不同的波长值和频率值，且光源中不同原子发出的光波也没有什么相关性，因此普通光源发出的光波具有很宽的波长值范围或频率范围值。激光的发光机制属于受激辐射，激光介质分子或原子在不同时刻发射的光波具有相同的波长值和频率值，且激光介质中不同分子或原子发射的光波频率值和波长值也完全相同，即不同分子或原子发出的光波是高度相关的，因此与普通光源相比，激光具有非常优良的单色性。激光单色性好的特点还意味着激光具有非常好的相干性，包括相干长度和相干时间。根据光的干涉理论，两束光波产生稳定的干涉现象的必要条件之一是光程差小于光波的相干长度(也称为波列长度)，而相干长度与光谱宽度的关系为

$$L_c=\frac{\lambda^2}{\Delta\lambda}=\frac{c}{\Delta\nu} \tag{1-45}$$

式中，c为真空中的光速；λ为激光波长；$\Delta\lambda$和$\Delta\nu$分别为光波的波长宽度和频率宽度。由式(1-45)可知，光波的波长宽度或频率宽度越小，则相干长度越大，光波的相干性越好。光波在真空中通过相干长度所需要的时间称为相干时间，即

$$\tau_c=\frac{L_c}{c}=\frac{1}{\Delta\nu} \tag{1-46}$$

由上式可见光波的单色性越好，相干时间也越长。

普通光源的相干长度非常小，例如，氪同位素放电管发出的橙色光相干长度约为70cm，而镉红光的相干长度仅为30cm。白光的相干长度只相当于几个可见光波长。激光的相干长度比普通光源大得多，例如，经过稳频的氦氖激光的波长宽度$\Delta\lambda$可优于10^{-12} μm，对应的相干长度可达几十千米以上。

2. 激光的方向性

激光的方向性一般用激光光束的发散角表征，而发散角描述了光束在传播过程中的发散程度，发散角越小光束方向性越好。如图1-15所示，激光的发散角θ非常小，一般为10^{-3}rad量级，因此激光的方向性极其好，这是其他任何光源都是无法比拟的，是非常接近平行的光束，激光从地球发射到达月球的光斑直径仅为1千米左右。但是激光的发散角也不可能无限小，因为激光器的谐振腔的输出孔径会对光波具有一定的衍射作用，所以激光光束的最小发

散角受到谐振腔输出孔径衍射极限的限制，即

$$\theta_m = 1.22\lambda / d \tag{1-47}$$

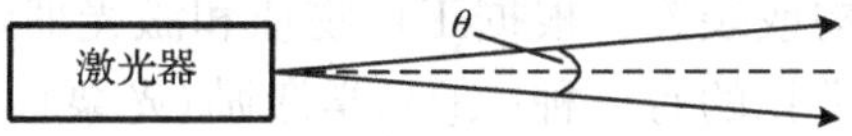

图 1-15　发散角的定义

式中，d 是谐振腔输出孔径。激光的发散角与激光介质的类型、光学谐振腔类型、谐振腔长度以及激光器的工作方式都有关系。一般气体激光器的发散角最小、方向性最好，例如，某些氦氖激光器的发散角可达到10^{-4} rad 量级，非常接近衍射极限角。固体激光器的方向性要比气体激光器差，一般为10^{-2} rad 量级，半导体激光器的方向性最差，一般为10^{-2}～10^{-1} rad 量级。

3. 激光的亮度

光源亮度的定义为单位时间内单位面积光源表面向该表面单位立体角内发射的光能量，即

$$B = \frac{E}{S \cdot \Omega \cdot t} \tag{1-48}$$

式中，E 为光的能量；S 为发光面积；Ω 为立体角，其与激光发散角 θ 的关系为 $\Omega \approx \pi\theta^2$，因此减小激光的发散角可以提高光源的亮度，缩短光辐射的时间也可以提高光源的亮度。由于激光发光的立体角比普通光源小百万倍，同等光能量下激光的亮度比普通光源高出百万倍，而实际上激光基于受激辐射，能够在极短的时间内产生极高的光能量，即使一台普通的激光器的输出亮度，也比太阳表面的亮度大 10 亿倍。目前飞秒激光器的脉冲宽度可小至也10^{-15}s 量级，其发射激光亮度进一步大幅度提高。总而言之，激光的亮度高是因为其发光在空间和时间上高度集中。

1.2　常用激光器

1.2.1　激光器的基本结构

激光器的类型可分为多种，但在结构上都可以等效为由激光工作介质、泵浦源(也称激励源)和光学谐振腔三个部分组成，如图 1-16 所示。激光工作物质是用来实现粒子数反转并产生光的受激辐射放大作用的物质体系，有时也称为激光增益媒质，它们可以是固体(晶体、玻璃)、气体(原子气体、离子气体、分子气体)、半导体和液体等媒质。对激光工作物质的主要要求，是尽可能在其工作粒子的特定能级间实现较大程度的粒子数反转，并使这种反转在整个激光发射作用过程中尽可能有效地保持下去，因此要求工作物质具有合适的能级结构和跃迁特性。泵浦源或激励系统是为使激光工作物质实现并维持粒子数反转而提供能量来源的机

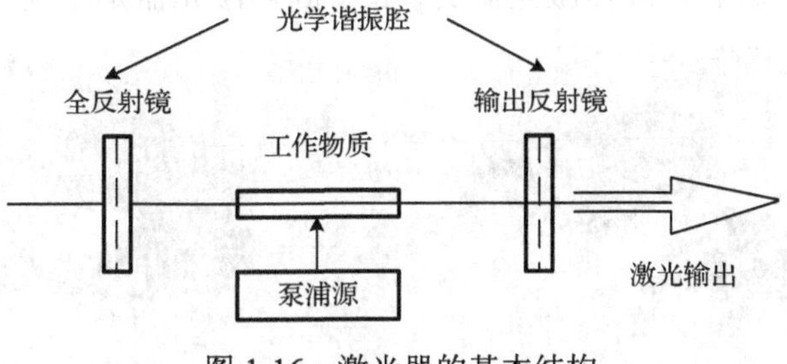

图 1-16　激光器的基本结构

构或装置。根据工作物质和激光器运转条件的不同，可以采取不同的激励方式和激励装置，常见的有三种：①光学激励(光泵)，利用外界光源发出的光辐照工作物质以实现粒子数反转，整个激励装置，通常是由气体放电光源(如氙灯、氪灯)和聚光器组成；②气体放电激励，利用在气体工作物质内发生的气体放电过程实现粒子数反转，整个激励装置通常由放电电极和放电电源组成；③化学激励，利用在工作物质内部发生的化学反应过程实现粒子数反转，通常要求有适当的化学反应物和相应的引发措施。光学共振腔通常由具有一定几何形状和光学反射特性的两块反射镜按特定的方式组合而成，其作用主要为包括两个方面：①提供光学反馈能力，使受激辐射光子在腔内多次往返以增大光束与工作介质的作用长度，进而形成相干的持续振荡；②进行激光模式选择，即对腔内往返振荡光束的方向和频率进行限制，以保证输出激光具有一定的定向性和单色性。

根据工作物质物态的不同，常用的激光器分为以下几类：①固体激光器，这类激光器所采用的工作物质是通过把能够产生受激辐射作用的金属离子掺入晶体或玻璃基质中构成发光中心而制成的；②气体激光器，其工作物质是气体，根据气体中真正产生受激辐射的工作粒子性质的不同，可进一步区分为原子气体激光器、离子气体激光器、分子气体激光器、准分子气体激光器等；③半导体激光器，这类激光器是以一定的半导体材料作为工作物质而产生受激发射作用，其原理是通过一定的激励方式(电注入、光泵或高能电子束注入)，在半导体物质的能带之间或能带与杂质能级之间，通过激发非平衡载流子而实现粒子数反转，从而产生光的受激辐射。

根据输出激光特性的不同，常用的激光器可分为以下几类：①连续激光器，其特点是输出激光在长时间内可以维持在比较稳定的状态，以连续光源激励的固体激光器和以连续电激励方式工作的气体激光器及半导体激光器，均属此类；②单次脉冲激光器，其输出激光从时间上来说均是单次脉冲过程，一般的固体激光器、液体激光器以及某些特殊的气体激光器，均采用此方式运转；③重复脉冲激光器，其输出激光一系列的重复激光脉冲，为此器件可相应以重复脉冲的方式激励，以获得重复脉冲激光输出；④调 Q 激光器，这是专门指采用一定的 Q 开关技术以获得较高输出功率的脉冲激光器，其工作原理是在工作物质的粒子数反转状态形成后并不使其产生激光振荡(开关处于关闭状态)，待粒子数积累到足够高的密度后，突然瞬时打开 Q 开关，从而可在较短的时间内形成十分强的激光振荡和高功率脉冲激光输出；⑤锁模激光器，这是一类采用锁模技术的特殊类型激光器，其工作特点是由共振腔内不同纵向模式之间确定的相位关系，可获得一系列在时间上是等间隔的激光超短脉冲序列。

1.2.2 固体激光器

世界上第一台激光器是 1960 年由美国科学家梅曼发明的红宝石激光器，属于固体激光器，图 1-17 给出了几种商业化固体激光器实物图。固体激光器是用固体激光材料作为工作物

图 1-17　固体激光器

质的激光器，由于固体激光介质的密度要比气体和液体高几个数量级，因此比较容易获得较大的激光输出能量。另外采用固体激光介质，激光器在结构上比较牢固，使用寿命比较长。固体激光器的基本结构如图 1-18 所示。

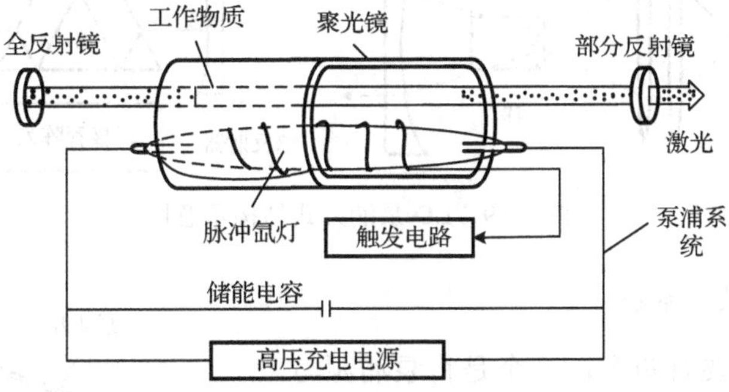

图 1-18　固体激光器的基本结构

1. 固体激光器工作介质

固体激光器所采用的固体工作物质是把具有能产生受激发射的金属离子掺入晶体或玻璃等基质制成的，因此工作物质包括激活粒子(通常为金属离子)和基质两部分，激活粒子的能级结构决定了激光的光谱特性，基质主要决定了工作物质的理化性质。在固体中能产生受激发射作用的金属离子主要有三类：①过渡金属离子(如 Cr_3^+)；②大多数镧系金属离子(如 Nd_3^+、Sm_2^+、Dy_2^+等)；③锕系金属离子(如 U_3^+)。这些掺杂到固体基质中的金属离子的主要特点是：具有比较宽的有效吸收光谱带、比较高的荧光效率、比较长的荧光寿命和比较窄的荧光谱线，因而易于产生粒子数反转和受激发射。用作晶体类基质的人工晶体主要有：刚玉($NaAlSi_2O_6$)、钇铝石榴石($Y_3Al_5O_{12}$)、钨酸钙($CaWO_4$)、氟化钙(CaF_2)，以及铝酸钇($YAlO_3$)、铍酸镧($La_2Be_2O_5$)等。用作玻璃类基质的主要是优质硅酸盐光学玻璃，如常用的钡冕玻璃和钙冕玻璃。与晶体基质相比，玻璃基质的主要特点是制备方便和易于获得大尺寸优质材料。对于晶体和玻璃基质的主要要求是：易于掺入起激活作用的发光金属离子；具有良好的光谱特性、光学透射率特性和高度的光学(折射率)均匀性；具有适于长期激光运转的物理和化学特性(如热学特性、抗劣化特性、化学稳定性等)。晶体激光器以红宝石(Al_2O_3：Cr_3^+)和掺钕钇铝石榴石(简写为 YAG：Nd_3^+)为典型代表。玻璃激光器则是以钕玻璃激光器为典型代表。

固体激光器泵浦系统能够提供能量使工作物质中上下能级间的粒子数翻转，泵浦光源需要满足两个基本条件：①有很高的发光效率；②辐射光的光谱特性应与工作物质的吸收光谱相匹配。目前主要采用光泵浦和发光二极管(LD)泵浦两类，光泵浦方式中最常见的是惰性气体放电灯，而 LD 泵浦由于泵浦效率高、频率稳定性好、热光畸变小和寿命长等众多优点，是目前固体激光器的发展方向。LD 泵浦的方式可以分为横向和纵向两类，前者为同轴入射的端面泵浦，后者为垂直入射的侧面泵浦，如图 1-19 所示。

2. 固体激光器光学谐振腔

光学谐振腔由全反射镜和部分反射镜组成，是固体激光器的重要组成部分。光学谐振腔除了提供光学正反馈维持激光持续振荡以形成受激发射外，还对振荡光束的方向和频率进行限制，以保证输出激光的高单色性和高定向性。最简单常用的固体激光器的光学谐振腔是由相向放置的两平面镜(或球面镜)构成的。

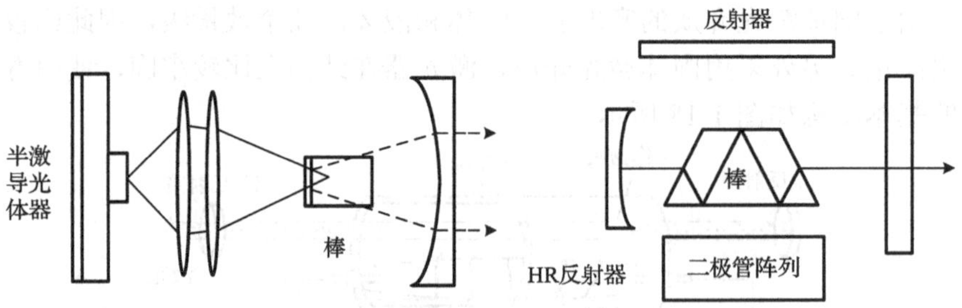

图 1-19　LD 泵浦方式结构示意图

3. 固体激光器聚光系统

聚光腔的作用主要有两个，一个是将泵浦源与工作物质有效的耦合，另一个是决定激光物质上泵浦光密度的分布，从而影响输出光束的均匀性、发散度和光学畸变。工作物质和泵浦源都安装在聚光腔内，因此聚光腔的优劣直接影响泵浦的效率及工作性能。如图 1-20 所示为椭圆柱聚光腔，是目前小型固体激光器最常采用的。

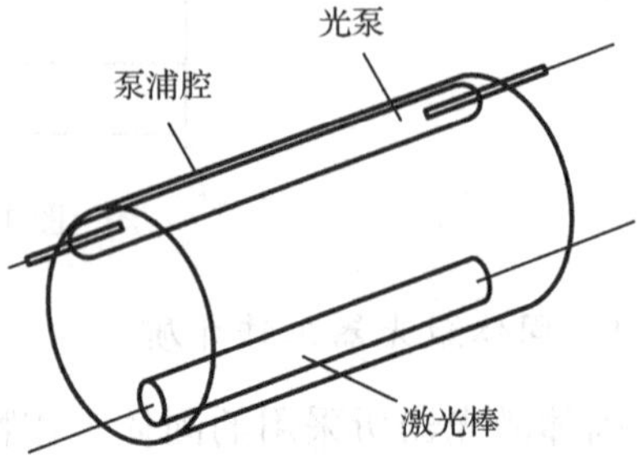

图 1-20　椭圆柱型聚光腔

1.2.3　气体激光器

1. 气体激光器工作物质

气体激光器是以气体(如惰性气体、CO_2、N_2 等)或金属蒸汽(如 Cu、Ge、Mn 等)为工作物质的激光器，气体激光器产生的激光谱线极为丰富，达数千种，分布在真空紫外到远红外波段内。由于气态工作物质的均匀性远优于固体，且气体工作物质具有较小的谱线宽度，所以气体激光器具有发散角小、单色性和方向性极好、稳定性高等优点。然而，气体物质的密度远小于固体，需要较大体积的工作物质才能获得足够的能量输出，所以气体激光器的输出功率一般相对比较小。

2. 气体激光器泵浦方式

气体工作物质吸收谱线宽度小，不宜采用光源泵浦，通常采用气体放电或电子束激励的泵浦方式；在放电过程中，受电场加速而获得足够动能的电子与粒子碰撞时，将粒子激发到高能态，因而在其一对能级间形成了粒子数反转分布。

3．He-Ne 气体激光器

气体激光器的类型非常多，而 He-Ne 激光器是目前应用最广泛的气体激光器。由于 He-Ne 激光器的发散角小、单色性和方向性极好、稳定性高，故在准直、计量、全息、检测、导向、信息处理、医疗等技术中得到了广泛的应用。图 1-21 给出了几种典型的 He-Ne 激光器。

He-Ne 激光器的基本结构如图 1-22 所示，He-Ne 激光器的基本结构由激光管和电源两部分组成，其中激光管主要包括放电管、电极和谐振腔三部分，放电管是 He-Ne 激光器的核心。放电管通常由毛细管和储气室构成，毛细管中充有氦气和氖气的混合气体，其中氦气的含量数倍于氖气，但是激光跃迁只发生在氖原子的能级之间，氦气作为辅助气体，其作用是提高

图 1-21　He-Ne 激光器

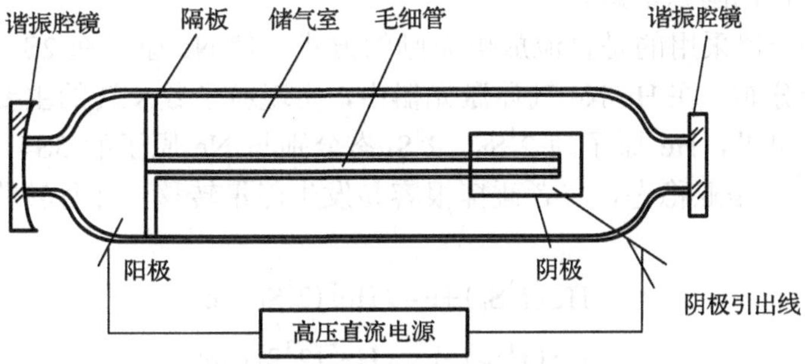

图 1-22　He-Ne 激光器结构图

泵浦的效率。当在电极上施加高压后，毛细管中的气体开始放电，使氖原子产生粒子数反转。气体放电仅在毛细管中进行，储气室的作用是维持毛细管内氦气、氖气的比例及总气压，以延长器件的寿命。

图 1-23 是 He 原子和 Ne 原子的能级图，He 原子有两个电子，没激发时这两个原子都分布在 1s 壳层上，He 原子处于基态，其基态电子组态为 1s1s，基态能级是 1^1S_0。当激光管的两端加上高压后，放电管中电离气体的电子会得到动能，通常用电子温度 T_e 来描述电子运动的平均动能。动能较大的电子会与处于基态的氦原子发生非弹性碰撞，其中一个电子由 1s 壳层激发到 2s 壳层(电子组态为 1s2s)，将 He 原子由基态(1^1S_0)激发到 He 的亚稳态(2^1S_0 或 $2^{31}S_1$)。

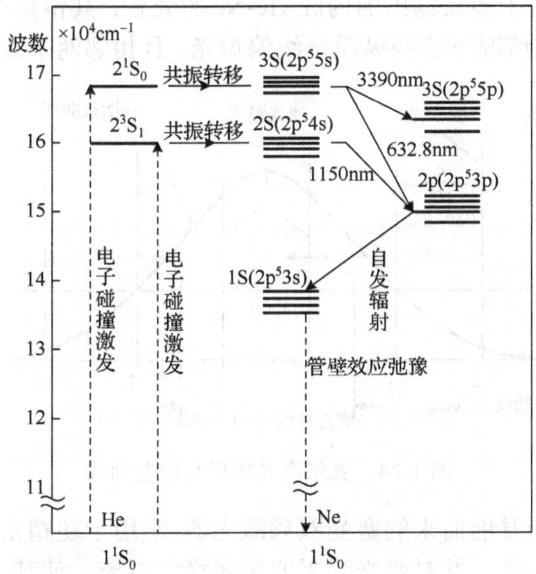

图 1-23　He 原子和 Ne 原子能级图

Ne 原子有 10 个电子，基态为 $^1S_0$（电子分布为 $1s^2 2s^2 2p^6$）。激发态为 1S、2S、3S、2P、3P 等，它们对应的外层电子组态分别为 $2p^5 3s$、$2p^5 4s$、$2p^5 5s$、$2p^5 3p$、$2p^5 5p$。根据能量跃迁选择定则，在 Ne 原子的 3S 与 2P、3P 能态，2S 与 2P 能态之间的很多对子能级之间能产生跃迁谱线，其中最强的有三条，即 0.6328μm、3.39μm 和 1.15μm，对应的跃迁能级分别为 $3S_2 \to 2P_4$，$3S_2 \to 3P_4$，$2S_2 \to 2P_4$。2P 和 3P 状态不能直接向基态跃迁，而向 1S 态跃迁很快。1S 态向基态跃迁是被选择定则禁止的，不能自发地回到基态，但它与管壁碰撞时，可以把能量交给管壁，自己回到基态。

He-Ne 气体激光器采用的是直流放电激励的方式，使 Ne 原子在 2S、3S 和 2P、3P 能级间实现粒子数反转分布。在 He-Ne 气体激光器中，实现粒子数反转的主要激发过程方式是共振转移。由能级图可见，He 原子的 2^1S_0、2^3S_1 态分别与 Ne 原子的 3S、2S 态很接近，而且 He 原子的 2^1S_0、2^3S_1 是亚稳态，二者碰撞很容易发生能量转移，并且转移的几率很高，其能量转移过程如下：

$$He(1^1S_0)+e \to He^*(2^1S_0)+e'$$

$$He(1^1S_0)+e \to He^*(2^3S_1)+e'$$

$$He^*(2^1S_0)+Ne(^1S_0) \to Ne^*(3S_2)+He(1^1S_0)+0.048eV$$

$$He^*(2^3S_1)+Ne(^1S_0) \to Ne^*(2S_2)+He(1^1S_0)+0.039eV$$

式中，$He(1^1S_0)$ 表示 He 的 1^1S_0 能级；He^* 和 Ne^* 表示处于激发态的 He 和 Ne；e 表示碰撞前的电子；e' 表示碰撞后速率变小的电子。

4. He-Ne 激光器的偏振特性

激光器增益曲线的有效宽度主要由激光工作介质的谱线加宽特性决定，对于常见的 He-Ne 激光器，其有效宽度为 1.5GHz 左右，而激光的纵模间距主要由谐振腔的长度决定，对于长度为 20cm 的激光管，纵模间隔约为 750MHz，因此在同一时刻激光器可能输出多个纵模，如图 1-24 所示。对于多模输出的内腔 He-Ne 激光管，其偏振态取决于谐振腔的各向异性和激光模式竞争，一般情况下这些纵模是线偏振光，且相邻两个纵模的偏振方向相互正交。

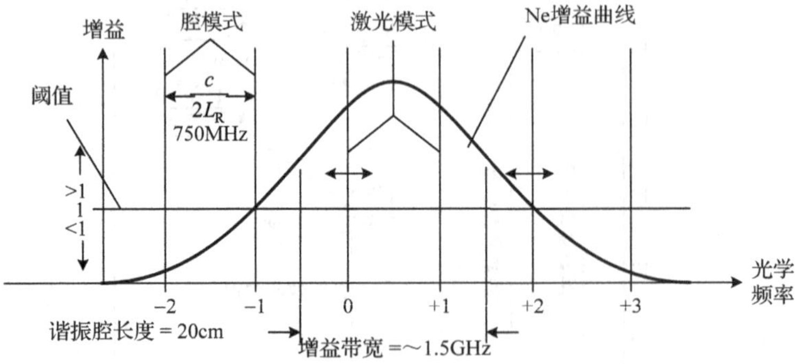

图 1-24　氦氖激光纵模与增益曲线

由 He-Ne 气体激光器发展而来的塞曼双频激光器，常用于超精密激光干涉测量技术领域，将氦氖激光管放置于磁场中，并对激光管采取频率稳定措施，使其工作于单纵模输出状态，该纵模在外磁场的作用下分裂成两个具有一定频差的光分量，可用于外差干涉测量。根据外磁场的方向，塞曼双频激光器又为横向塞曼双频激光器和纵向塞曼双频激光器，如图 1-25 所示，当磁场方向与激光器的轴线垂直时，由于横向塞曼效应，纵模分裂成线性正交的两个分量，二者频差一般为几十到几百千赫；当外磁场的方向平行于激光管的轴线时，此时纵模分裂成左右旋两个圆偏振光，频差一般为几兆赫，经过 1/4 波片后，左右旋圆偏振光变为正交的线偏振光。

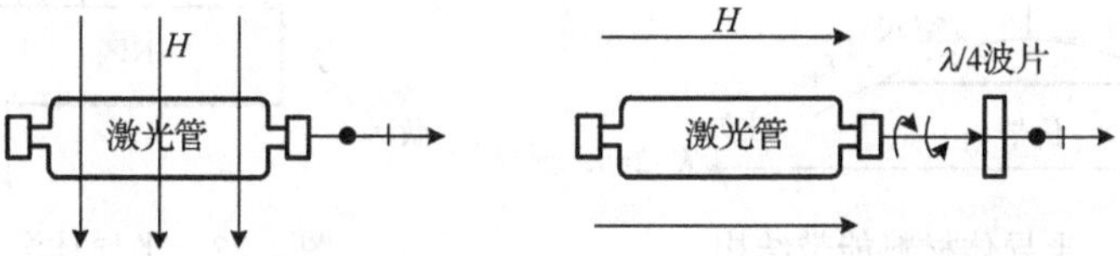

图 1-25　横向塞曼双频激光器与纵向塞曼双频激光器

1.2.4　半导体激光器

以半导体材料为工作物质的激光器称为半导体激光器，其特点为形体小、效率高、成本低、工作速度快和波长范围宽等，已成为激光光纤通信的重要光源，并在光存储、激光高速印刷、全息照相、激光准直、测距及医疗等许多方面广泛应用。图 1-26 给出了几种商业化半导体激光器的实物图。

图 1-26　半导体激光器

半导体激光器的工作原理是在半导体工作物质的导带与价带之间，或半导体物质的能带与杂质能级之间，以一定的激励方式，实现非平衡载流子粒子数的反转。当处于粒子数反转状态的空穴与大量电子复合时，便会有受激辐射产生。图 1-27 是半导体材料的能带结构，处于高能态导带中的电子是很不稳定的，它们会向能态较低的价带跃迁，将能量以光子的形式释放出来，发射光子的能量 $h\nu$ 等于导带和价带的能量差：

$$h\nu = E_c - E_v = E_g \tag{1-49}$$

式中，E_c、E_v 分别为电子导带和价带能量，E_g 是禁带的能量。在受激辐射时，处于高能态的电子受到入射光的激发跃迁到低能态而产生光子，出射的光子与入射光子具有相同的频率、方向、相位和偏振状态。

典型的半导体激光器是由带隙能量较高的 P 型和 N 型半导体材料中间夹一层非常薄的有源层构成，如图 1-28 所示。在 PN 结两端加上正向偏置电压后，电子从 N 区流向 P 区，空穴从 P 区流向 N 区，电子和空穴发生复合并产生光子，当注入电流达到一定程度时，便向外输出激光。

半导体激光器正常工作需要满足两个条件：①增益条件，具有增益介质，能够实现粒子数反转分布。在半导体激光器中对激活区两边的 P 型和 N 型半导体材料进行重掺杂，PN 结

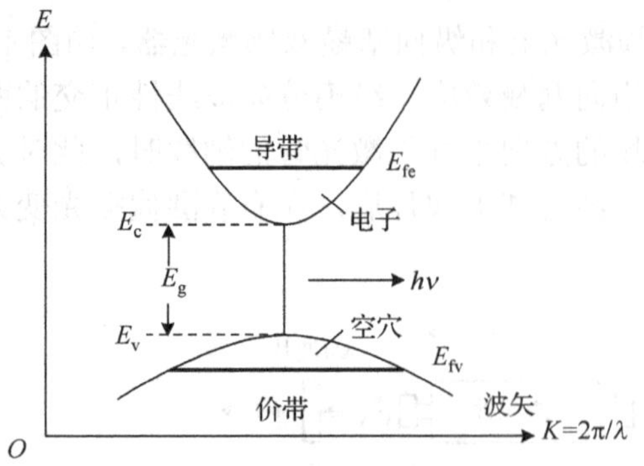

图 1-27　半导体材料能带结构

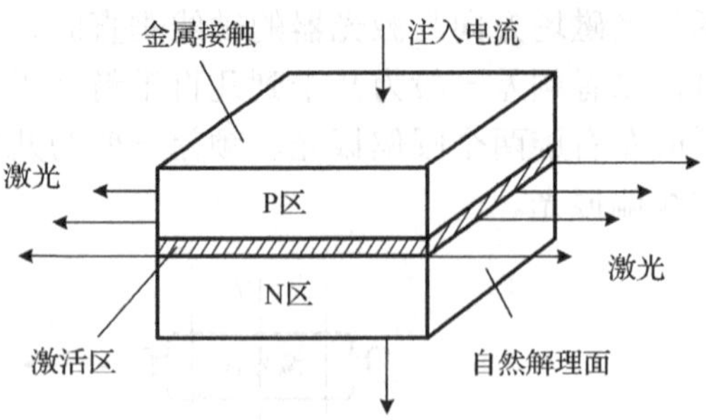

图 1-28　半导体激光器的基本结构

在正向偏压下费米能级分裂进入价带和导带，当注入激活区的载流子浓度超过一定值后，实现粒子数反转，此时若有光信号进入激活区，则载流子通过受激辐射复合而对光信号提供光增益；②相位条件，具有光学谐振腔，以实现相位匹配和自洽放大。在半导体激光器中，激活区两端的自然解理面构成的 F-P 腔即为光学谐振腔，自然解理面的两侧分别为激活区物质和空气，它们的折射率不同，所以激光器内的光线会在此端面上发生反射作用、反复循环振荡。由于激光器激活区存在吸收、散射等各种损耗，以及 F-P 腔的输出损耗，输出电流必须大于一定值才能形成激光振荡，该最小注入电流即为半导体激光器的阈值电流。

半导体激光器的激励方式主要有电注入式、光泵式和高能电子束激励式三种。

温度对半导体 PN 结的影响比较显著，温度的变化将会影响半导体激光器阈值特性、输出功率以及波长等特性。图 1-29 给出了不同温度条件下，半导体激光器输出功率值与注入电流之间的关系图，半导体激光器的输出功率主要决定于注入电流和工作温度的大小。注入电流必须超过特定的阈值，激光器才开始发光，注入电流越大，激光器的放光功率越高，且阈值电流的大小与工作温度有关。由图 1-29 可以看出，随着温度的升高，阈值电流也变大，在一定温度范围内阈值电流和温度的关系可以表示为

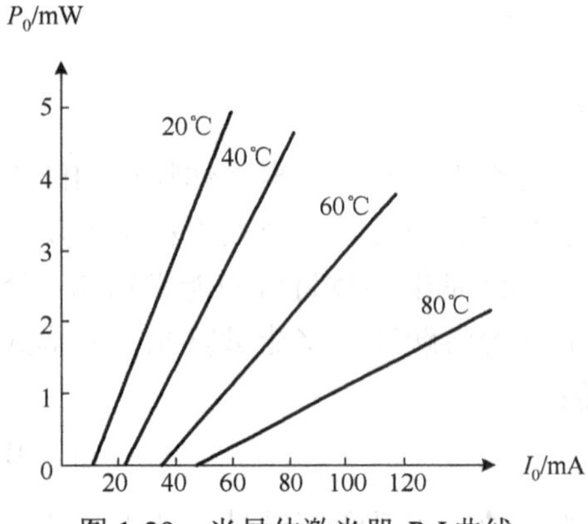

图 1-29　半导体激光器 *P-I* 曲线

$$I_{th}(T)=I_{th}(T_0)\times\exp\left(\frac{T}{T_0}\right)\tag{1-50}$$

式中，T_0 是与激光器材料和结构有关的温度参数，它反映了激光器的温度稳定性能。对于同一种类型的激光器，T_0 一般为常数。$I_{th}(T_0)$ 为温度低于 T_0 时的阈值电流，$I_{th}(T)$ 是温度为 T 时的阈值电流。

由图 1-29 可以看出温度一定时，半导体激光器的输出功率值与注入电流基本成线性关系，对于线性度较好的半导体激光器，其发光功率 P 与注入电流 I 的关系可以表示为

$$P=\frac{\eta_D(T)h\nu}{e_0}\left[I-I_{th}(T)\right]\tag{1-51}$$

式中，h 为普朗克常量；ν 为光子频率；e_0 为单个电子电量；$\eta_D(T)$ 为外微分量子效率，其大小与温度相关。从式(1-51)可以看出，当温度发生变化时，半导体激光器功率曲线的起始位置和效率都将发生变化，从而形成了如图 1-29 所示的 *P-I* 特性曲线。

半导体材料的禁带宽度随着温度的升高而变窄，使得受激辐射激光的波长向长波方向移动，移动的波长量值与器件的结构和有源区的材料有关。注入电流一定的情况下，其数值为0.2～0.3nm/℃。

1.3 典型的激光器件

1.3.1 分光镜

分光镜(Beam Splitter，BS)，是可将一束入射光分成一束反射光和一束透射光的光学元件，在不考虑光学能量损失的情况下，反射光束和投射光束的光强度和等于入射光强度。分光镜通常由玻璃镀膜制成，按照几何外形，主要可分为立方体型分光镜和平面型分光镜两种，如图 1-30 和图 1-31 所示，其中立方体型分光镜是将一块立方体玻璃从对角面切开，并在其中一个对角面上镀上分光薄膜，然后将两块棱镜胶合在一起重新组成一个立方整体。使用时光从立方体的一个表面入射，被分离成空间上成 90° 的两束光，根据分光薄膜结构的不同，分离后的两束光强度的比例也可以不同，常见的分光比有 1∶2 和 1∶1 等。平面型分光镜是在一块平板玻璃的表面镀上一层分光薄膜，使用时入射光一般以 45° 角入射。

根据镀膜的不同，分光镜又可以分为普通分光镜和消偏振分光镜。对于前者，P 光和 S 光的分光比、反射相移差异较大。因此，对于任意偏振态的入射光，其反射光与透射光的偏振态将与入射光可能产生较大的差别；对于后者，P 光和 S 光的分光比、反射相移基本一致，因此，对于任意偏振态的入射光，其反射光与透射光的偏振态与入射光基本相同。

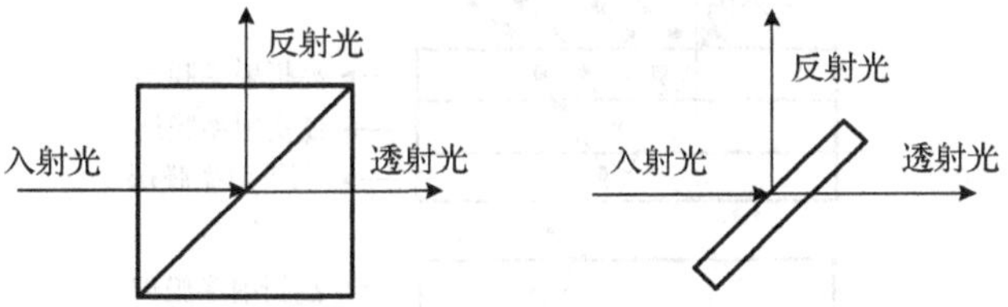

图 1-30　立方体型分光镜与平面型分光镜分光示意图

图 1-31　立方体型分光镜与平面型分光镜

1.3.2 偏振分光镜

偏振分光镜(Polarizing Beam Splitter，PBS)在外形结构上与分光镜完全一致，只是分光镜对角面上镀的光学薄膜为偏振分光膜。当光束在立方体对角面上的入射角为 45°时(从立方体端面正入射)，由于满足布儒斯入射条件，偏振方向平行于入射面(光线与界面法线构成的平面)的 P 光完全透射，偏振方向垂直于入射面的 S 光被偏振膜反射，如图 1-32 所示。偏振分光镜能够将不同偏振方向的光束按照偏振态进行分离。

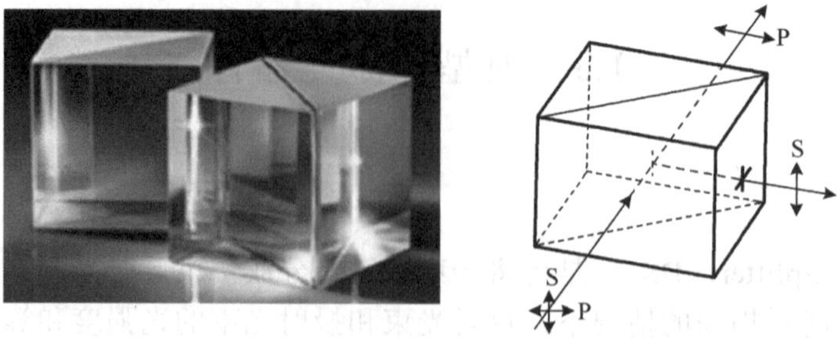

图 1-32　偏振分光镜及其分光示意图

偏振分光镜制作过程是将一块立方棱镜沿着对角面切开，并在两个切面上交替镀上高折射率和低折射率的膜层，并选择适当的膜层折射率，使得光线在相邻膜层界面上的入射角等于布儒斯特角。如图 1-33 所示，根据菲涅耳反射和折射定律，当光束以布儒斯特角 θ_B 通过膜层界面时，在每个膜层界面上光束中的 S 光(振动方向垂直于入射面)一部分被反射，一部分透射，P 光(振动方向平行于入射面)完全透射。则光束每透过一个膜层界面，透射光中 S 光的比例就减小一次，相应地 P 光的比例就增加一次，即透射光被逐步提纯。

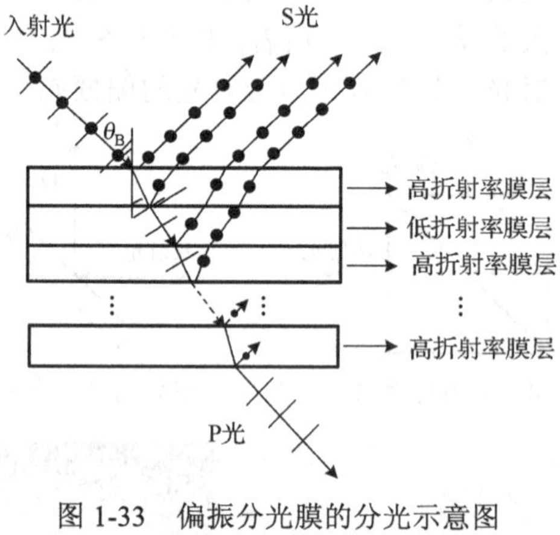

图 1-33　偏振分光膜的分光示意图

偏振分光镜通常采用 $\lambda/4$ 膜系制作，其膜层结构可以表示为 $G(HL)^nGH$，其中 G 代表玻璃，H 和 L 分别代表高折射率膜层(如 ZnS)和低折射率膜层(如冰晶石)，镀膜层数为 $2n+1$。利用光学等效导纳法可以求得膜系的反射率为

$$R=\left(\frac{\eta_G-\eta_H^{2n+2}/\eta_G\eta_L^{2n}}{\eta_G+\eta_H^{2n+2}/\eta_G\eta_L^{2n}}\right)^2 \tag{1-52}$$

式中，η_G、η_H 和 η_L 分别是入射光在玻璃、高折射率膜层和低折射率膜层中的等效折射率，对于 S 光和 P 光，等效折射率可由下式计算：

$$\text{S光：}\begin{cases}\eta_G=n_G\cos\theta_G\\ \eta_H=n_H\cos\theta_H,\\ \eta_L=n_L\cos\theta_L\end{cases}\qquad \text{P光：}\begin{cases}\eta_G=n_G/\cos\theta_G\\ \eta_H=n_H/\cos\theta_H\\ \eta_L=n_L/\cos\theta_L\end{cases} \tag{1-53}$$

式中，n_G、n_H 和 n_L 分别是入射光在玻璃、高折射率膜层和低折射率膜层中的绝对折射率，θ_G、θ_H 和 θ_L 分别是入射光在玻璃、高折射率膜层和低折射率膜层中的入射角。根据光学折射定律，上述参数满足以下数学关系：

$$\begin{cases}\cos\theta_H = \sqrt{1-(n_G/n_H)\sin^2\theta_G} \\ \cos\theta_L = \sqrt{1-(n_G/n_L)\sin^2\theta_G}\end{cases} \tag{1-54}$$

将式(1-53)代入式(1-52)可得到 S 光和 P 光的反射率为

$$\begin{cases} R_S = \left(\dfrac{n_G\cos\theta_G - (n_H\cos\theta_H)^{2n+2}/[n_G\cos\theta_G(n_L\cos\theta_L)^{2n}]}{n_G\cos\theta_G + (n_H\cos\theta_H)^{2n+2}/[n_G\cos\theta_G(n_L\cos\theta_L)^{2n}]}\right)^2 \\ R_P = \left(\dfrac{n_G/\cos\theta_G - (n_H/\cos\theta_H)^{2n+2}/[(n_G/\cos\theta_G)(n_L/\cos\theta_L)^{2n}]}{n_G/\cos\theta_G + (n_H/\cos\theta_H)^{2n+2}/[(n_G/\cos\theta_G)(n_L/\cos\theta_L)^{2n}]}\right)^2 \end{cases} \tag{1-55}$$

利用式(1-54)和式(1-55)可以求出不同光束入射角 θ_G 下偏振分光镜中 S 光和 P 光的反射率。一般偏振分光镜的膜层数目为 10～30 层，图 1-34 给出了 $n=7$ 时(镀膜层数为 $2\times7+1=15$)，不同入射角情形下 S 光和 P 光的反射率曲线，从图中可以看出当入射角为 40°～50°，S 光全部被反射，反射率 $R_S\approx100\%$，偏振分光镜透射光束中不包含 S 光分量，透射光束为纯净的 P 光。当入射角偏离布儒斯特角(45°)时，P 光的反射率迅速上升，当 θ_G = 43°、44°、45°、46°和 47°时，P 光的反射率为 R_P = 0.1070、0.0301、0.0000105、0.04821 和 0.1936。此时若入射光中包含 P 光分量，则一部分的 P 光被反射，使得偏振分光镜反射光束同时包含了 S 光分量和 P 光分量，一般为部分偏振光。

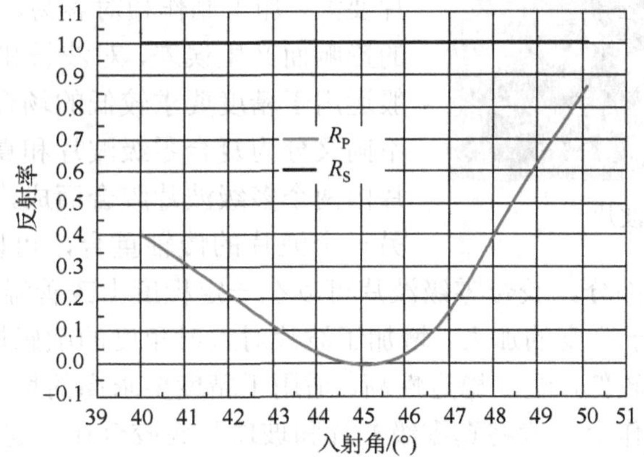

图 1-34　偏振分光镜中 P 光与 S 光反射率随入射角的变化曲线

根据式(1-55)和图 1-34 可将偏振分光镜的分光特性总结如下。

(1) 当入射光线满足布儒斯特条件时($\theta_G=45°$)，偏振分光镜的反射光束和透射光束都具有很高的消光比，可近似为完全线偏振光，并且反射光束和透射光束偏振态相互正交；

(2) 当入射光线入射角在一定程度上偏离布儒斯特角时(40°<θ_G<50°)，偏振分光镜反射光束主要为 S 光，同时包含一部分 P 光，反射光束为部分偏振光，偏振分光镜透射光束线只包含 P 光，其偏振方向为水平方向，反射光束与透射光束偏振态不满足正交性；

(3) 当入射光线仅包含 S 光时，即使入射角在一定程度上偏离布儒斯特角(40°<θ_G<50°)，偏振分光镜反射光束只包含 S 光，并且反射率为 100%。

1.3.3 波片

波片，又称为相位延迟片，由双折射材料加工而成。通过波片的两个正交偏振分量能够产生相位差，从而可改变光束的偏振态。波片在外形上与玻璃平板类似，但其采用双折射晶体制作而成。晶体光轴平行于波片的表面，当光束从波片表面正入射时，进入波片内部的光束由于双折射效应而分解成偏振方向平行于光轴的 o 光和偏振方向垂直于入射面的 e 光，两种光束具有不同的折射率，分别为 n_o 和 n_e，由于折射率的不同，o 光和 e 光在波片中的光程将不一样，所以 o 光和 e 光通过波片后将会产生相位差，可表示为

$$\Delta\phi = \frac{2\pi}{\lambda}\left|n_o - n_e\right| d_{wp} \tag{1-56}$$

式中，λ 为真空中的光波波长；d_{wp} 为波片的厚度，$d_{wp} = (m+1/4)\lambda$。其中 m 为整数，$\Delta\phi = 2m\pi + \pi/2$ 时，称为 $\lambda/4$ 波片；当 $d_{wp} = (m+1/2)\lambda$ 时，此时 $\Delta\phi = 2m\pi + \pi$，称为 $\lambda/2$ 波片。由于 o 光和 e 光的偏振方向相互正交，当二者通过波片后叠加合成的光波的偏振态将由入射光的偏振态和相位差 $\Delta\phi$ 共同决定，例如，$\lambda/4$ 波片可将偏振光变为椭圆偏振光或圆偏振光，反之也可将椭圆偏振光或圆偏振光变成为线偏振光，而 $\lambda/2$ 波片可将与快轴(平行或垂直于光轴方向，决定于波片使用的双折射晶体材料类型。与快轴正交的方向为慢轴)成 α 角的线偏振光的电矢量方向旋转 2α 角。为了使用方便，产品化的波片一般具有金属保护外套，且外套上有波片快轴方向的标记，如图 1-35 所示。

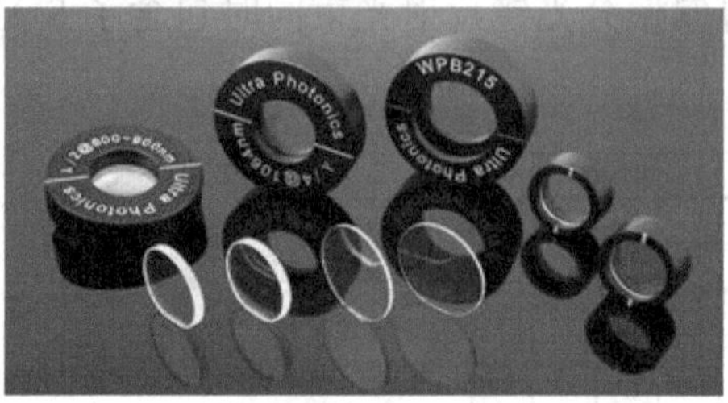

图 1-35 光学波片

根据 m 取值的不同，波片又可分为零级波片 ($m = 0$) 和多级波片 ($m \neq 0$)，多级波片在厚度上比零级波片要大，加工制作相对容易，但更容易受到温度变化的影响而产生误差，对波长和入射角也比较敏感，一般运用于精度要求较低的场合。零级波片按照结构的不同又分为复合零级波片和真零级波片，复合零级波片由两个多级波片胶合而成，其中一个波片的快轴与另一个波片的慢轴重合，可以消除相位差的整数部分，而留下所需的小数部分。胶合零级波片可以在一定程度上改善温度对其的影响，减小对波长的敏感度，但却由于厚度的加大，增加了波片对入射角度的敏感性。真零级波片对温度、波长和入射角敏感度比较低，温度稳定性高，适用于精度要求高的场合，但由于厚度非常薄，很容易破碎，所以在制作上一般将真零级波片和玻璃基底胶合在一起，以增加其机械强度。

需要指出的是，由于加工误差、环境的变化以及调整误差等因素，波片的实际相位延迟相对于设计值会存在一定的偏差，该偏差可能会引起光波偏振态的误差，所以在对光波偏振态敏感的精密测量装置中，即使采用精度高的波片，也还需要考虑波片相位延迟引入的误差。

1.3.4 角锥棱镜

角锥棱镜是一种利用临界角原理制作的回光元件，其反射面由三个互成 120° 角的三个平面组成，入射光线在角锥的内部经过三次全反射后，其出射光沿着入射光的反方向被完全反射回去，且与入射光入射角无关，如图 1-36 所示。

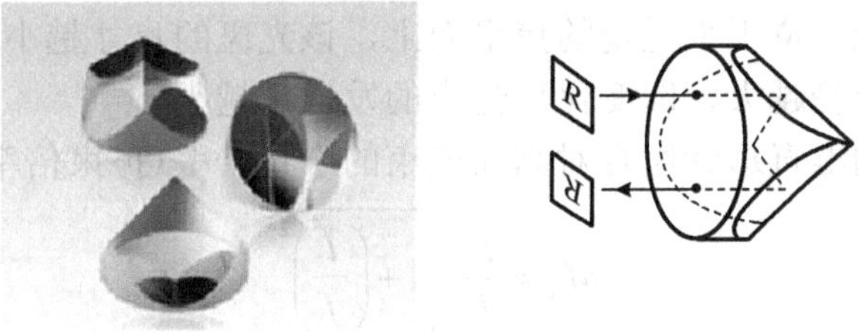

图 1-36　角锥棱镜及其对光束的反射示意图

角锥棱镜常用于精密光学测量场合，但其对波片的偏振态会产生一定的影响。当入射光为线偏振光时，对于未镀膜的角锥棱镜，一般情况下反射光存在一定程度的椭圆极化，仅当入射光偏振位于某些特殊方位上时，出射光依然为线偏振光，但其偏振方位发生了变化。如果在角锥棱镜的反射面上镀膜，可在一定程度上改善其偏振特性。由于角锥棱镜会改变入射光的偏振态，所以在基于光学偏振测量的场合，角锥棱镜可能会对测量结果引入测量误差。

1.3.5　激光准直镜

大多数激光器输出的激光光束都属于基模高斯光束，其在轴向的振幅遵从高斯分布，如图 1-37 所示。假设激光沿着 z 轴传播，在垂直于 z 轴的 x-y 平面上，光振幅为

$$E \propto \exp\left(-\frac{x^2+y^2}{\omega^2(z)}\right) \tag{1-57}$$

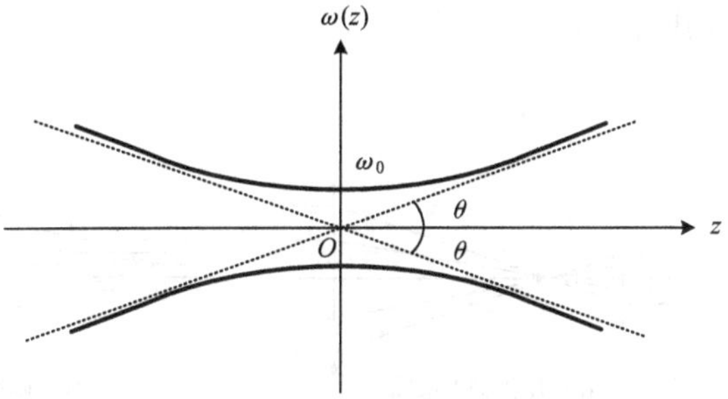

图 1-37　模高斯光束示意图

定义 x-y 平面上光振幅衰减到中心振幅 1/e 处的半径为光斑尺寸，其大小为 $\omega(z)$。$\omega(z)$ 随 z 的变化规律为

$$\omega(z)=\omega_0\sqrt{1+(z/f)^2} \tag{1-58}$$

式中，$\omega_0=\sqrt{f\lambda/\pi}$ 称为基模高斯光束的束腰半径；f 为激光谐振腔的共焦参数，其数值由激光器的具体结构决定。基模高斯光束的发散角定义为

$$2\theta=\lim_{z\to\infty}\frac{2\omega(z)}{z}=\frac{2\lambda}{\pi\omega_0} \tag{1-59}$$

可见基模高斯光束的发散角与束腰半径成反比。

激光准直的原理是使用透镜组合对高斯光束的束腰半径进行变换，目的是获得较大的束腰半径，从而减小激光的发散角。高斯激光准直机构在结构上可等效于由一个小焦距透镜和一个大焦距透镜构成的倒置望远镜结构，如图 1-38 所示，其中小焦距透镜的作用是获得较小

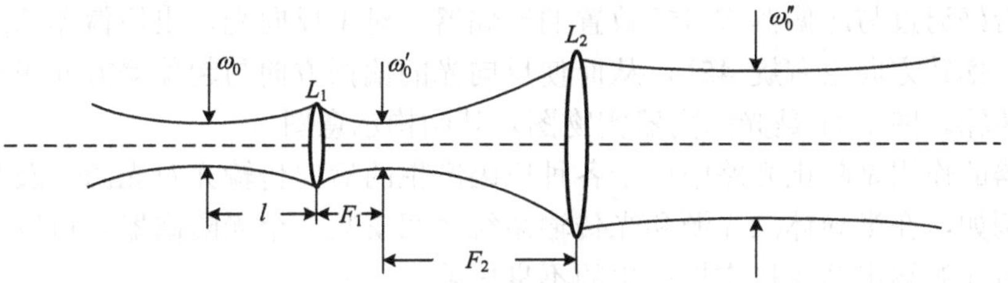

图 1-38　激光高斯光束准直示意图

的束腰光斑，该束腰光斑位于大透镜的焦平面上，该光斑的尺寸越小、大透镜的焦距越大，则变换后的光束束腰半径越大，即变化后光束的发散角越小。

由两个透镜构成的准直透镜组合对高斯光束的准直倍率(扩束倍率)可以表示为

$$M_x = \frac{F_2}{F_1}\sqrt{1+\left(\frac{l}{f}\right)^2} \tag{1-60}$$

式中，F_1和F_2分别是小焦距透镜和大焦距透镜的焦距；f是基模高斯光束的共焦参数；l是变换前高斯光束束腰光斑到准直透镜组的距离。由式(1-60)可以看出，大小透镜的焦距之比越大，光束的准直倍率就越高。准直后的激光高斯光束的束腰光斑的尺寸大于入射光束，因此激光准直镜又称为激光扩束镜。激光准直镜在结构上是一个倒置的望远镜，通常分为开普勒型和伽利略型。如图1-39所示，开普勒型准直镜的两个透镜都为正透镜，而伽利略型准直镜中小焦距透镜为负透镜(焦距为负)，大焦距透镜为正透镜，伽利略型准直镜的总长度要小于开普勒型激光准直镜，在结构上更为紧凑。图1-40给出了一种激光准直镜的实物图。

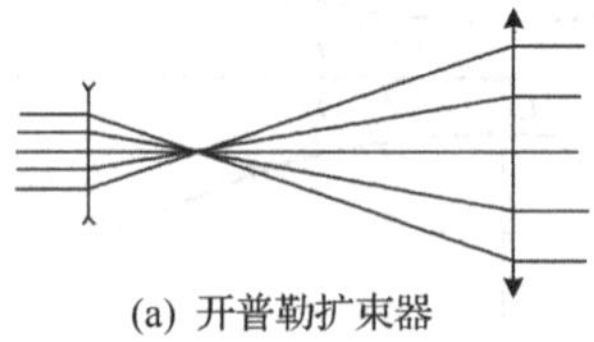
(a) 开普勒扩束器

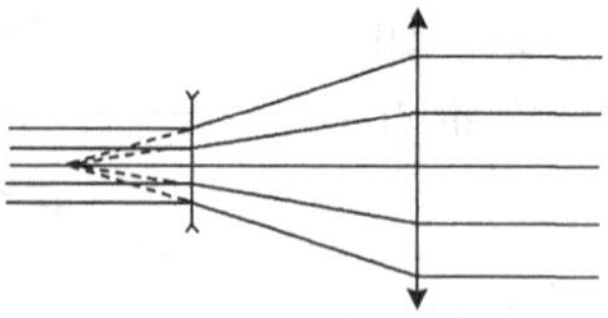
(b) 伽利略扩束器

图1-39　准直透镜的两种典型结构

图1-40　激光准直镜

1.3.6　光隔离器

光隔离器主要利用磁光晶体的法拉第磁致旋光效应，某些不具有旋光性的材料在磁场作用下使通过该物质的光的偏振方向发生旋转。沿磁场方向传输的偏振光。其偏振方向旋转角度θ与磁场强度B和材料长度d_m的乘积成正比例：

$$\theta = V_{ed}Bd_m \tag{1-61}$$

式中，V_{ed}为维德尔常数，决定于磁光晶体本身的性质。偏振光的旋转方向决定于磁场的方向，与入射光方向无关。顺着磁场方向观察，绝大多数物质的磁致旋光的方向都是右旋的(顺时针方向)，对应的晶体类型叫正旋体，自然界中有少数物质是负旋体。

磁致旋光的方向与入射光的传播方向无关这一特点可用于制作光隔离器。对于正向入射的光束，通过起偏器后成为线偏振光，磁致旋光介质与磁场共同作用使信号光的偏振方向右旋45°，并恰好通过与起偏器成45°放置的检偏器。对于反向光，出检偏器的线偏振光经过磁光介质时，偏转方向也右旋45°，从而使反向光的偏振方向与起偏器方向正交，完全阻断了反射光的传输。图1-41是光隔离器实物图及其结构示意图。

光隔离器的作用是防止光路中由于各种原因产生的后向传输光对光源以及光路系统产生不良影响。例如，在半导体激光源和光传输系统之间安装一个光隔离器，可以在很大程度上减少反射光对光源输出功率稳定性产生的不良影响。

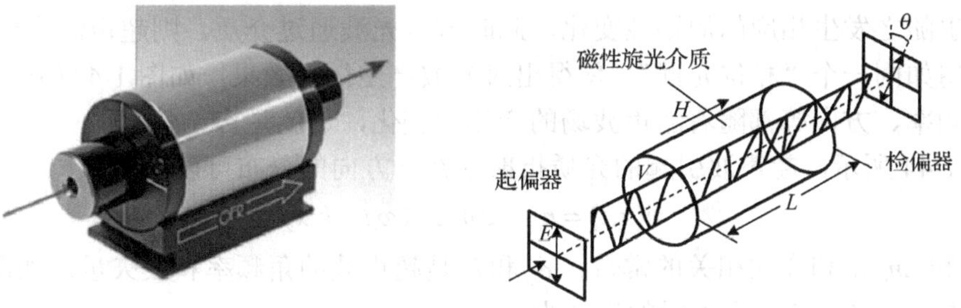

图 1-41　光隔离器及其结构示意图

1.3.7　衍射光栅

衍射光栅，通常简称为光栅，是一种由密集、等间距平行刻线构成的重要光学器件，广泛应用于光谱分析等技术领域。如图 1-42 所示，光栅可分为反射型光栅和透射型光栅。它利用多缝衍射和干涉作用，将入射到光栅上的光束按波长的不同进行色散。根据光栅方程(即衍射光的极大值条件) $d_{gra}\sin\theta = m\lambda$ ，其中，d_{gra} 为光栅常数，即相邻刻线的间隔，m 为衍射级数，θ 为衍射角。可见对于不同波长的光，其衍射级数相同，对应的衍射角不同，由此可将不同波长的光在空间上分离开来。光栅的刻线非常密集，每毫米的刻线可高达几百甚至上千，刻线越密、总线数越多，则色散本领越高。图 1-43 给出一种衍射光栅的实物图片，由于刻线非常细密，且刻线的深度非常浅，所以外观上与平面镜有些类似。

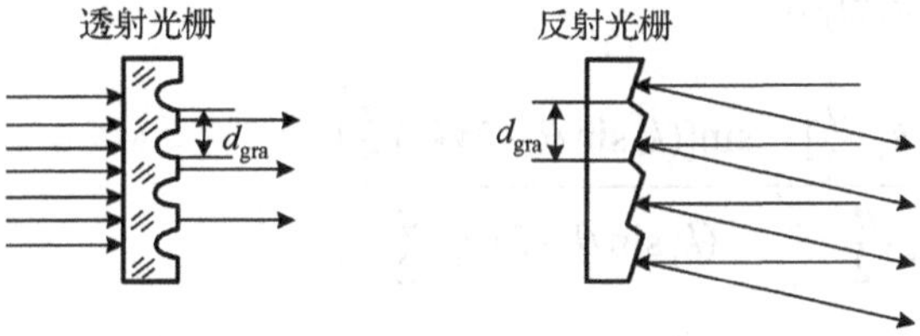

图 1-42　透射光栅与反射光栅示意图

图 1-43　衍射光栅

1.3.8　声光调制器

声光调制器(Acousto-Optic Modulator，AOM)基于声光相互作用原理而制成。声波是一种纵向弹性应力波，当其在介质中传播时，使介质产生相应的弹性形变，激起介质中各质点沿声波的传播方向振动，导致介质的密度呈疏密相间的交替变化，如图 1-44(a)所示。介质

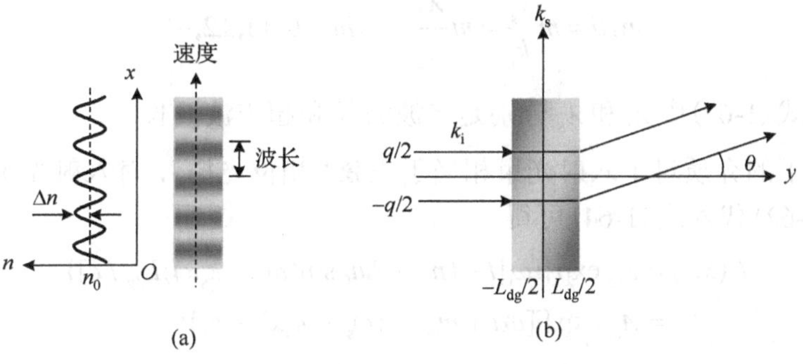

图 1-44　超声波产生的相位光栅及其光学衍射示意图

的折射率也随之发生相应的周期性变化，此时若有光波通过介质，则超声波作用下的介质对光波的作用如同一个“相位光栅”，使得出射光波产生衍射效果，如图 1-44(b)所示，衍射光的强度、频率、方向等都随着超声波场的变化而变化，这就是声光效应。

如图 1-44 所示，超声波引起的介质折射率在 x 方向的分布可以表示为

$$n(x,t)=n_{cr}-\Delta n_0\sin(\omega_s t-k_s x) \tag{1-62}$$

式中，n_{cr} 和 Δn_0 是和介质相关的常数；ω_s 和 k_s 是超声波的角频率和波矢量。如图 1-44(b)所示，假定在 $y=-L_{dg}/2$ 面上入射的光波为

$$E(t)=A_i\exp(\mathrm{i}\omega_i t) \tag{1-63}$$

式中，A_{in} 和 ω_i 是入射光波的振幅和角频率，则在 $y=L_{dg}/2$ 面上出射的光波分布可以表示为

$$E(x,t)=A_{in}\exp\{\mathrm{i}\omega_i[t-n(x,t)L_{dg}/c]\} \tag{1-64}$$

由上式可知，出射光已经不是平面波，其相位受到折射率 $n(x,t)$ 的调制，结果是产生多级衍射光，光波的振幅分布由相位积分(即夫琅禾费衍射)决定：

$$A(\theta)=\frac{\mathrm{i}}{\lambda y}\int_{-\frac{q}{2}}^{\frac{q}{2}}E(x,t)\exp(\mathrm{i}k_i r_0)\exp(\mathrm{i}k_i x\sin\theta)\mathrm{d}x \tag{1-65}$$

式中，k_i 是衍射光的波矢量。将式(1-64)代入上式，并略去对积分无关的时间项，利用贝塞尔函数关系将式(1-65)推算得到：

$$\begin{aligned}A(\theta)&=\int_{-\frac{q}{2}}^{\frac{q}{2}}\exp[\mathrm{i}k_i(x\sin\theta+\Delta n_0L_{dg}\sin k_s x)]\mathrm{d}x\\&=cq\sum_{\gamma=0}^{\infty}J_{2\gamma}(\nu)\left\{\frac{\sin[(k_i\sin\theta+2\gamma k_s)\frac{q}{2}]}{(k_i\sin\theta+2\gamma k_s)\frac{q}{2}}+\frac{\sin[(k_i\sin\theta-2\gamma k_s)\frac{q}{2}}{(k_i\sin\theta-2\gamma k_s)\frac{q}{2}}\right\}\\&\quad+cq\sum_{\gamma=0}^{\infty}J_{2\gamma+1}(\nu)\left\{\frac{\sin[k_i\sin\theta+(2\gamma+1)k_s]\frac{q}{2}}{[k_i\sin\theta+(2\gamma+1)k_s]\frac{q}{2}}-\frac{\sin[k_i\sin\theta-(2\gamma+1)k_s]\frac{q}{2}}{[k_i\sin\theta-(2\gamma+1)k_s]\frac{q}{2}}\right\}\end{aligned} \tag{1-66}$$

式中，$\nu=2\pi n_0L_{dg}/\lambda$，$J_\gamma(\nu)$ 是第 γ 阶贝塞尔函数。由于函数 $\sin(\alpha q)/(\alpha q)$ 在 $\alpha=0$ 处取得极大值，式(1-66)各项分别在 $k_i\sin\theta+mk_s=0(m=0,\pm1,\pm2)$ 时取得最大值，并且当其中一项达到最大值时，其余各项趋于零，所以衍射光在方位角

$$\sin\theta=m\frac{k_s}{k_i}=m\frac{\lambda_i}{\lambda_s},\qquad m=0,\pm1,\pm2,\cdots \tag{1-67}$$

有衍射极大值，式(1-67)中 λ_i 和 λ_s 分别是光波波长和超声波波长。

超声波作用下的介质对于入射光束相当于正弦“相位光栅”，对入射光束的相位会产生正弦调制，将式(1-62)代入式(1-64)可得

$$\begin{aligned}E(x,t)&=A_{in}\exp\{\mathrm{i}\omega_i[t-(n_{cr}-\Delta n_0\sin(\omega_s t-k_s x))L_{dg}/c]\}\\&=A_{in}\exp\{\mathrm{i}[\omega_i t+m_\varphi\sin(\omega_s t-k_s x)-\varphi_0]\}\end{aligned} \tag{1-68}$$

式中，$m_\varphi=\omega_i\Delta n_0L_{dg}/c$，$\varphi_0=\omega_i n_{cr}L_{dg}/c$，其中 m_φ 称为调相指数。式(1-68)的实部可以写为

$$
\begin{aligned}
e(x,t) &= \mathrm{Re}[E(x,t)] = A_{\mathrm{in}}\cos[\omega_{\mathrm{i}}t + m_{\varphi}\sin(\omega_{\mathrm{s}}t - k_{\mathrm{s}}x) - \varphi_0] \\
&= A_{\mathrm{in}}\{\cos(\omega_{\mathrm{i}}t - \varphi_0)\cos[m_{\varphi}\sin(\omega_{\mathrm{s}}t - k_{\mathrm{s}}x)] - \sin(\omega_{\mathrm{i}}t - \varphi_0)\sin[m_{\varphi}\sin(\omega_{\mathrm{s}}t - k_{\mathrm{s}}x)]\}
\end{aligned} \tag{1-69}
$$

利用贝塞尔函数展开式中的$\cos\left[m_{\varphi}\sin(\omega_{\mathrm{s}}t - k_{\mathrm{s}}x)\right]$和$\sin\left[m_{\varphi}\sin(\omega_{\mathrm{s}}t - k_{\mathrm{s}}x)\right]$，可将式(1-69)改写为

$$
\begin{aligned}
e(x,t) = A_{\mathrm{in}}\{&J_0(m_{\varphi})\cos(\omega_{\mathrm{i}}t - \varphi_0) \\
&+ J_1(m_{\varphi})\cos[(\omega_{\mathrm{i}} + \omega_{\mathrm{s}})t - \varphi_0 - k_{\mathrm{s}}x] - J_1(m_{\varphi})\cos[(\omega_{\mathrm{i}} - \omega_{\mathrm{s}})t - \varphi_0 + k_{\mathrm{s}}x] \\
&+ J_2(m_{\varphi})\cos[(\omega_{\mathrm{i}} + 2\omega_{\mathrm{s}})t - \varphi_0 - 2k_{\mathrm{s}}x] + J_2(m_{\varphi})\cos[(\omega_{\mathrm{i}} - 2\omega_{\mathrm{s}})t - \varphi_0 + 2k_{\mathrm{s}}x] \\
&+ J_3(m_{\varphi})\cos[(\omega_{\mathrm{i}} + 3\omega_{\mathrm{s}})t - \varphi_0 - 3k_{\mathrm{s}}x] - J_3(m_{\varphi})\cos[(\omega_{\mathrm{i}} - 3\omega_{\mathrm{s}})t - \varphi_0 + 3k_{\mathrm{s}}x] \\
&+ \cdots\}
\end{aligned} \tag{1-70}
$$

由上式可见频率为ω_{i}的单色光通过超声波作用的声光晶体后，其光波频率不再单一，而是由基频ω_{i}和无数对边频$\omega_{\mathrm{i}} + m\omega_{\mathrm{s}}(m = 0, \pm1, \pm2)$组成。这些边频等间隔地分布在基频的两侧，相邻两边频之间的间隔等于超声波的频率ω_{s}，不同的边频对应着不同级次的衍射光，则第m级衍射光可以表示为

$$
E_{\mathrm{m}} = J_{\mathrm{m}}(\nu)\exp[\mathrm{i}(\omega_{\mathrm{i}} + m\omega_{\mathrm{s}})t] \tag{1-71}
$$

光在介质中被弹性波衍射时，按照超声波频率的高低以及声光相互作用长度的大小可分为拉曼-奈斯(Raman-Nath)衍射和布拉格(Bragg)衍射。引入参数

$$
Q = \frac{K_{\mathrm{s}}^2}{K_{\mathrm{i}}}L_{\mathrm{ao}} \tag{1-72}
$$

式中，K_{s}为超声波的波矢量大小；K_{i}为入射光的波矢量大小；L_{ao}是声光相互作用得到的长度。参数$Q<1$时的衍射称为拉曼-奈斯衍射，而$Q \gg 10$的衍射称为布拉格衍射，$1<Q<10$时的衍射为以上两种衍射的混合。

拉曼-奈斯衍射的情形可用式(1-70)描述，其出射光包含多级衍射光，且非零级衍射光相对入射光存在频移，频移量为超声波频率的整数倍，在满足式(1-67)的方位角上具有衍射极大值。理论和实验研究发现，当超声波的频率比较高、声光相互作用长度比较大时，较高衍射级别的光波就会被散失掉，若入射光与声波波面的夹角满足条件：

$$
\theta = \theta_{\mathrm{B}} = \lambda_{\mathrm{i}} / 2\lambda_{\mathrm{s}} \tag{1-73}
$$

此时衍射光只包括零级光和+1 级或−1 级衍射光，如图 1-45 所示，这种情形的声光相互作用称为声光布拉格衍射，其中θ_{B}称为布拉格角。一级衍射光的角频率为$\omega_{\mathrm{i}} \pm \omega_{\mathrm{s}}$，可见一级衍射光在频率上相对于入射光发射了$\omega_{\mathrm{s}}$频移，由于声光调制器的频移作用，在有的场合也称为声

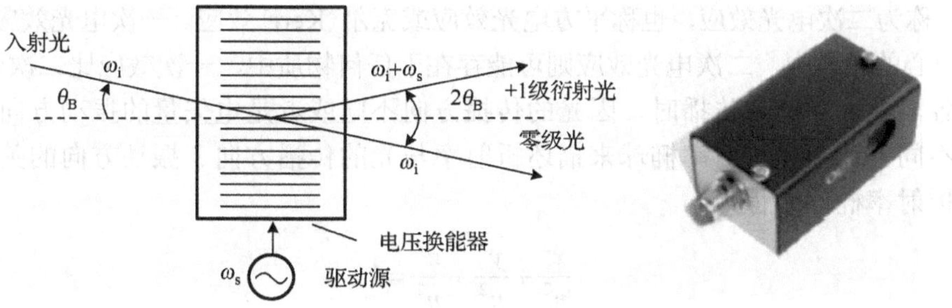

图 1-45　声光布拉格衍射与声光调制器

光移频器。假设入射光强为I_i，一级衍射光为I_1，一级衍射光的衍射效率与超声波的强度有关，当一级衍射光强度达到最大时，调制效率可以表示为

$$\eta = I_1 / I_0 = \sin^2\left[\frac{\pi}{\sqrt{2}\lambda}\sqrt{\left(\frac{L}{H}\right)M_{c2}P_s}\right] \tag{1-74}$$

式中，λ是入射光真空波长；H为换能器的宽度；L为换能器的长度；M_{c2}是与晶体材料物理特性有关的常数。由式(1-74)可知，当超声波的功率P_s改变时，一级衍射光的衍射效率也发生变化，若射光强保持不变，则可以通过对P_s进行调制实现对一级衍射光强度的调制。理论上布拉格声光衍射的效率最大可达到100%，但实际上一般为70%～90%。M_{c2}可表示为

$$M_{c2} = \frac{n_{cr}^6 P_s^2}{\rho v_s^3} \tag{1-75}$$

式中，n_{cr}为声光介质折射率；P_s为超声波的功率；ρ为声光介质密度；v_s为超声波在声光介质中的传播速度。M_{c2}可用于衡量声光介质材料性能的优劣，M_{c2}越大，对声光材料的尺寸以及超声波的功率要求就越小，声光调制器的体积也就越小，因此在选择声光材料时应当选择M_{c2}较大的声光材料。

在选择声光介质材料时，还应该考虑采用有较宽调制带宽的晶体材料，表征材料调制带宽的品质因素与带宽和调制效率的乘积有关，理论分析带宽与效率的乘积可以表示为

$$2\eta f_0 \Delta f = M_{c1}\frac{2\pi I_s L}{\lambda^3 \cos\theta_B} \tag{1-76}$$

式中，f_0为声光调制的中心频率；M_{c1}为表征材料调制带宽的参数，可以表示为

$$M_{c1} = \frac{n^7 P_s^2}{\rho v_s} \tag{1-77}$$

声光介质的M_{c1}值越大，其调制带宽越宽。

1.3.9 电光调制器

某些晶体(固体或液体)在外加电场中，随着电场强度E的改变，晶体的折射率也会发生改变，这种现象称为电光效应。通常将电场引起的折射率的变化可表示为

$$n(E) = n_0 + aE_0 + bE_0^2 + \cdots \tag{1-78}$$

式中，a和b为常数；n_0为外加电场为零时的折射率。由一次项aE_0引起折射率变化的效应，称为一次电光效应，也称线性电光效应或普克尔(Pokells)电光效应；由二次项bE_0^2引起折射率变化的效应，称为二次电光效应，也称平方电光效应或克尔(Kerr)效应。一次电光效应只存在于不具有对称中心的晶体中，二次电光效应则可能存在于任何物质中，一次效应比二次效应显著。

光在各向异性晶体中传播时，因光的传播方向不同或者是电矢量的振动方向不同，光的折射率也不同。通常用折射率椭球来描述折射率与光的传播方向、振动方向的关系，在主轴坐标中，折射率椭球方程为

$$\frac{x^2}{n_1^2} + \frac{y^2}{n_2^2} + \frac{z^2}{n_3^2} = 1 \tag{1-79}$$

式中，n_1、n_2和n_3为椭球三个主轴方向上的折射率，称为主折射率。如图 1-46 所示，从折

射率椭球的坐标原点 O 出发，向任意方向作一直线 $\overrightarrow{OP}$，令其代表光波的传播方向 $\vec{K}$。然后，通过 O 垂直 $\overrightarrow{OP}$ 作椭圆球的中心截面，该截面是一个椭圆，其长短半轴的长度 $\overrightarrow{OA}$ 和 $\overrightarrow{OB}$，分别等于波法线沿 $\overrightarrow{OP}$、电位移矢量振动方向分别与 $\overrightarrow{OA}$ 和 $\overrightarrow{OB}$ 平行的两个线偏振光的折射率 n' 和 n''。显然 $\vec{K}$，$\overrightarrow{OA}$，$\overrightarrow{OB}$ 三者互相垂直，如果光波的传播方向 $\vec{K}$ 平行于 x 轴，则两个线偏光波的折射率等于 n_2 和 n_3。同样当 $\vec{K}$ 平行于 y 轴和 z 轴时，相应的光波折射率亦可知。

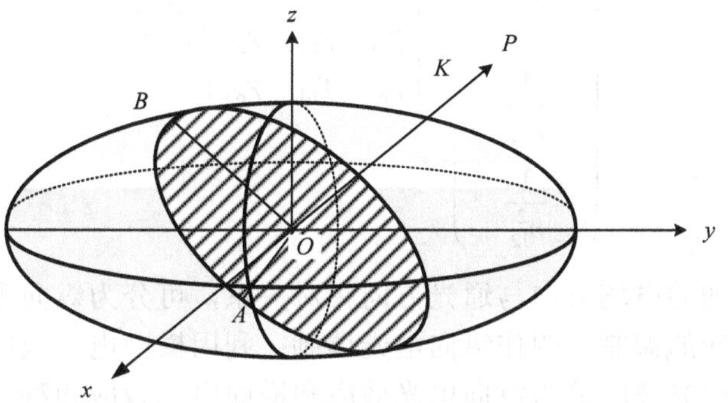

图 1-46　晶体折射率椭球

当晶体上加上电场后，折射率椭球的形状、大小、方位都发生变化，椭球的方程相应为

$$\frac{x^2}{n_{11}^2}+\frac{y^2}{n_{22}^2}+\frac{z^2}{n_{33}^2}+\frac{2}{n_{23}^2}yz+\frac{2}{n_{13}^2}xz+\frac{2}{n_{12}^2}xy=1 \tag{1-80}$$

当只考虑一次电光效应，式(1-80)与式(1-79)相应项的系数之差和电场强度的一次方成正比。

由于晶体的各向异性，电场在 x、y、z 各个方向上的分量对椭球方程的各个系数的影响是不同的，可表示为

$$\begin{cases}\dfrac{1}{n_{11}^2}-\dfrac{1}{n_1^2}=\gamma_{11}E_x+\gamma_{12}E_y+\gamma_{13}E_z\\ \dfrac{1}{n_{22}^2}-\dfrac{1}{n_2^2}=\gamma_{21}E_x+\gamma_{22}E_y+\gamma_{23}E_z\\ \dfrac{1}{n_{33}^2}-\dfrac{1}{n_3^2}=\gamma_{31}E_x+\gamma_{32}E_y+\gamma_{33}E_Z\\ \dfrac{1}{n_{23}^2}=\gamma_{41}E_x+\gamma_{42}E_y+\gamma_{43}E_z\\ \dfrac{1}{n_{13}^2}=\gamma_{51}E_x+\gamma_{52}E_y+\gamma_{53}E_z\\ \dfrac{1}{n_{12}^2}=\gamma_{61}E_x+\gamma_{62}E_y+\gamma_{63}E_z\end{cases} \tag{1-81}$$

式(1-81)是晶体一次电光效应的普遍表达式，式中，γ_{ij} 叫作电光系数($i=1,2,\cdots,6$; $j=1,2,3$)，共有 18 个。E_x、E_y、E_z 是电场 E 在 x、y、z 方向上的分量，对于不同的晶体，这些系数可以通过查表获得。式(1-81)用矩阵形式表示如下：

$$
\begin{pmatrix}
\dfrac{1}{n_{11}^2}-\dfrac{1}{n_1^2} \\
\dfrac{1}{n_{22}^2}-\dfrac{1}{n_2^2} \\
\dfrac{1}{n_{33}^2}-\dfrac{1}{n_3^2} \\
\dfrac{1}{n_{23}^2} \\
\dfrac{1}{n_{13}^2} \\
\dfrac{1}{n_{12}^2}
\end{pmatrix}
=
\begin{bmatrix}
\gamma_{11} & \gamma_{12} & \gamma_{13} \\
\gamma_{21} & \gamma_{22} & \gamma_{23} \\
\gamma_{31} & \gamma_{32} & \gamma_{33} \\
\gamma_{41} & \gamma_{42} & \gamma_{43} \\
\gamma_{51} & \gamma_{52} & \gamma_{53} \\
\gamma_{61} & \gamma_{61} & \gamma_{63}
\end{bmatrix}
\begin{bmatrix}
E_x \\ E_y \\ E_z
\end{bmatrix}
\tag{1-82}
$$

电光效应根据施加的电场方向与通光方向相对关系，可分为纵向电光效应和横向电光效应。利用纵向电光效应的调制，叫作纵向电光调制；利用横向电光效应的调制，叫作横向电光调制。晶体的一次电光效应分为纵向电光效应和横向电光效应两种。当加在晶体上的电场方向与光在晶体中的传播方向平行时，产生的电光效应称为纵向电光效应，通常以 KDP(磷酸二氢钾)类型晶体为代表。当加在晶体上的电场方向与光在晶体里传播方向垂直时，产生的电光效应称为横向电光效应，以 $LiNbo_3$ 晶体为代表。

1. 纵向电光调制

KDP 类型晶体属于负单轴晶体(即 o 光折射率 n_o 大于 e 光主折射率 n_e)，则有 $n_x = n_y = n_o$，$n_z = n_e$，其对应的电光系数中仅有 γ_{41} 和 γ_{63} 不为零。当晶体加上外电场后，其折射率椭球可以表示为

$$
\frac{x^2}{n_o^2}+\frac{y^2}{n_o^2}+\frac{z^2}{n_e^2}+2\gamma_{41}yzE_x+2\gamma_{41}xzE_y+2\gamma_{63}xyE_z=1 \tag{1-83}
$$

若外加磁场位于 z 轴方向，则上式可以简化为

$$
\frac{x^2}{n_o^2}+\frac{y^2}{n_o^2}+\frac{z^2}{n_e^2}+2\gamma_{63}xyE_z=1 \tag{1-84}
$$

为了简化式(1-84)，将坐标轴 x 和 y 绕 z 轴旋转 45° 得到新的坐标系 x'、y' 和 z'，两坐标系的变化关系为

$$
\begin{cases}
x = x'\cos 45^\circ - y'\sin 45^\circ \\
y = x'\sin 45^\circ + y'\cos 45^\circ \\
z = z'
\end{cases}
\tag{1-85}
$$

将式(1-85)代入式(1-84)可得

$$
\frac{x'^2}{n_x'^2}+\frac{y'^2}{n_y'^2}+\frac{z'^2}{n_z'^2}=1 \tag{1-86}
$$

式中，

$$
\begin{cases}
n'_x = \left(\dfrac{1}{n_o^2} + r_{63}E_x\right)^{-1/2} \approx n_o - \dfrac{1}{2}n_o^3 r_{63}E_z \\
n'_y = \left(\dfrac{1}{n_o^2} - r_{63}E_x\right)^{-1/2} \approx n_o + \dfrac{1}{2}n_o^3 r_{63}E_z \\
n'_z = n_e
\end{cases} \tag{1-87}
$$

由上式可见，当在 KDP 晶体的 z 轴加上电场时，其由单轴晶体变成了双轴晶体，折射率椭球的主轴 x' 和 y' 相对于原来主轴 x 和 y 轴旋转了 45°，且该转角与外加电场的大小无关，对应主轴折射率的变化量与外加电场成正比。

图 1-47 为纵向电光调制器的典型结构图，将电光晶体 KDP 放置于正交放置的起偏器 P_1 和检偏器 P_2 之间，其中起偏器的偏振方向平行于电光晶体的 x 轴，检偏器的偏振方向垂直于电光晶体的 y 轴。沿晶体的 z 轴方向施加外电场后，主轴 x 和 y 轴绕 z 轴旋转 45°，变为 x' 和 y' 轴。入射光通过起偏器后变为平行于 x 轴的线偏振光，入射到电光晶体上的光在 x' 和 y' 轴分量都不为零，则入射光可以表示为

$$
E_i = \begin{bmatrix} E_{x'}^{i} \\ E_{y'}^{i} \end{bmatrix} = A \cdot \begin{bmatrix} 1 \\ 1 \end{bmatrix} \tag{1-88}
$$

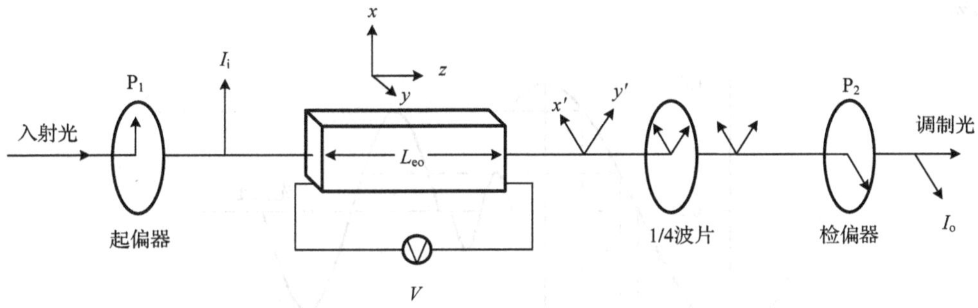

图 1-47　纵向电光调制

显然入射光的强度为 $2A^2$。入射光通过电光晶体后可表示为

$$
E_o = \begin{bmatrix} E_{x'}^{o} \\ E_{y'}^{o} \end{bmatrix} = A \cdot \begin{bmatrix} 1 \\ \exp(-i\Delta\varphi) \end{bmatrix} \tag{1-89}
$$

式中，$\Delta\varphi$ 是由于 x' 轴和 y' 轴方向的光分量通过电光晶体后的相位差，可由下式计算：

$$
\begin{aligned}
\Delta\varphi &= \frac{\pi}{2} + \frac{2\pi}{\lambda}(n_{y'} - n_{x'})L_{eo} = \frac{\pi}{2} + \frac{2\pi}{\lambda}n_o^3\gamma_{63}E_z L_{eo} \\
&= \frac{\pi}{2} + \frac{2\pi}{\lambda}n_o^3\gamma_{63}V_Z = \frac{\pi}{2} + \frac{\pi}{V_\pi}V_z
\end{aligned} \tag{1-90}
$$

式中，$\pi/2$ 为 1/4 波片产生的相位差，$V_\pi = \lambda/(2\gamma_{63}n_o^3)$ 为电光晶体产生的相位差为 π 时对应的电压值。通过电光晶体后的光在检偏器方向，即 y 向的分量为

$$
E_y^o = \frac{A}{\sqrt{2}}[\exp(-i\varphi) - 1] \tag{1-91}
$$

对应的光强度为

$$I_o = 2A^2\sin^2\left(\frac{\Delta\varphi}{2}\right) = 2A^2\sin^2\left(\frac{\pi}{4} + \frac{\pi}{2}\frac{V_z}{V_\pi}\right) \tag{1-92}$$

若加载在电光晶体上的电压为交变电压 $V_z = V_m \sin(\omega_m t)$，则有

$$I_o = 2A^2\sin^2\left(\frac{\Delta\varphi}{2}\right) = I_i \cdot \sin^2\left(\frac{\pi}{4} + \frac{\Delta\varphi_m}{2}\sin\omega_m t\right) \tag{1-93}$$

式中，$\Delta\varphi_m = \pi V_m / V_\pi$。

根据式(1-93)，电光调制的透过率为

$$T_{ra} = I_o / I_i = \sin^2\left(\frac{\pi}{4} + \frac{\Delta\varphi_m}{2}\sin\omega_m t\right) = \frac{1}{2}[1 + \sin(\Delta\varphi_m \sin\omega_m t)] \tag{1-94}$$

当 $\Delta\varphi_m$ 比较小时，上式可进一步改写为

$$T_{ra} = \frac{1}{2}(1 + \Delta\varphi_m \sin\omega_m t) \tag{1-95}$$

由上式可知输出光波的强度信号是调制信号的线性复现，因此实际应用中为了获得线性调制，调制强度 $\Delta\varphi_m$ 不能太大，一般取 $\Delta\varphi_m \leqslant 1\text{mrad}$。图 1-48 给出了透过率 T_{ra} 随调制电压的变化曲线图，T_{ra} 与 V 的关系是非线性的，若工作点选择不适合，会使输出信号发生畸变。但在 $V_{\pi/2}$ 附近有一近似直线部分，这一直线部分称作线性工作区，由式(1-95)可以看出，当 $V = V_{\pi/2}$ 时，$T_{ra} = 50\%$。

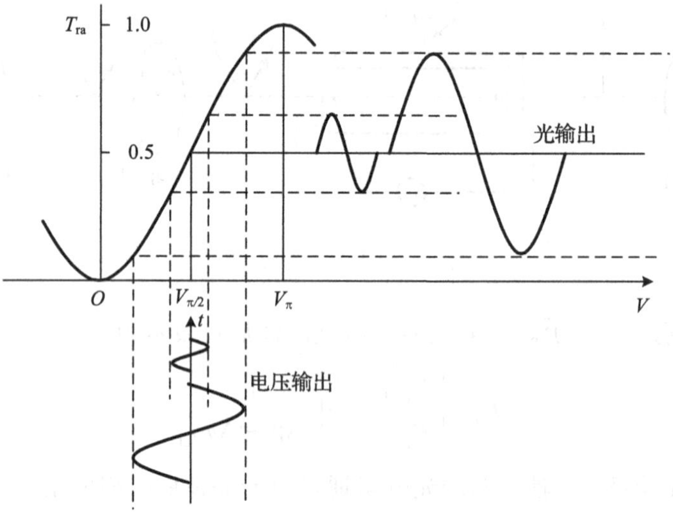

图 1-48　透过率与输入电压关系曲线图

2. 横向电光调制

在横向电光调制中，外电场与入射光的方向垂直，图 1-49 为横向电光调制的示意图，沿 z 轴方向施加外电场，入射光方向沿感应主轴 y' 方向，且其偏振方向与 z 轴成 45° 角，入射光进入晶体后可以分解为 x' 和 z 方向的光分量，二者折射率之差为

$$\Delta n = n'_x - n_z = n_o - \frac{1}{2}n_o^3\gamma_{63}E_z - n_e \tag{1-96}$$

两个光分量通过晶体后的相位差为

$$\Delta\varphi=\frac{2\pi}{\lambda}(n_x'-n_z)L_{eo}=\frac{2\pi}{\lambda}\left[(n_o-n_e)L_{eo}-\frac{1}{2}n_o^3\gamma_{63}\frac{L_{eo}}{d}V\right] \tag{1-97}$$

由式(1-97)可知，对于 KDP 晶体，其横向电光效应使光通过晶体后的相位差包括两项，第一项与外电场无关，是晶体的自然双折射引起的相位差；第二项是由于外加电场作用下产生的相位差，其与外加电压的大小以及电光晶体的尺寸参数(L_{eo}/d)有关，所以选择合适的晶体尺寸可降低电光调制的半波电压。

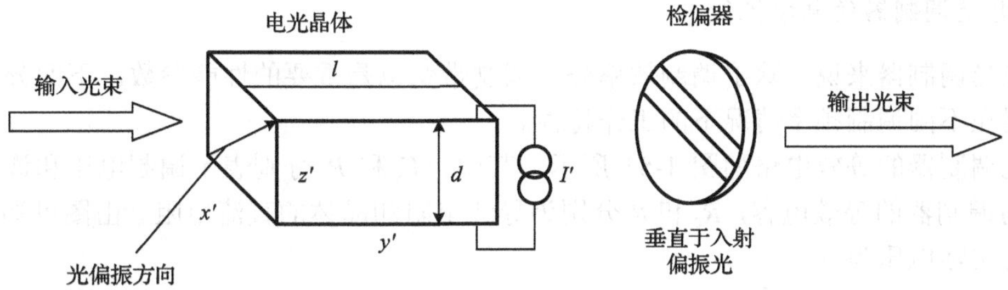

图 1-49　横向电光调制

横向电光调制和纵向电光调制的一个重要不同点是存在晶体自然双折射引起的相位差，即使没有外加电场，该相位差仍然存在。当晶体的温度发生变化时，n_o 和 n_e 会发生漂移，二者的差值也会发生变化，从而导致式(1-97)中第一项相位差发生漂移。若要将此相位差变化量控制在几十毫弧度内，则要求晶体的温度变化量保持在千分之几摄氏度内，而这在实际应用中是无法保证的，一般需要采用具有补偿功能的设计结构。然而，横向电光调制相对于纵向电光调制也具有一定的优点，横向电光调制的半波电压一般比纵向电光调制要低，因为 L_{eo}/d 的比值可以设计得很大。

3. 电光相位调制

图 1-50 所示的是一电光相位调制的原理图，它由起偏器和电光晶体组成，起偏器的方向平行于电光晶体的感应主轴。外电场不改变出射光的偏振状态，仅改变其相位，相位的变化为

$$\Delta\varphi_{x'}=-\frac{\omega_c}{c}\Delta n_{x'}L_{eo} \tag{1-98}$$

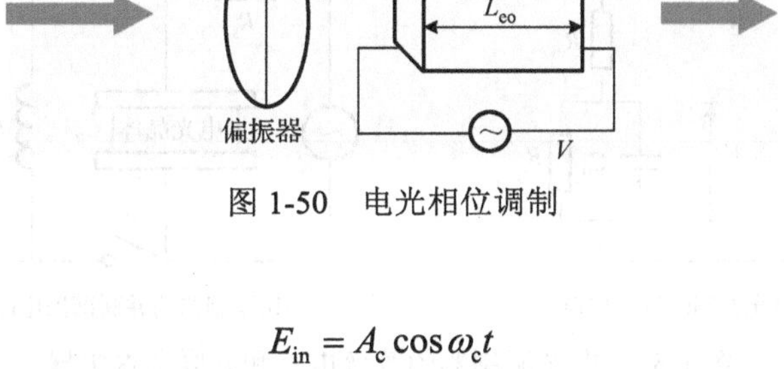

图 1-50　电光相位调制

若入射光场为

$$E_{in}=A_c\cos\omega_c t \tag{1-99}$$

根据式(1-99)，输出光场可以表示为

$$E_o = A_c \cos\left[\omega_c t - \frac{\omega_c}{c}\left(n_o - \frac{1}{2}n_o^3 r_{63} E_m \sin\omega_m t\right)L_{eo}\right] \tag{1-100}$$

式中，$E_m \sin\omega_m t$ 是调制电场。若忽略相位中的常数项，则式(1-100)可写成

$$E_{out} = A_c \cos(\omega_c t + m_\varphi \sin\omega_m t) \tag{1-101}$$

式中，相位调制强度 m_φ 由下式计算：

$$m_\varphi = \frac{\pi n_o^3 \gamma_{63} E_m L_{eo}}{\lambda} = \frac{\pi n_o^3 \gamma_{63} V}{\lambda} \tag{1-102}$$

4. 电光调制器的电学性能

对电光调制器来说，除了调制效率外，调制带宽也是重要的性能参数。下面分析一下电光调制器在不同调制频率情况下的工作特性。

电光调制器的等效电路如图 1-51 所示。其中，V_s 和 R_s 分别表示调制电压和调制电源内阻，C_0 为调制器的等效电容，R_e 和 R 分别为导线电阻和晶体的直流电阻。由图可知，作用到晶体上的实际电压为

$$V = \frac{V_s\left[\dfrac{1}{(1/R) + i\omega C_0}\right]}{R_s + R_e + \dfrac{1}{(1/R) + i\omega C_0}} = \frac{V_s R}{R_s + R_e + R + i\omega C_0(R_s R + R_e R)} \tag{1-103}$$

在低频调制时，一般有 $R \gg R_s + R_e$，$i\omega C_0$ 也较小，因此信号电压可以有效地加到晶体上。但是，当调制频率增高时，调制晶体的交流阻抗变小，当 $R > (\omega C_0)^{-1}$ 时，大部分调制电压就降在 R_s 上，调制电源与晶体负载电路之间阻抗不匹配，这时调制效率大大降低，甚至不能工作。实现阻抗匹配的办法是在晶体两端并联一电感 L_I，构成一个并联谐振回路，其谐振频率为 $\omega_0^2 > (L_I C_0)^{-1}$，另外再并联一个分流电阻 R_L，其等效电路如图 1-51(b)所示。当调制信号频率 $\omega_m = \omega_0$ 时，电路的阻抗就等于 R_L，若选择 $R_L \gg R_s$，就可使调制电压大部分加到晶体上。但是，这种方法虽然能提高调制效率，可是谐振回路的带宽是有限的。它的阻抗只在频率间隔 $\Delta\omega \approx 1/(R_L C_0)$ 的范围内才比较高。因此，欲使调制波不发生畸变，其最大可容许调制带宽必须小于 Δf_m：

$$\Delta f_m = \frac{\Delta\omega}{2\pi} \approx \frac{1}{2\pi R_L C_0} \tag{1-104}$$

式中，Δf_m 称为体调制器。其缺点在于要给整个晶体施加外电场，改变晶体的光学性能，需要加相当高的电压，从而使通过的光波受到调制。

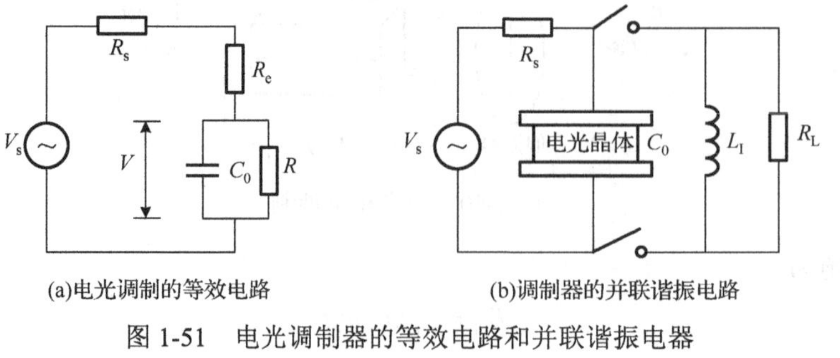

(a)电光调制的等效电路　　(b)调制器的并联谐振电路

图 1-51　电光调制器的等效电路和并联谐振电器

第 2 章　激光干涉测量技术与系统

本章将介绍单频原理与先进单频激光干涉测量技术、双频干涉原理与先进双频激光干涉测量技术、典型干涉测量系统与测量系统的误差分析。

2.1　激光干涉测量基本原理与系统组成

2.1.1　光波的叠加及干涉现象

1. 光波的叠加现象

光作为一种波，符合波的独立传播原理和波的叠加原理。波的独立传播原理指各波源所激发的波可以在同一介质中独立地传播，它们相遇后再分开，其传播特性(频率、波长、传播方向、周期等)与未相遇时相同，互不干扰，就像没有和其他波相遇一样；而波的叠加原理表明，在各列波重叠的区域里，若各列波的振幅不大，介质的质点同时参与这几列波引起的振动，质点的位移等于这几列波单独传播时引起的位移的矢量和。波的独立传播和叠加是日常生活中常见的物理现象，例如，水面上两个涟漪相向传播时可产生水波的叠加。理论上，光波的叠加可发生在频率、振动方向、传播方向相同的两列或多列光波之间，也可以发生在频率、振动方向、传播方向均不尽相同的两列或多列光波之间。然而，由于光波传播速度和振动频率都很高，光波独立传播、光波叠加中的波动过程在日常生活环境中很难被直接观察到。

2. 光波的干涉

光波的干涉是光波的叠加现象中的一种特殊情况，这种情况下光波的叠加现象可被人眼直接观察到。当在空间同一区域传播的两列(或几列)光波满足相干条件：①频率相同；②振动方向一致；③相位相同或相位差保持恒定。则这两列(或几列)光波相遇区域有些地方的振动始终加强，而另一些地方的振动始终减弱，因而其强度在空间呈稳定分布，这种现象即为光波的干涉。

图 2-1 给出两种情形下光波的干涉示意图，其中图 2-1(a)中两波的波峰(或波谷)同时抵达同一地点，称两波在该点同相，干涉波会产生最大的振幅，称为相长干涉(Constructive

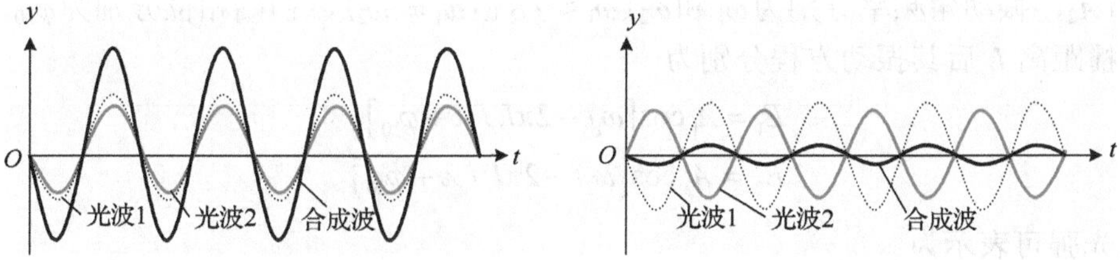

(a) 始终增强　　(b) 始终减弱

图 2-1　光波干涉的两种状态示意图

Interference)；图 2-1(b)中两波之一的波峰与另一波的波谷同时抵达同一地点，称两波在该点反相，干涉波会产生最小的振幅，称为相消干涉(Destructive Interference)。

如图 2-2 所示，从光源 S_1 和 S_2 分别发出的满足相干条件的两列光波，在空间 P 点相遇，形成光波的干涉现象。设两个光源 S_1 和 S_2 出发的光波的振幅分别为 A_1 和 A_2，振动角频率同为 ω，初始相位分别为 φ_{10} 和 φ_{20}，则两光波传播距离 L 后其振动方程分别为

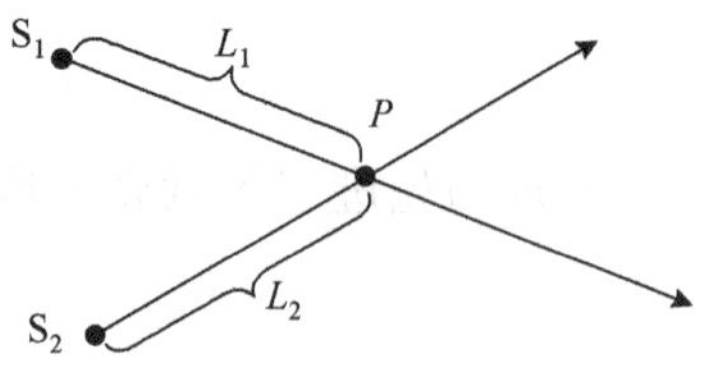

图 2-2　两列光波的独立传播及其在 P 点的干涉

$$\begin{aligned} E_1 &= A_1\cos[\omega t - 2\pi L/\lambda + \varphi_{10}] \\ E_2 &= A_2\cos[\omega t - 2\pi L/\lambda + \varphi_{20}] \end{aligned} \tag{2-1}$$

式中，λ 为光波在传播介质中的波长。设光源 S_1 和 S_2 发出的光波分别经过空间距离 L_1 和 L_2 后到达 P 点，在 P 点形成光波的叠加，合成振动的方程为

$$E_P = E_1 + E_2 \tag{2-2}$$

该点的光强可表示为

$$I = \langle(E_1+E_2)\cdot(E_1+E_2)\rangle = I_1 + I_2 + I_{12} \tag{2-3}$$

式中，关系式 $I=\langle E\cdot E\rangle$ 表示光强是该点光振幅平方的时间平均值；I_1 为波源 S_1 发出光波的光强 $I_1 = A_1{}^2/2$；I_2 为波源 S_2 发出光波的光强 $I_2 = A_2{}^2/2$；I_{12} 是两列光波产生的干涉项：

$$I_{12} = 2\langle E_1\cdot E_2\rangle = 2\sqrt{I_1 I_2}\cos[2\pi(L_1-L_2)/\lambda + \varphi_{10} - \varphi_{20}] \tag{2-4}$$

由式(2-3)可见，P 点的总光强中除了两列光波的强度和之外，还有一项干涉项 I_{12}，反映了两束光波的干涉效应。根据式(2-4)由于空间距离差 L_1-L_2 以及两列光波的初始相位差 $\varphi_{10}-\varphi_{20}$ 均保持恒定，故 I_{12} 是取值在 $[-2\sqrt{I_1 I_2}, +2\sqrt{I_1 I_2}]$ 内的一个恒定值。因此，空间 P 点的总光强 I 是取值在 $[I_1+I_2-2\sqrt{I_1 I_2}, I_1+I_2+2\sqrt{I_1 I_2}]$ 内的一个恒定值。根据空间距离的不同，总光强并不总等于 I_1+I_2，而会出现光强的增强(大于 I_1+I_2)或减弱(小于 I_1+I_2)情况，但对于某一个特定的距离差，其表现为一个恒定值，干涉光强不随时间变化。所以说对于距离差不变的一个干涉区域，可以得到稳定的干涉场。

3. 光波的拍频干涉

上述光波的相干条件中，指出只有光波的频率相同、相位差恒定且振动方向一致的情况下才会出现稳定分布的干涉场。实际测量中，也会出现两列光波的频率不同但相位差恒定且振动方向一致的情况，此时称两列光波相遇时产生的干涉为拍频干涉。

同样采用图 2-2 所示的光源及干涉区域布局，设从两个光源 S_1 和 S_2 出发的光波的振幅分别为 A_1 和 A_2，振动角频率分别为 ω_1 和 ω_2($\omega_1 \approx \omega_2$ 但 $\omega_1 \neq \omega_2$)，初始相位分别为 φ_{10} 和 φ_{20}，则两光波传播距离 L 后其振动方程分别为

$$\begin{aligned} E_1 &= A_1\cos[\omega_1 t - 2\pi L/\lambda + \varphi_{10}] \\ E_2 &= A_2\cos[\omega_2 t - 2\pi L/\lambda + \varphi_{20}] \end{aligned} \tag{2-5}$$

则 P 点的光强可表示为

$$I = \langle(E_1+E_2)\cdot(E_1+E_2)\rangle = I_1 + I_2 + I_{12} \tag{2-6}$$

式(2-6)中两列光波的干涉项为

$$I_{12} = 2\langle E_1 \cdot E_2 \rangle = 2\sqrt{I_1 I_2}\cos[(\omega_1 - \omega_2)t + 2\pi(L_1 - L_2)/\lambda + \varphi_{10} - \varphi_{20}] \tag{2-7}$$

此时，即使空间距离差 L_1-L_2 以及两列光波的初始相位差 $\varphi_{10}-\varphi_{20}$ 均保持恒定，但干涉项 I_{12} 成为随着时间变化而产生的周期性振动信号，其振动频率等于两列光波的角频率之差 $\omega_1-\omega_2$，这个角频率差称为差频或拍频(Beat Frequency)，因此这种干涉现象称为拍频干涉。拍频干涉时虽然不能获得稳定分布的干涉场，但依然包含了两列波的空间传播距离、初始相位差等物理量信息，在精密测量场合也得到了广泛应用。

4. *产生光波干涉的方法*

无论是传统的光波干涉还是光波的拍频干涉，均要求两个或多个干涉光源之间具有固定的相位差。考虑在不同的独立光源中，同一批发出辐射的原子通常间断，延续时间很短，而后另一批原子开始辐射，发光很难保持恒定的相位差。因此，我们就需要创造出满足传统光波干涉或者光波拍频干涉的干涉光源。通常借助于一定的光学装置将一个光源发出的光波分为若干列波，由于这些光波来自同一光源，当光源的初相位改变时，各成员波的初位相都随之作相同的改变，从而它们的相位差保持不变。同时，各波的偏振方向亦与光源一致，因而在相遇点它们的偏振方向也大体相同。此时，当光源发出单一频率的光时，可出现稳定的光波干涉现象；进一步，当频率单一的部分光波产生变化频率而另外的光波保持不变时，则两者相遇即产生拍频干涉现象。此外，若光源包含许多频率成分，则每一单频成分会产生相应的一组条纹，这些条纹交叠起来就呈现彩色条纹。干涉光源分光的方法包括分波阵面法和分振幅法两类。

1)分波阵面法

将点光源的波阵面分割为两部分，使之分别通过两个光学路径，经反射、折射或衍射后交叠起来，在一定区域形成干涉。由于波阵面上任一部分都可看作新光源，而且同一波阵面的各个部分有相同的相位，所以这些被分离出来的部分波阵面可作为初相位相同的光源，不论点光源的相位改变得如何快，这些光源的初相位差却是恒定的。杨氏双缝和菲涅耳双面镜等都属于分波阵面干涉装置。如图 2-3 所示。

2)分振幅法

当一束光投射到两种透明媒质的分界面上，光能一部分反射，另一部分折射。该方法叫作分振幅法。最简单的分振幅干涉装置是薄膜，它是利用透明薄膜的上下表面对入射光依次反射，由这些反射光波在空间相遇而形成干涉现象，如图 2-4 所示。由于薄膜上下表面的反射光来自同一入射光的两部分，只是经历不同的路径而有恒定的相位差，所以它们是相干光。此外，分光片、分光棱镜(包括偏振分光和无偏分光)等也是重要的分振幅元件。

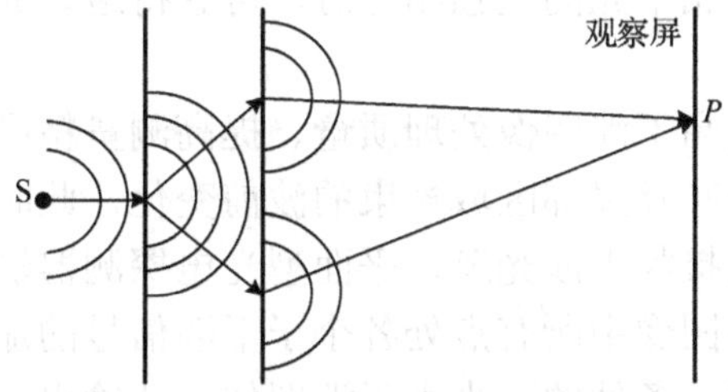

图 2-3　利用分波阵面法实现光波干涉

图 2-4　利用分振幅法实现光波干涉

5. 干涉条纹的光强分布

在传统光波干涉形成的稳定干涉场中，干涉条纹是干涉场中相位差相同点的轨迹。根据干涉条纹的形状、方向、疏密以及条纹移动等情况，可获取被测量的有关信息；而对于拍频干涉，在时间轴的任意瞬间都存在一定的干涉场分布，但从整个时间轴而言光波的干涉场是以干涉光源的差频频率进行快速变化(移动)的。

图 2-5 给出了利用分振幅法获得的几种典型光波干涉条纹光强分布图。光束经过分光面后形成两束光，其中一束经过平面反射，另一束经过平面、柱面或球面镜反射，由于反射面位置不同反射后产生不同的空间相位延迟，所以两束光干涉后形成具有不同特征的干涉条纹。图 2-5(a)中，形成干涉的两束光为完全平行的光束，因此干涉图中任意点处两束光的相位差完全相同，整个干涉图各点亮度相同、无明暗分布；图 2-5(b)中，形成干涉场的两束光之间呈一定夹角，在干涉场中与两光束夹角线平行的方向上各点的相位差相同，而与夹角线垂直方向上各点的相位差则呈性变化，最终形成的干涉图为明暗相间的直线型条纹；图 2-5(c)为牛顿环，一束平面波光束被大曲率半径的球面反射与被平板玻璃反射的另一束平面波光束干涉，两束光干涉场中在周向具有相同的相位差，干涉图呈现为明暗相间的同心圆环。

干涉条纹的光强分布可反映参与干涉的光束的波前情况，并进而获取相关测量信息。

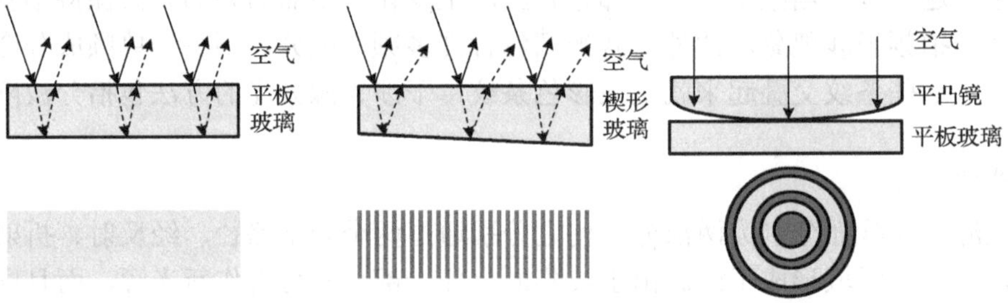

(a) (b) (c)

图 2-5 典型干涉条纹的形成

6. 干涉条纹的对比度和干涉信号强度

干涉条纹的对比度是判断干涉图像质量的重要依据，其定义为干涉条纹强度的最大值与最小值之差除以干涉条纹强度最大值与最小值之和得到的比值。对于式(2-3)对应的干涉条纹，其对比度为

$$V_{\mathrm{con}}=\frac{2\sqrt{R_{\mathrm{OI}}}}{1+R_{\mathrm{OI}}}=\frac{2\sqrt{I_1 I_2}}{I_1+I_2} \tag{2-8}$$

式中，R_{OI}为两光波的光强比。当$R_{\mathrm{OI}}=1$时即两相干光的光强相等时，可获得最好的对比度$V_{\mathrm{con}}=1$。

干涉条纹对比度反映了干涉条纹质量，对提高干涉图像处理质量、提高测量精度有重要价值。然而在一些测量场合并不关注干涉图像分布及局部区域光束的波前变化，此时一般采用平面型光电探测器而不是阵列式光电探测器来接收干涉光斑，平面型光电探测器输出的干涉信号反映了整个干涉图像的均化信息，是干涉图像中所有点处各个子干涉信号的加权平均值。图 2-6 给出了平面型光电探测器接收符合相干条件的两光束干涉图像，并输出干涉信号的四种典型情况。

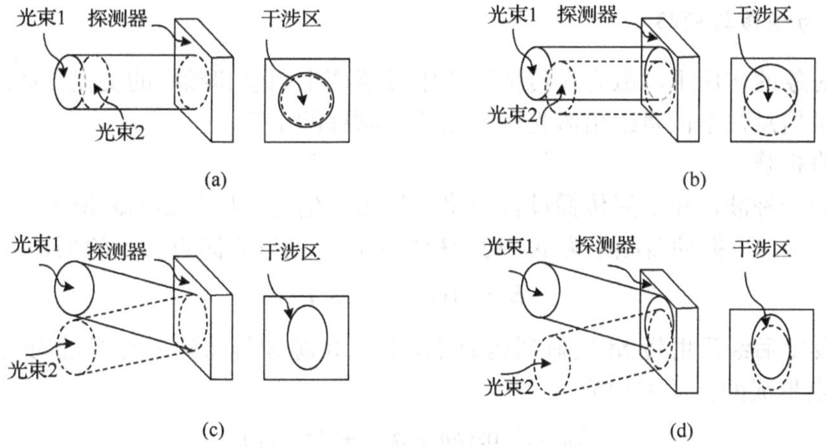

图 2-6　平面型光电探测器下的双光束干涉情况

图 2-6(a)中，两光束平行且完全重合，干涉场中任一点处两光束都具有相同的相位差，干涉图像中各点干涉信号相位一致，在平面型光电探测器上均呈叠加增强关系，此时平面型光电探测器输出的干涉信号强度可达到最大值，此时干涉信号强度与背景光强之比达到最大。

图 2-6(b)中，两光束平行但不完全重合，两光束交叉区域的横截面积为 S_1，每束光只有部分能量参与干涉且对于干涉场中每一点，两光束都具有相同的相位差，因此两光束交叉区域中各点干涉信号相位一致，在平面型光电探测器上均呈叠加增强关系，此时平面型光电探测器输出的干涉信号强度与两干涉光束交叉区域的面积成正比。

图 2-6(c)中，两光束不平行但在两者完全重合时形成的干涉场被单点探测器接收，干涉场中各点处两光束的相位差均不相同，且干涉图像呈条纹分布，条纹数将随着光束夹角的增大而增加。对于平面型光电探测器而言，干涉条纹中的明暗条纹将转换为相位相反的干涉信号成分并相互消除，因此平面型光电探测器输出的干涉信号实际上是干涉图像中明暗平均后并能相互消除的残余部分，其能量较低，信号强度较小。在此情形下，光束夹角越大，条纹数越多，明暗干涉条纹之间的相互抵消和平均效应越强，平面型光电探测器输出干涉信号的强度越低，干涉信号强度与背景光强之比也将越小。

图 2-6(d)中，两光束不平行且不完全重合，此时平面型光电探测器输出干涉信号的强度将更低，干涉信号强度与背景光强之比也将更小。

以上列举的是频率相等的光束之间产生干涉的情况，频率不等的两光束进行拍频干涉时也会出现类似情况。可见，在采用平面型光电探测器的测量场合，为获得更强的干涉信号，两光束之间除了满足频率相等(相近)、相位差恒定、偏振方向相同的相干条件以外，还需尽量保证两光束相互平行、空间位置相互重合。

2.1.2　激光干涉测量原理

由于产生于受激辐射，激光的频率、相位及偏振态均保持一致，具有很好的相干性；同时，激光具有波长短、频率高、单色性强、方向性好的特点，是被测信息感知和传输的理想载体之一。所以，可利用激光来探测被测信息并采用干涉原理来解调出激光束中包含的被测信息，这就是激光干涉测量的基本原理。

1. 激光的相移与频移

在被测对象的作用下，激光在传播过程中可能产生相位和频率的变化，而这种变化将包含相应的测量信息，下面将给出激光产生相移和频移的示例。

1) 光波的相移

激光作为一种波，在空间传播过程中将产生相位延迟。如图 2-7(a)所示，从光源 S 发出的激光，振幅为 A，振动角频率为 ω，初始相位为 φ_0，则该光源点激光的振动方程为

$$E_S = A\cos(\omega t + \varphi_0) \tag{2-9}$$

该激光发出后经反射镜 M 反射到达 P 点，其从光源 S 传播到 P 点经过的光程为 $2D_0$，则该激光在 P 点形成的振动方程为

$$E_P = A\cos(\omega t + \varphi_0 - 4\pi D_0 / \lambda_0) \tag{2-10}$$

式中，λ_0 为激光在真空中的波长，$-4\pi D_0/\lambda_0$ 为空间距离 $2D_0$ 引起的相位延迟。

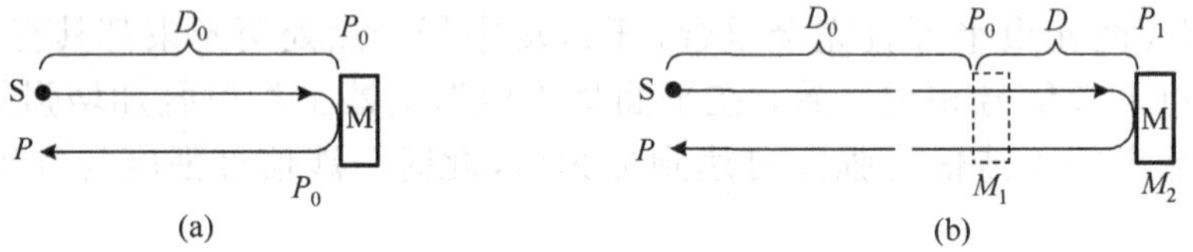

图 2-7 光波的相位延迟与相位移动

如图 2-7(b)所示，当反射镜位置从 M_1 点移动至 M_2 点后，导致光波从光源出发传播到 P 点行经的光程增加 $2D$，P 点激光振动的相位延迟也相应地增加 $4\pi D/\lambda_0$。此时激光在 P 点形成的振动方程为

$$E_P' = A\cos(\omega t + \varphi_0 - 4\pi D_0 / \lambda_0 - 4\pi D / \lambda_0) \tag{2-11}$$

可见，激光在空间传播时将产生相位延迟，而随着传播距离的变化，其相位延迟值也将相应的变化。

2) 激光的频移

从式(2-11)可见，反射镜位置变化前后将产生激光的相移，实际上在反射镜位置变化过程中，还将产生激光的频移。根据圆频率的定义 $\omega = \mathrm{d}\varphi/\mathrm{d}t$，频率可看作相位的时间导数，则在 t 时刻，反射镜位置变化过程中，P 点激光的频率为

$$\omega(t) = \frac{\mathrm{d}(\omega t + \varphi_0 - 4\pi D_0 / \lambda_0 - 4\pi D / \lambda_0)}{\mathrm{d}t} = \omega - V(t) \times \frac{4\pi}{\lambda_0} \tag{2-12}$$

式中，$V(t)$ 是 t 时刻反射镜的运动速度 $V(t) = 1/n_{\mathrm{air}} \times \mathrm{d}D(t)/\mathrm{d}t$。可见，反射镜的运动将引起 P 点激光的频移 $\Delta\omega(t) = V(t) \times 4\pi/\lambda_0$，该频移值与反射镜运动速度 $V(t)$ 成正比。

同理，根据相位与频率的关系 $\varphi = \int \omega \mathrm{d}t$ 以及光程变化与速度的关系 $D = n_{\mathrm{air}} \int V(t)\mathrm{d}t$ 可知，式(2-11)也可写成：

$$E_P' = A\cos\left(\omega t + \varphi_0 - 4\pi D_0 / \lambda_0 + n_{\mathrm{air}} \int_0^t \Delta\omega(t)\,\mathrm{d}t\right) \tag{2-13}$$

$$E_P' = A\cos\left(\omega t + \varphi_0 - 4\pi D_0 / \lambda_0 - 4\pi n_{\mathrm{air}} \int_0^t V(t)\,\mathrm{d}t / \lambda_0\right) \tag{2-14}$$

可见，反射镜的空间位置与激光空间传播的相位延迟有着确定的关系，反射镜的位置变

化会引起激光的相移，而在反射镜运动过程中会引起激光的频移，因此理论上而言，从 P 点光束的相位延迟、相移和频移可分别获取反射镜的位置、位移和速度信息。然而，由于激光的频率较高(常用频率 $3.8\times10^{14}\sim7.9\times10^{14}$Hz)，目前还没有探测器可直接探测出如此高频率的振动信号，必须借助激光的干涉原理实现下变频，进而可在较低的频率下解调光波中包含的相位、相移和频移等信息。

2. 零差和外差激光干涉测量原理

在激光干涉测量中，激光光源发出的激光被分成两部分，一部分光与被测对象产生作用，其相位、频率受被测量调制，称为测量光；另外一部分光一般不与被测对象产生作用，在测量过程中其传播路径、相位、和频率均保持不变，称为参考光。通过光路设计，使测量光与参考光相互干涉获得干涉信号，干涉信号中包含被测量信息，但其中心频率远低于激光频率。根据激光光源发出两部分激光的频率是否相同，激光干涉测量方法分为零差(单频)、外差(双频)两种具体的激光干涉测量形式，这两种测量方法在干涉光源、干涉信号特点、信号探测与处理方面存在不同，但本质都是以激光波长作为测量基准，通过监测激光在参考臂、测量臂中光程差、相位差或频差的变化，可获得被测目标的位移量或位移相关量。

图 2-8(a)为零差激光干涉测量原理图。单频激光器发出真空波长为 λ_0 的激光束，该激光束被分光器件分成两部分，分别进入测量臂和参考臂作为测量光和参考光。其中测量光经可移动被测目标反射，参考光被固定的参考目标反射，反射回来的测量光和参考光在分光器件上的同一点汇合产生干涉光，光电探测器将干涉光转换成测量信号。如图 2-8(b)所示，零差激光干涉测量是一个典型的位移信息调制与解调过程，设激光器发出的激光束的波动方程为

$$E_0 = A_0\cos(\omega t + \varphi_0) \tag{2-15}$$

式中，φ_0 为初相位。此激光中的一部分作为载波信号，其相位(频率)由测量臂光程 $D_M(t)$ 调制，调制后测量光的波动方程为

$$E_M = A_M\cos(\omega t - 4\pi D_M(t)/\lambda_0 + \varphi_0) \tag{2-16}$$

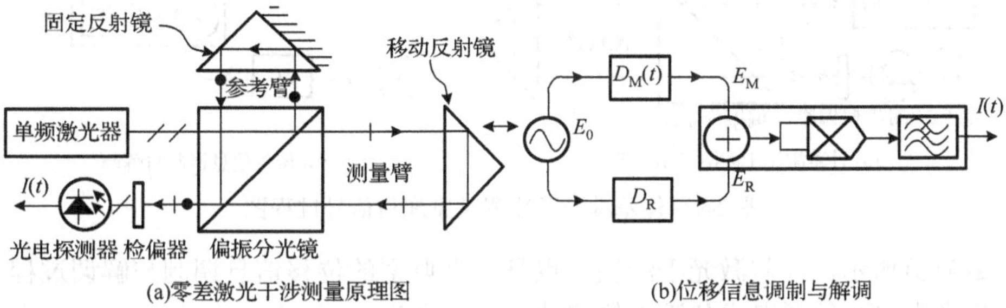

(a)零差激光干涉测量原理图　　(b)位移信息调制与解调

图 2-8　零差激光干涉测量原理与信号过程图

激光源发出的另一部分激光，在参考臂中传播，产生与参考臂光程 D_R 对应的相位延迟，此参考光的波动方程为

$$E_R = A_R\cos(\omega t - 4\pi D_R/\lambda_0 + \varphi_0) \tag{2-17}$$

测量光和参考光合成后形成干涉光，其波动方程为 E_M+E_R，光电探测器作为平方律检波器件，其输出电信号理论上正比于 $(E_M+E_R)^2$，然而由于响应速度的限制，光电探测器并不反映干涉光中的高频振动信息，所以实际输出电信号为

$$I(t) \propto A_{\mathrm{M}}^2 + A_{\mathrm{R}}^2 + 2A_{\mathrm{M}}A_{\mathrm{R}}\cos\left[4\pi(D_{\mathrm{M}}(t) - D_{\mathrm{R}})/\lambda_0\right] \tag{2-18}$$

可见，光电探测器输出电信号中干涉项的相位由测量臂光程 $D_{\mathrm{M}}(t)$ 调制，但其中心频率为零，即实现了已调制波的下变频。由式(2-18)可见，当测量臂光程 $D_{\mathrm{M}}(t)$ 每变化一个激光波长时，电信号幅度将产生一次周期性的变化，因此激光波长是单频激光干涉测量的基准“刻度尺”。当然，由于相位测量中特有的相位缠绕问题，即相位超过 2π 的整数部分无法直接测得的问题，所以不能根据相位测量值直接获得测量臂的光程值 $D_{\mathrm{M}}(t)$。但是在对电信号相位变化量连续监测的情况下，可根据电信号的相位变化值 $\Delta\varphi$ 获得测量臂光程值的变化 $\Delta D_{\mathrm{M}}(t)$，进而获得被测目标的位移值 $\Delta L = \Delta D_{\mathrm{M}}(t)/n_{\mathrm{air}}$。零差激光干涉测量中，位移测量的基本模型为

$$\Delta L = \frac{\Delta D_{\mathrm{M}}(t)}{n_{\mathrm{air}}} = \frac{\Delta\varphi}{2\pi} \times \frac{\lambda_0}{2n_{\mathrm{air}}} \tag{2-19}$$

需要说明的是，零差激光干涉测量对象实际上是测量臂和参考臂光程之差的变化，因此零差激光干涉测量本质上是差分测量。此外，当被测目标静止、测量臂光程 $D_{\mathrm{M}}(t)$ 保持恒定时，干涉项为直流信号，此时光电探测器总的输出电信号为直流信号；而被测目标运动、测量臂光程 $D_{\mathrm{M}}(t)$ 产生时变时，干涉项为交流信号，此时光电探测器总的输出电信号为直流、交流混合信号。

图 2-9(a)为外差激光干涉测量示意图。双频激光器发出圆频率分别为 ω_1 和 ω_2(对应真空波长分别为 λ_1 和 λ_2)的双频正交线偏振激光束，此两种频率的激光束被偏振分光器件分离形成两部分光束，分别进入测量臂和参考臂并作为测量光和参考光，其中测量光经可移动被测目标反射，参考光被固定的参考目标反射，反射回来的测量光和参考光在分光器件上的同一点汇合产生干涉光，光电探测器将干涉光转换成测量信号。

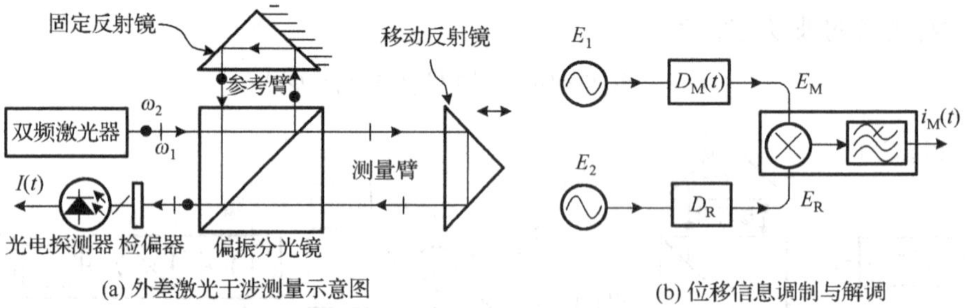

图 2-9　外差激光干涉测量原理与信号过程图

如图 2-9(b)所示，外差激光干涉测量也是一个典型的位移信息调制与解调过程，设激光器发出的激光束中两种频率成分激光的波动方程分别为

$$\begin{cases} E_1 = A_1\cos(\omega_1 t + \varphi_{10}) \\ E_2 = A_2\cos(\omega_2 t + \varphi_{20}) \end{cases} \tag{2-20}$$

式中，φ_{10}、φ_{20} 分别为两光束振动方程的初始相位。此激光源中频率为 ω_1 的激光作为载波信号，其相位(频率)由测量臂光程 $D_{\mathrm{M}}(t)$ 调制，调制后测量光波动方程为

$$E_{\mathrm{M}} = A_1\cos\left[\omega_1 t - 4\pi D_{\mathrm{M}}(t)/\lambda_1 + \varphi_{10}\right] \tag{2-21}$$

激光源发出的频率为 ω_1 的那一部分激光，在参考臂中传播，产生与参考臂光程 D_{R} 对应的相位延迟，此参考光的波动方程为

$$E_R = A_2\cos(\omega_2 t - 4\pi D_R/\lambda_2 + \varphi_{20}) \tag{2-22}$$

测量光和参考光合成后形成干涉光，其波动方程为 E_M+E_R，光电探测器作为平方律检波器件，其输出电信号理论上正比于 $(E_M+E_R)^2$，然而由于响应速度的限制，光电探测器并不反映干涉光中的高频振动信息，所以其输出电信号为

$$I(t) \propto A_1^2 + A_2^2 + 2A_1A_2\cos\left\{(\omega_1-\omega_2)t + 4\pi\left[D_M(t)/\lambda_1 - D_R/\lambda_2\right] + \varphi_{10} - \varphi_{20}\right\} \tag{2-23}$$

该信号经高通滤波器滤除直流成分后称为测量信号：

$$i_M(t) \propto \cos\left\{(\omega_1-\omega_2)t + 4\pi\left[D_M(t)/\lambda_1 - D_R/\lambda_2\right] + \varphi_{10} - \varphi_{20}\right\} \tag{2-24}$$

可见测量信号是中心频率为 $\omega_R = \omega_1-\omega_2$ 的交流信号，其初相位由测量臂光程 $D_M(t)$ 调制。由式(2-24)可见，当测量臂光程 $D_M(t)$ 每变化一个激光波长时，测量信号初相位将变化 2π。与零差激光干涉测量相似，由于相位缠绕问题外差激光干涉测量中不能根据相位测量值直接获得测量臂的光程值 $D_M(t)$。但是在对测量信号初相位变化量连续监测的情况下，可根据电信号的初相位变化值 $\Delta\varphi$ 获得测量臂光程值的变化 $\Delta D_M(t)$，进而获得被测目标的位移值 $\Delta L_M = \Delta D_M(t)/n_{air}$。外差激光干涉测量中，位移测量的基本模型为

$$\Delta L_M = \frac{\Delta D_M(t)}{n_{air}} = \frac{\Delta\varphi}{2\pi}\times\frac{\lambda_1}{2n_{air}} \tag{2-25}$$

需要说明的是，外差激光干涉测量对象实际上是测量臂和参考臂之间光程差的变化，因此与零差激光干涉测量一样，外差激光干涉测量本质上是差分测量。此外，由式(2-25)也可以看出，当被测目标静止、测量臂光程 $D_M(t)$ 保持恒定时，测量信号为频率、初相位恒定的交流信号；而被测目标运动、测量臂光程 $D_M(t)$ 产生时变时，测量信号可看作频率不变、但初相位时变的交流信号，也可看作初相位恒定但振动频率变成 $\omega_R - n_{air}V(t)\times 4\pi/\lambda$ 的交流信号。

2.1.3 激光干涉测量系统与典型仪器

1. *零差激光干涉测量系统*

如图 2-10 所示，典型零差激光干涉测量系统包括单频激光器、偏振分光棱镜 PBS、角锥棱镜 CCR_M 和 CCR_R、四通道接收器、相位测量卡和空气折射率补偿单元等部分。单频激光器发出真空波长稳定为 λ_0、偏振方向与纸面成 45° 角的线偏振激光，该线偏振激光被偏振分光棱镜 PBS 分成透射的水平偏振光和反射的垂直偏振光；两偏振光分别进入测量臂和参考臂并作为测量光和参考光，其中测量光经测量角锥棱镜 CCR_M 反射，参考光被固定的参考角锥棱镜 CCR_R 反射；反射回来的测量光和参考光在 PBS 上的同一点汇合并共同进入四通道接收

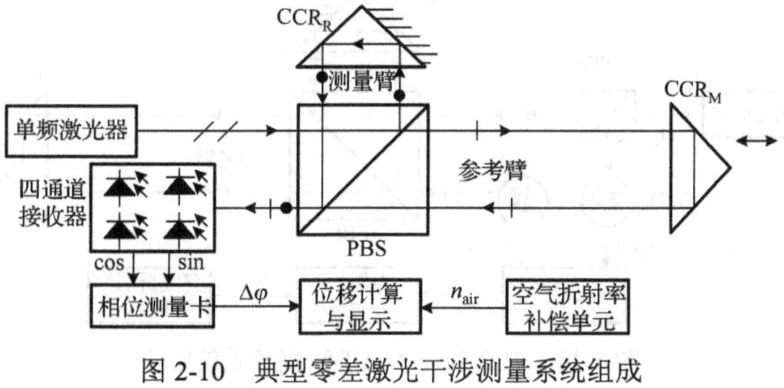

图 2-10　典型零差激光干涉测量系统组成

器；在四通道接收器中，测量光和参考光的分量之间产生移相干涉，最终输出与一对正交信号 $\cos\{4\pi[D_M(t)-D_R]/\lambda_0\}$ 和 $\cos\{4\pi[D_M(t)-D_R]/\lambda_0\}$；相位测量卡可测量出正交信号的相位变化值 $\Delta\varphi$，进而位移计算单元获得测量角锥棱镜的位移值 $\Delta L_M=\lambda_0\times\Delta\varphi/(4n_{air}\pi)$。空气折射率补偿单元主要用于测量空气折射率 n_{air}，进而补偿激光在空气介质中传输时的波长。

在零差激光干涉测量系统中，采用的是四通道接收器而不是普通光电接收器，其原因包括：如式(2-18)所示，采用普通光电接收器的输出信号中的光强信号分量对测量结果容易产生影响，导致测量系统抗干扰能力变差，同时接收器输出信号中的干涉分量与被测位移量之间是非单调、非线性的周期性函数关系，因此无法根据该信号的变化来判断位移的大小和方向；四通道接收器通过移相光路和差分相减方法，其输出信号中消除了光强信号分量的影响，提高了测量系统的抗干扰能力，同时输出一对正交信号，可据此判断相位变化的方向和大小，进而获知位移的方向和大小。图 2-11 为四通道接收器常用的两种结构图，其光学移相方式不同，但最后均可获得较为理想的一对正交信号。

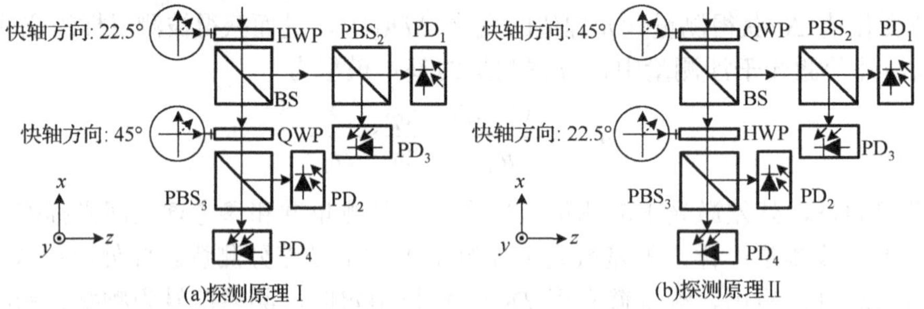

图 2-11　四通道接收器常用的两种光学移相原理图

2. 外差激光干涉测量系统

如图 2-12 所示，典型外差激光干涉测量系统包括双频激光器、无偏分光棱镜 NPBS、偏振分光棱镜 PBS、角锥棱镜 CCR_M 和 CCR_R、光电接收器 OPD_M 和 OPD_R、相位测量卡和空气折射率补偿单元等部分。双频频激光器发出真空波长分别为 λ_1 和 λ_2（圆频率分别为 ω_1 和 ω_2）的双频正交线偏振激光，该双频正交线偏振激光在无偏分光棱镜 NPBS 被分成两部分。其中一部分光输入光电接收器 OPD_R，形成电信号 $i_R(t)$ 的频率为 $\omega_1-\omega_2$ 且初相位恒定，称为参考信号。另一部分双频线偏振激光被偏振分光棱镜 PBS 分离，真空波长分别为 λ_1 和 λ_2 的线偏振光分别进入测量臂和参考臂并作为测量光和参考光，其中测量光经测量角锥棱镜 CCR_M 反射，参考光被固定的参考角锥棱镜 CCR_R 反射；反射回来的测量光和参考光在 PBS 上的同一点汇合并共同进入光

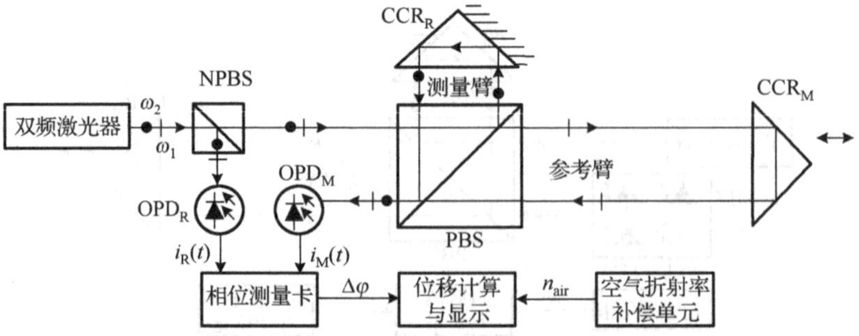

图 2-12　典型外差激光干涉测量系统组成

电接收器 OPD_M，OPD_M 输出的电信号为 $i_M(t)\cos\{(\omega_1-\omega_2)t+4\pi[D_M(t)/\lambda_1-D_R/\lambda_2]+\varphi_{10}-\varphi_{20}\}$，称为测量信号。将测量信号和参考信号输入相位测量卡，可获得测量信号相对于参考信号的相位变化值 $\Delta\varphi=4\pi\times\Delta D_M(t)/\lambda_1$，进而获得测量角锥棱镜 CCR_M 的位移值 $\Delta L_M=\lambda_1\times\Delta\varphi/(4n_{air}\pi)$。空气折射率补偿单元主要用于测量空气折射率 n_{air}，进而补偿激光在空气介质中传输时的波长。

外差激光干涉测量系统中，引入参考信号的目的是：作为交流信号，测量信号的相位变化无法直接测量，而相位参考信号的频率与测量信号相同且初相位与被测位移无关，因此比较测量信号和参考信号之间的相位差，可获得测量信号的相位变化和 CCR_M 的线性位移。当然，如果将测量信号视为频率可变而初相位恒定的信号，则比较测量信号和参考信号之间的频率差，并利用频率差求得 CCR_M 的运动速度，最后对运动速度积分可获得被测位移值。

3. 典型激光干涉测量仪器

自 1967 年第一台激光干涉仪发明以来，激光干涉仪以其大量程、高精度、可溯源、非接触等特点，引起了测量研究领域及工业应用领域的高度重视和深入研究，并取得了长足发展，至今已形成了零差(单频)激光干涉仪、外差(双频)激光干涉仪等多种形式，其在几何量测量领域得到广泛应用并被视为最经典的精密测量仪器之一。

目前国际市场上零差激光干涉仪产品主要有英国 Renishaw 公司的 XL80 型单频激光干涉仪和德国 SIOS 公司的 SP/MI 系列等，外差激光干涉仪产品主要有美国 Agilent 公司的 5530 及其他组合型号、美国 Zygo 公司的 ZMI 系列、美国 Optodyne 公司的 MVC 系列和美国 API 公司的 XD 系列等，其中 XL80 在机床领域占据优势地位，而在微电子装备领域则几乎全部采用 Agilent 公司和美国 Zygo 公司的外差激光干涉仪产品。

国内方面，近年来在激光干涉测量仪器关键技术研发和仪器集成方面进展迅速，目前国产零差激光干涉仪产品主要有哈尔滨超精密工程技术中心有限公司(简称哈超精密)的 S1500 和成都工具研究所(简称成都工具所)的 MJS6A 等，外差激光干涉仪主要有哈尔滨超精密工程技术中心有限公司的 HUE 系列，成都工具所 MJS5 系列、北京普锐科创公司的 PT 系列等。

表 2.1 和表 2.2 分别给出了一些零差、外差激光干涉仪产品的主要技术参数。这些仪器均可实现线位移、角位移等多种位移参数的测量。其中零差、外差激光干涉仪的最主要区别是外差激光干涉仪可由用户对激光光源自行分光来实现多个位移参数的同步测量，而现有零差激光干涉仪尚不支持该种测量方法一般需采用包含多个光源在内的多套零差激光干涉仪来实现多个位移参数的同步测量。

表 2.1 几种零差激光干涉仪产品及其主要技术指标

型号	厂商	最高测量速度/(mm/s)	测量分辨力*/(nm)	激光真空波长准确度**
XL80	Renishaw	200～4000	1～10	5×10^{-8}
SP2000	SISO	800	0.02	2×10^{-8}
MJS6A	成都工具所	1000	10	5×10^{-8}
S1500	哈超精密	1 500	0.08	2×10^{-8}

注：*表示部分型号仪器在最高测量速度下其测量分辨力将大幅度下降；**表示部分产品给出的参数为激光真空波长稳定度。

资料来源：各公司产品手册。

表 2.2 几种外差激光干涉仪产品及其主要技术指标

型号	厂商	最高测量速度/(mm/s)	测量分辨力*/(nm)	激光真空波长准确度**
5530 等	Agilent	1000	0.31	2×10^{-8}

续表

型号	厂商	最高测量速度/(mm/s)	测量分辨力*/(nm)	激光真空波长准确度**
ZMI 系列	Zygo	5000	0.31	5×10^{-9}
MVC	Optodyne	5000	1	5×10^{-8}
MJS5C	成都工具所	300	20	1×10^{-7}
D1500	哈超精密	500	0.31	1.2×10^{-8}
1D	API			5×10^{-8}

注：*表示部分型号仪器在最高测量速度下其测量分辨力将大幅度下降；**表示部分产品给出的参数为激光真空波长稳定度。

资料来源：各公司产品手册。

2.2 激光干涉测量中的关键技术

激光干涉测量中的关键技术主要包括激光稳频技术、双频激光生成技术、干涉镜组设计与加工工艺、干涉信号相位测量技术、空气折射率测量与补偿技术等，其中：激光稳频技术决定激光干涉仪这一超精密“测尺”中“刻度”的准确度，限制了激光干涉仪所能获得的最高线性精度；双频激光生成技术是外差激光干涉仪的特有技术，主要决定外差激光干涉仪所能达到的最高测量速度；干涉镜组设计与加工工艺决定光束偏振态、光束方向性等与干涉信号质量相关的参数；干涉信号相位测量技术决定激光干涉仪的测量分辨力，并在一定程度上限制了激光干涉仪的最大测量速度；空气折射率测量与补偿技术则决定激光干涉仪在空气中测量时其所能达到的实际线性精度。考虑到干涉镜组设计与加工工艺中主要涉及复杂的光学和光机加工工艺技术，本书只介绍其他四种关键技术。

2.2.1 激光稳频技术

激光器输出光的具体频率取决于腔体谐振条件。激光器自由运转时，振动引起腔长的改变、机械结构的热膨胀、腔内介质和光学元件折射率的热变化、腔内气压变化引起折射率的变化等，都将造成频率的不稳定，使自由运转激光器可在全线宽范围内振荡。以 633nm 波长的 He-Ne 激光器为例，其多普勒宽度约为 1.5GHz，则自由运转情况下其频率不确定度为 $\pm1.5\times10^{-6}$。因此自由运转的激光器的频率稳定度并不能适应超精密激光干涉测量中 10^{-8}～10^{-7} 的频率相对精度要求，必须利用稳频方法提高频率稳定度。

稳频方法可分为主动稳频和被动稳频。被动稳频主要是采取一些措施降低外界扰动造成的影响，例如：将谐振腔做成刚性结构以降低机械振动的干扰；将谐振腔整体置于恒温壳体内，并用热胀系数小的石英玻璃激光管、殷钢谐振腔做支架，以降低温度的影响；激光器选用精密稳流的放电电源，降低放电电流对输出光频的影响。然而以上措施仅可使得短期频率稳定度提高到 10^{-7}，但频率准确度度仍然不能得到有效提高。为保证激光干涉测量系统的高精度，需实施主动稳频进一步提高频率准确度和频率稳定度。

主动稳频是一个闭环调节过程，可阐述为：选取一个稳定的参考标准频率，当外界影响使激光频率偏离此特定的标准频率时，用误差信号(频率偏差值)或者其相关值，驱动相关执行机构自动调节腔长，以调整输出频率，减小频率偏差值。因此，主动稳频方法的研究主要包括以下技术内容：稳频参考基准，腔长调谐方法，稳频过程控制策略和频率稳定度评定等。

在激光稳频技术研究过程中，一方面，鉴于参考基准的准确性和稳定性直接限制了稳频激光器所能达到的最高频率稳定度，人们一直在寻求具有更高频率稳定性的稳频参考基准，要求这种基准尽量不随时间和空间的转移而变化；另一方面，考虑到激光频率远远超出当前光电探测器的探测带宽，这种稳频参考基准本身并不能直接以光频形式出现，而是通过某些光频相关间接量的特征点给出对应的激光频率基准。根据参考基准来源的不同，稳频参考基准可分为两类：一类是对应激光器中原子的跃迁中心频率的特征点，包括单模激光器的兰姆凹陷中心点、双纵模激光器的光功率平衡点及塞曼激光器频差曲线的峰(谷)值点等；另一类是激光器外界参考频率对应的特征点，如无源腔透过率曲线的峰值点、外界气体腔的线性吸收峰或饱和吸收峰及其超精细结构等。本书以 He-Ne 激光器为例，介绍不同的激光稳频方法。

1. 兰姆凹陷稳频方法

气体激光器功率调谐曲线中存在的兰姆凹陷现象可表述为：非均匀加宽气体激光器输出功率的频率特性曲线上，在中心频率 ν_0 处出现功率下降的现象。此现象与烧孔效应紧密相连。兰姆凹陷作为功率曲线的一个特征，通常需要通过腔长调谐方法转换才可成为可直接检测并量化的特征信号。如图 2-13 所示，当激光器谐振腔长度被调制时，激光振荡频率产生调制，从而引起激光输出功率的调制：当激光频率中心位于 ν_0 左侧时，功率调制与所加调制信号的相位相反；当激光频率中心位于 ν_0 右侧时，功率调制与所加调制信号的相位相同；当激光频率中心恰好位于 ν_0 处时，功率调制频率变为所加调制信号的两倍。因此通过鉴相(鉴频)技术可以测得激光频率中心与激光器振荡频率中心线之间差值的大小与方向，从而为激光稳频提供参考信号。兰姆凹陷稳频方法作为激光稳频基准，其频率稳定度一般只有 10^{-7}，同时为防止由于同位素效应弱化兰姆凹陷特征，只能对以高纯度 ^{22}Ne 制作的特殊激光管进行稳频，而不适用于由自然氖气制作的普通商用激光管，所以随着其他稳频方法的兴起而逐渐被取代。

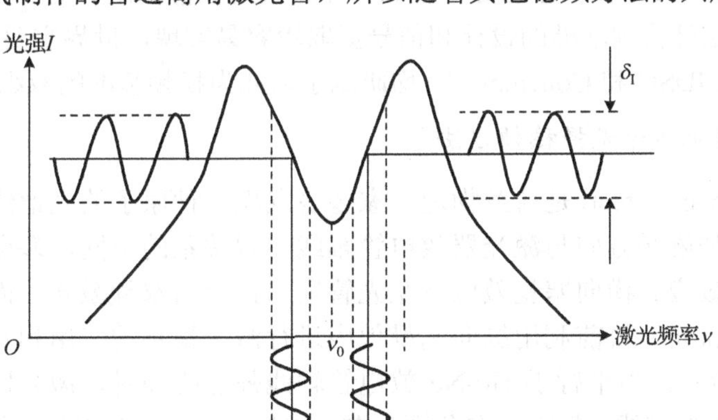

图 2-13　利用腔长调制方法锁定兰姆凹陷

2. 双纵模激光器等光强稳频方法

双纵模激光器等光强稳频法。采用双纵模激光器的光强相等点作为稳频基准。如图 2-14(a) 所示，根据谐振腔长选模原理，采用适当的谐振腔长以获得合适的激光管纵模间隔，使得在激光器增益曲线多普勒频宽范围内始终有两个不同频率的邻阶纵模维持振荡。若内腔式双纵模 He-Ne 激光管的纵模光频率恰好关于谱线中心对称，则两纵模光的光强相等；而当两纵模光频率谱线偏离对称位置，两分量的光强不相等。双纵模激光器等光强稳频装置如图 2-14(b) 所示，由于腔的各向异性和模竞争效应，多数激光器双纵模输出为相互垂直的线偏振光，利用 PBS 将两线偏振光分离并利用两台探测器分别检测双纵模光的光强，当双纵模光的光强检测值不等时，控制器调节缠绕在激光管外壁上加热丝的电流、改变激光管的谐振腔腔长，进而改变双纵模激光的光强和频率，直至双纵模激光的光强基本相等，此时双纵模光频率被锁定在关于谱线中心对称的位置。

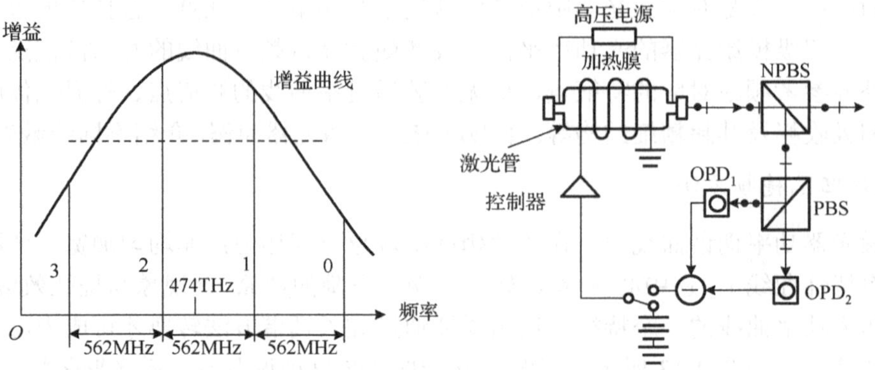

(a) 增益曲线与纵模分布　　(b) 双纵模激光器等光强稳频系统

图 2-14　纵模激光器等光强稳频原理

双纵模激光器稳频系统中，谐振腔长度的调节方式除了采用加热膜加热外，还有利用微型风扇、电热制冷器、激光器高压电源电流调节器等方式；稳频控制器可采用模拟控制器或数字控制器。

对双纵模稳频激光器输出光频率长期监测结果表明，等光强双纵模功率平衡点的短期频率稳定度可达 10^{-10}/秒，长期频率稳定度可达 10^{-8}/年，采用插值标定后则可提高至 10^{-9}/年。由于双纵模功率平衡点这种稳频基准的设计和信号提取较容易实现，世界主要 He-Ne 激光器生厂商，如 Melles Griot、JDSU 和 Coherent 等，均研制了以此为稳频基准的双纵模稳频激光器产品。

3. 纵向塞曼激光器等光强稳频方法

塞曼效应(Zeeman effect)是荷兰物理学家塞曼发现一种原子的光谱线在外磁场中出现分裂的现象。根据外加磁场方向与激光器放电管轴线位置关系的不同，塞曼效应可分为横向塞曼效应和纵向塞曼效应。横向塞曼效应下激光管输出正交的双频激光，而纵向塞曼效应下激光管输出正反圆偏振光。目前利用纵向塞曼效应进行激光稳频的应用相对较多。

如图 2-15(a)所示，当平行于 He-Ne 放电管轴线外加磁场时，激光器输出中心频率分别为 ν_{0L}、ν_{0R} 的两条偏振谱线，振动方向分别为左、右旋圆偏振。若未加磁场时无源谐振腔的单纵模振荡频率为 ν，则加磁场后，将产生 I_L 和 I_R 两圆偏振光。由于频率牵引作用，左旋圆偏振光的频率要高于 ν，右旋圆偏振光的频率要低于 ν，两圆偏振光间产生频差。随着 ν 的不同，两圆偏振光的频差和功率差均产生变化。在激光管原增益曲线中心 ν_0 点两圆偏振光的功率相等，故纵向塞曼激光器常以等光强点作为稳频参考点。

在纵向塞曼激光器等光强稳频时，可利用 1/4 波片将纵向塞曼激光器输出的左右旋圆偏振光转换成正交线偏振光，其后可采用近似双纵模激光器等光强稳频的方法和装置，将左右旋圆偏振光的频率被锁定在在关于原增益曲线中心对称的位置。在左右旋圆偏振光采集中，除了采用偏振分光和双探测器采集外，也可如图 2-15(b)所示，用单个探测器结合偏振调制开关以快速分时复用的方式对两线偏振光进行分别采集。

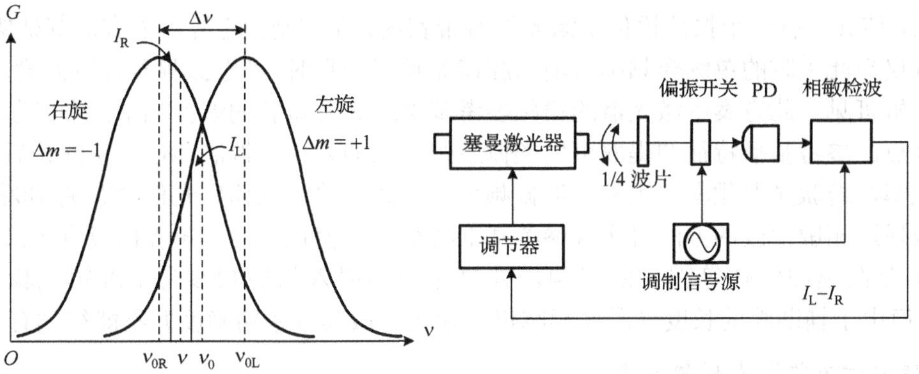

(a) 纵向向塞曼效应及增益曲线　　(b) 纵向向塞曼激光器等光强稳频系统线

图 2-15　纵向塞曼效应与稳频参考基准

无论是单纵模激光器的兰姆凹陷，双纵模激光器的功率平衡点还是塞曼激光器的频差极点、功率差零点，都是原子跃迁的中心频率 ν_0 的特征点。一般 He-Ne 激光器的工作气压高达几百帕，中心频率 ν_0 容易受到等离子体温度、激光管老化、气体气压、放电条件等的影响而发生变化。研究发现此类频率基准与激光管锁定温度间存在着 0.3～0.6MHz/° C 的温度漂移。同时，在激光管长期使用中，由于阴极放电管的溅射使管内气压下降，引起中心频率 ν_0 的漂移，有些稳频激光器的频率漂移系数可达到 0.2 MHz/Pa。由于上述激光器内部条件的影响，原子跃迁的中心频率 ν_0 的再现性一般在 10^{-8}～10^{-9}。

此外，在一些稳频 He-Ne 激光器产品中，由于存在偏振分光特性的不对称、光电探测特性的不对称、谐振腔腔镜的法布里-帕罗效应等问题，这些稳频激光器的实际工作点频率偏离理想的原子跃迁的中心频率 ν_0，并进一步导致稳频激光器的频率漂移问题，致使一些稳频 He-Ne 激光器产品的长期频率稳定性和频率准确度只能达到 2×10^{-8}～5×10^{-7}，远低于实验室研究中给出的 2×10^{-8}～1 水平。

4. *无源参考腔稳频方法*

图 2-16(a)是用外界无源参考腔作为参考频率的一个具体方案，将激光谐振器右侧的反射镜以虚线部分的三个镜子代替，M_2 是具有适当反射率的半透镜，M_3、M_4 是反射率为 100%的反射镜。输出功率经过 M_2，沿如图所示方向输出。反射镜 M_1 和 M_4 组成主谐振腔，M_3 和 M_4 组成辅助腔，通过分光镜 M_2 与主腔耦合。如图 2-16(b)所示，此 He-Ne 激光器中辅助腔

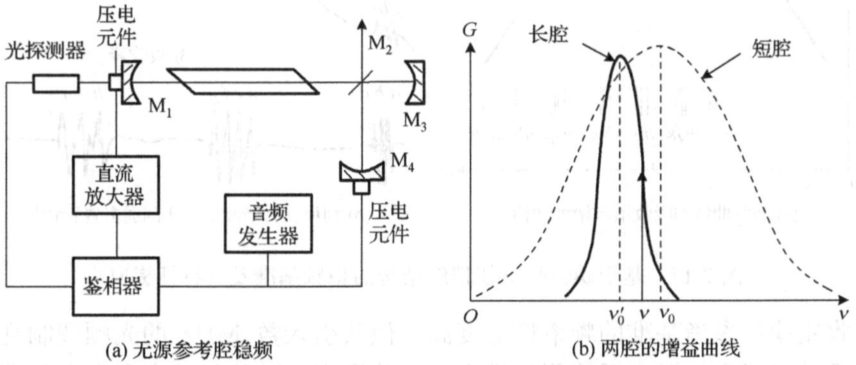

(a) 无源参考腔稳频　　(b) 两腔的增益曲线

图 2-16　以无源参考腔谱线中心线作参考基准的稳频方法

长度较长，使其只有一个振荡模位于激光增益带宽内，而抑制由主腔可能有的其他纵模频率。同时当且仅当此主腔的单纵模频率与辅助腔谐振频率一致时，光电探测器有最大输入光功率。由上述分析可见，此方案中激光器的稳频参考基准为无源短腔的谐振频率，参考基准的特征为功率极点。参考基准特征的提取可用类似兰姆凹陷的方法，调制 M_4 的空间位置以调制短腔谐振频率，若激光器频率与短腔的谐振频率中心线一致，则输出光仅含有调制频率的偶次谐波，故通过相敏检波的方法可实现参考基准特征的量值化。由于短腔内没有等离子体管，所以就不存在热和气体等因素的影响。外界无源腔引入的稳频参考基准短期稳定度可达 2×10^{-9}，但由于辅助腔的长度受温度影响仍然较大，故其频率精确度并不能得到有效保证。

5. 碘分子吸收激光稳频方法

利用碘分子饱和吸收激光稳频方和无源参考腔稳频方法同样属于激光器外界参考频率，但前者有着更高的稳频精度。碘分子饱和吸收室内充有较低气压的碘分子气体，碘分子气体在特定频率附近有较强且较丰富的锐吸收峰。由于吸收管内气压低，通常只有 1～10Pa，这种低气压气体的吸收峰所对应的频率十分稳定，所以作为稳频基准其精度很高。

图 2-17(a) 显示了 633nm 波长 He-Ne 激光器增益曲线与 $^{127}I_2$ 在 633nm 附近的 21 条超精细吸收谱线，其中 R(127) 的 *d*、*e*、*f*、*g*、*h*、*i*、*j* 七个分量是国际计量委员会在 1992 年推荐的部分常用分量。碘饱和吸收超精细结构的特征量化过程比较复杂。碘的吸收系数很小，吸收峰衬度为 0.1%，直接记录激光输出功率与频率的关系曲线较困难。如图 2-17(b)，若采用兰姆凹陷类似调制方法获得吸收峰的一次微分信号，激光功率多普勒背景曲线也叠加在吸收峰上，则会严重影响激光频率基准的复现性。为此，通常将腔长调制后获得的功率调制信号进行三倍频，并对功率调制三倍频信号进行相位解调，使背景信号接近零，从而消除了多普勒背景的影响。基于饱和吸收特征获得的稳频参考基准，其激光频率的温度漂移仅为几十 kHz/℃，而腔内气压漂移仅为数 kHz/Pa。目前碘稳频激光器的应用主要集中在计量标准机构，一般经 2～3 小时的预热后可实现对吸收峰的锁定，其频率准确度高达 2.5×10^{-11}，但由于在谐振腔中插入碘室导致谐振腔损耗过大，所以稳频激光输出功率一般小于 0.1mW。

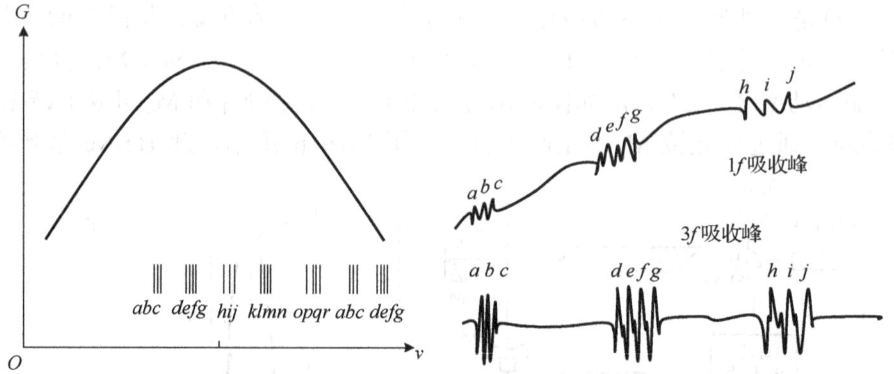

(a) 增益曲线与吸收谱超精细结构　(b) 利用三次谐波稳频法削弱多普勒背景

图 2-17　基于碘吸收谱超精细结构的稳频基准及其特征提取

饱和吸收室稳频参考基准的频率稳定度高，但其引入数 MHz 的光频调制且输出功率较低，不能用于动态或多轴激光干涉测量场合，为此提出一种偏频锁定型参考基准。所谓激光偏频锁定是将一台自由运转的激光器高精度跟踪另一台稳频激光器，并偏离稳频激光一定频率，这样可保持原稳频激光的频率稳定度，又能达到大的输出功率并做到无调制的激光输出。当然，上述碘稳频激光器或对碘稳频激光器进行偏频锁定的激光器，均采用压电陶瓷作为腔长调节装置，其结构复杂、抗振动能力弱、预热时间长，且体积庞大、价格昂贵，只应用于极少数特殊场合。

2.2.2 双频激光生成技术

外差激光干涉仪的最大测量速度与双频激光的频差成正比，目前主要的双频激光生成技术可分为腔内生成技术和腔外生成技术两种。其中，腔内生成技术指根据激光工作原理，谐振腔输出的激光频率由纵模阶数 m、腔内介质折射率 η、腔长 L_R 和激光在真空中传播的速度 c 共同决定：

$$\nu = \frac{mc}{2\eta L_R} \tag{2-26}$$

则创造出特定的工作条件，使得同一激光管中始终出现两种激光，这两种激光各自具有不同的纵模阶数、折射率或谐振腔长，该激光管可输出两种频率的激光。

目前，双频激光腔内生成技术主要有塞曼光频分裂技术、双纵模输出技术、双折射光频分裂技术、偏振双反射膜光频分裂技术等，腔外生成技术包括声光调制双频激光生成技术等。考虑到双频激光正交偏振是激光外差干涉测量的前提条件，因此在双频激光生成时要求其为正交线偏振光或可转换为正交线偏振光。

1. 基于纵向塞曼效应的双频激光器

当在激光管轴线方向上施加纵向磁场时，磁场作用下的原子跃迁谱线和激光增益曲线发生分裂，其中激光增益曲线由一条分裂成中心频率不相等的两条，分别对应着左旋偏振光和右旋偏振光，此两种激光对应不同的腔内介质折射率，则激光管相应地输出频率和偏振态不相同的两个激光分量。

纵向塞曼效应作用下双频激光频差的大小与外磁场强度成正比，但对普通的纵向塞曼激光器而言，当激光频差大于 3.4MHz 时，左右旋激光增益曲线在频率轴上完全分离，无法实现双频输出。对于外差激光干涉测量，4MHz 激光频差对应的最大测量速度约为 1m/s。部分商品型纵向塞曼激光器通过磁场和激光器气体成分、压力的优化可获得 7.2MHz 频差，对应的最大测量速度为 2.2m/s。

理论上，纵向塞曼效应产生的双频激光包含不同频率的左旋和右旋圆偏振光两个分量，可通过理想的 1/4 波片转换成正交线偏振光。然而，受腔镜镀膜均匀性和双折射特性影响，实际输出双频激光出现一定程度的偏振椭圆极化和偏振非正交化，同时 1/4 波片还存在制作误差和安装误差。因此，利用纵向塞曼激光器获得的双频正交激光存在一定的椭偏误差和非正交误差。商用化的塞曼双频激光器，经补偿和调整后激光偏振椭圆极化角和偏振非正交化角典型值为 10mrad。

2. 基于双纵模选择的双频激光器

如图 2-14 所示，He-Ne 激光器多普勒加宽增益曲线的半峰宽约为 1.5GHz，对应同一谐振腔长，则存在多个可能纵模频率。根据式(2-26)，相邻两个纵模激光之间的纵模间距为

$$\Delta \nu_m = \frac{c}{2\eta L_R} \tag{2-27}$$

当激光管腔长为 15～25cm 时，则纵模间距为 600～1000MHz，增益曲线半峰宽能够容纳两个或三个相邻纵模，可实现双纵模或三纵模同时输出，将谐振腔微调到合适的长度，仅有两个纵模增益大于损耗，则可获得双频激光。对于外差激光干涉测量，双纵模输出技术产生的激光频差理论上能够满足超过 100m/s 的测量速度需求，但实际测量速度受限于信号处理系统的带宽。此外，太高的双频激光频差使得信号处理较为困难，不利于测量分辨力地进一步提高。

实验研究发现，工作在基模状态的内腔 He-Ne 激光管，其相邻两个纵模偏振态大多呈相互正交态。经定性或半定量理论分析指出，对于多模输出的内腔 He-Ne 激光管，其偏振态取决于谐振腔的各向异性和激光模式竞争。当内腔 He-Ne 激光管工作在双模输出状态时，绝大多数的实验研究发现两个相邻纵模的偏振态是相互正交的，而理论分析也能较好地解释这一点。

3. 基于横向塞曼效应的双折射双频激光器

普通的双折射 He-Ne 双频激光器的原理是在 He-Ne 激光谐振腔中引入双折射元件，由于 o 光和 e 光在双折射元件中折射率不相同而产生光程差异，从而将激光纵模分解为两个频率不相同、偏振态相互正交的光分量。双折射 He-Ne 双频激光器的实现方法通常有两种，一种是在激光谐振腔中放置双折射晶体，并通过调整双折射晶体与谐振腔轴线的夹角来改变激光频差；另一种方法是对谐振腔腔镜施加径向的外力，腔镜受力产生应力双折射，改变外力大小即可改变激光频差。通常情况下，双折射 He-Ne 双频激光器的频差为几十到几百 MHz，当激光频差小于 40MHz 时，由于模式竞争激烈而导致其中一个光分量熄灭，称为频差闭锁。

采用横向塞曼效应，可消除普通双折射激光器中的频差闭锁问题。在双折射 He-Ne 双频激光器上加横向磁场，并调整 o 光、e 光的偏振方向使二者分别平行或垂直于磁场方向时，o 光、e 光将分别使用不同的增益曲线，因而二者的模式竞争大大下降，当 o 光、e 光的频差为几到几十 MHz 时，这两种光仍能同时振荡，激光器输出干涉仪应用所需的双频激光。

对于采用横向塞曼-双折射效应的双频激光器，双折射效应引入的 o 光和 e 光光程差的稳定性，决定了激光频差和激光频率的稳定性。因此，如何控制双折射率晶体或腔镜应力的稳定性，是此类双频激光器在应用中的难点。

4. 基于横向塞曼效应-偏振双反射膜的双频激光器

偏振双反射膜双频激光器的原理是在谐振腔腔镜上镀一种特殊的偏振双反射膜，由于 o 光和 e 光被偏振双反射膜反射时相位跃变不相同而产生光程差异，其满足激光振荡自再现条件的光学频率也不同，从而将激光纵模分解为两个频率不相同、偏振态相互正交的光分量。受模式竞争的影响，普通偏振双反射膜双频激光器的双频频差一般为几十到几百 MHz。

采用横向塞曼效应，可进一步降低偏振双反射膜双频激光器所能获得的最小频差。在偏振双反射膜双频激光器上施加横向磁场，可抑制 o 光和 e 光之间的模式竞争，获得几到几十 MHz 的激光频差。但是，当磁场与双反射膜一个本征模夹角约为 45° 时，无法输出双频激光；当磁场与双反射膜一个本征模基本重合时，能够输出双频激光。

偏振双反射膜光频分裂技术产生的双频激光偏振态主要决定于反射膜的各向异性特性，激光偏振态优劣与偏振双反射膜的制作工艺紧密相关。当施加外磁场时，输出双频激光的偏振方向取决于偏振双反射膜反射轴与磁场的相对角位置，其中偏振非正交度小于 0.5° ，偏振椭圆极化程度随激光管与磁场的相对角位置改变而变化，在最佳位置偏振椭圆极化程度小于 2/700。

5. 基于声光移频的双频激光生成技术

激光通过超声波作用下的声光晶体时，由于布拉格衍射，出射光分裂为频率不等、偏振态相同的零级光和一级光两个分量，二者频差为声光调制器工作频率，且空间上不重合。布拉格衍射零级光和一级光可分别作为外差激光干涉测量的参考光和测量光，但其偏振态不符合外差激光干涉测量的要求。图 2-18 是单声光调制双频激光生成装置，其中声光调制器将入射光分解为零级光和一级衍射光，楔形双折射晶体将入射零级光和一级光进一步分解为水平和竖直两个偏振分量，当楔形晶体顶角满足一定条件时，零级光的水平分量与一级光的竖直分量在传播方向上一致，可用光阑截取这两个偏振分量获得双频正交激光。

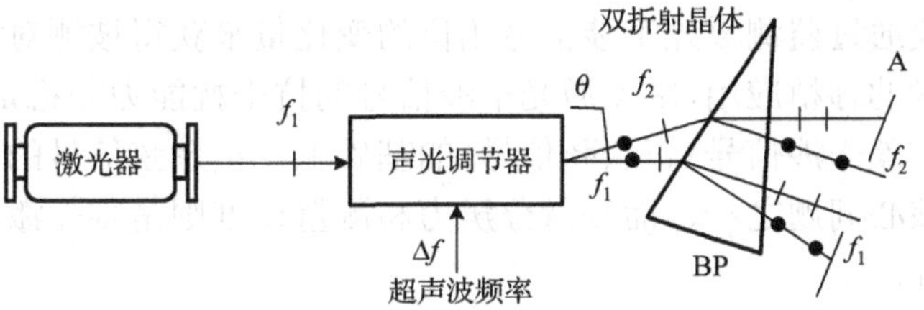

图 2-18　单声光调制双频激光生成技术示意图

如图 2-18 所示装置的不足之处是激光能量利用率低，图 2-19 给出了一种改进的单声光调制双频激光生成技术装置，该装置利用一个渥拉斯顿棱镜(Wollaston 1)将激光分解为空间上不重合的、水平和竖直偏振的两个分量，二者在同一个声光调制器中发生布拉格衍射。其一级衍射光由另一个渥拉斯顿棱镜(Wollaston 2)合成一束同轴双频激光，频差为声光调制器工作频率的 2 倍。对于图 2-18 和图 2-19 所示的两种装置，后者激光能量利用率是前者的 2 倍。

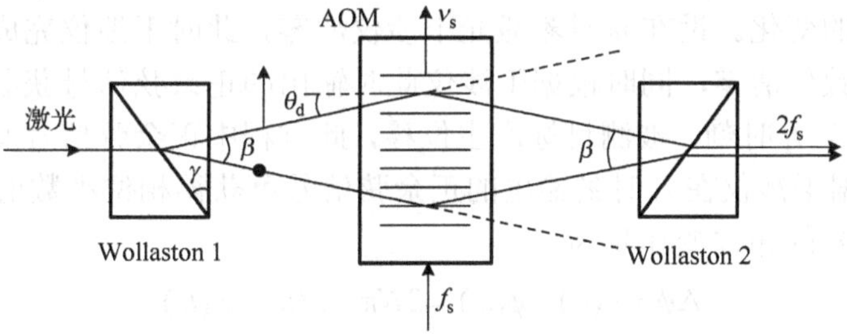

图 2-19　单声光调制双频激光生成技术示意图

由于声光介质固有特性以及布拉格声光衍射条件要求，超声波频率不能小于 20MHz，图 2-18 和图 2-19 所示装置产生的激光频差大于 20MHz，应用于激光外差干涉测量时，最大测量速度超过 5m/s，但对于信号处理而言，在 20MHz 频差下实现纳米或亚纳米的测量分辨力，技术难度很大，且成本昂贵。针对频差过高的问题，图 2-20 给出了一种基于双声光调制的双频激光生成技术装置，利用一个偏振分光镜(PBS_1)将入射激光分离为水平和竖直两个偏振分

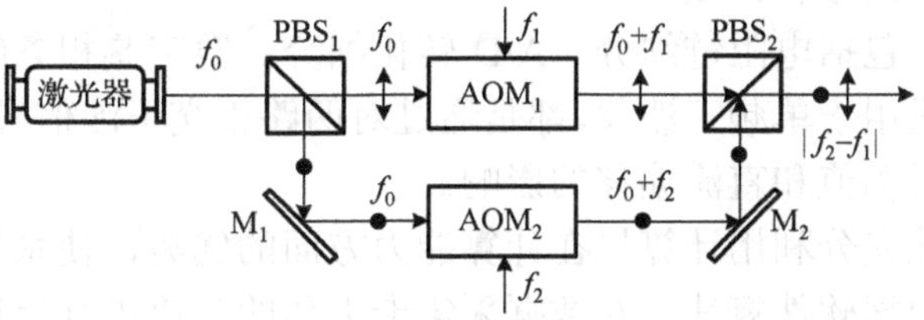

图 2-20　双声光调制双频激光生成技术示意图

量，二者在两个不同的声光调制器(AOM_1 和 AOM_2)中发生布拉格衍射，其一级衍射光由另一个偏振分光镜(PBS_2)合成一束同轴激光，频差为两个声光调制器的工作频率之差，从零到几十 MHz 连续可调节，能够适应不同测量速度场合对激光频差的需求，具有广泛的应用前景。

对于图 2-18、图 2-19 和图 2-20 所示的声光调制双频激光生成技术装置，其中双折射棱镜优异的光学特性决定了双频激光具有很高的消光比和正交度。

2.2.3 干涉信号相位测量技术

1. 零差干涉信号相位测量技术

零差激光干涉仪通过监测零差干涉信号相位的变化量来获得被测对象的位移。随着四通道移相干涉等新技术的移植应用,零差激光干涉信号的抗干扰能力和稳定性得到大幅度提高。在获得准确满意的零差干涉信号(正余弦信号)的基础上，正余弦信号的相位测量成为零差激光干涉测量系统中核心问题之一，而测量分辨力和测量速度则是零差激光干涉信号相位测量技术性能的关键指标。

由于相位测量中存在相位模糊问题，现有相位测量方法只能测量出真实相位值中去除周期整数后余下的小数部分，而不是对真实相位的测量，零差干涉信号相位测量的本质是对相位变化量的测量。零差干涉信号相位变化量的测量，包括相位整数变化量的测量和相位小数变化量的测量。目前对于相位整数变化量的测量，一种途径是首先将正余弦信号整形转换为一对正交方波信号，再对此方波信号进行细分辨向，可获得相位整数变化量；另外一种途径是在整个测量过程中实时监测相位小数的变化，进而根据相位小数产生跳变的方向来判断整数。对于相位小数变化量的测量，通常是在每次位移前后测量正余弦信号的相位小数，进而获得相位小数部分的变化。设在 t_0 时刻激光干涉仪清零，此时干涉仪完成两个动作，一是将相位整数变化量计数值清零，同时根据干涉仪此时输出的正余弦信号获取当前的相位小数值为 $\varepsilon(t_0)$；从 t_0 时刻至 t_1 时刻，被测目标产生位移，此过程中正余弦信号变化对应的相位整数变化量为 N，且根据干涉仪在 t_1 时刻输出的正余弦信号可获得相位小数值为 $\varepsilon(t_1)$，则从 t_0 时刻至 t_1 时刻干涉信号的相位变化量为

$$\Delta\phi = \phi(t_1) - \phi(t_0) = 2N\pi + \varepsilon(t_1) - \varepsilon(t_0) \tag{2-28}$$

从上述相位变化量的测量过程可知，相位小数值的测量是整个相位变化量测量的关键。尽管从物理模型来看，相位小数值的测量可直接对正余弦信号幅值之商进行反正切变化即可轻松获得，但在实际工程中的难点是在高测量速度下如何获得高的测量分辨力。

目前干涉信号相位小数值测量技术主要分为两大类：①电子细分测相方法；②软件细分测相方法。电子细分测相方法利用数字电路技术，对信号进行细分；软件细分测相方法主要利用 A/D 采集卡对干涉信号进行模数转换并采集数据传送至上位机，通过在上位机中编写算法来实现对干涉信号的细分和计数。

电子细分测相方法包括电阻链细分、A/D 转化细分、数字鉴相条纹细分等。其中电阻链细分和A/D转化细分适用于单频干涉仪,都是通过对两路正交干涉信号的直流强度进行细分，并且在电路中消除信号幅值和直流偏移的影响。

软件细分测相方法充分利用计算机在计算能力方面的优势，使系统对硬件电路的数据处理要求降低。计算机根据软件算法，对数据采集卡上传的数值进行处理，实现干涉条纹相位整数计数及判断不足一个周期的相位小数。

表 2.3 对各种细分方法的优缺点进行了大致归纳比较。由于数字信号处理器(Digital Signal Processor，DSP)、现场可编程门阵列（Field Programmable Gate Array，FPGA)等数字信号处理器性能地不断发展与完善，采用电子细分测相方法实现干涉信号处理技术的优势越来突出。研究者通过各种技术之间互相融合，不断改进算法并简化操作，使电子细分方法存在的一些缺点不断得到改善，在零差激光干涉信号处理技术中广泛应用。

表 2.3　电子细分和软件细分测相方法

分类	细分系数	优点	影响因素及缺点
电阻链细分	几十～1000	细分系数较大 测量分辨力较高	测量通道一致性差 直流漂移、幅值变化大
A/D 转化细分	几十～1000	细分系数较大 测量分辨力较高	测量通道一致性差 直流漂移、幅值变化大
数字鉴相条纹细分	≥1000	细分数大 灵敏度高	电路复杂 信号正交性要求过高
软件细分	10～1000	方便灵活	实时性差、带宽限制

2. 外差干涉信号相位差测量技术

外差激光干涉仪根据测量信号和参考信号之间相位差的变化来获知测量信号的相位变化和被测对象的位移。根据测量基准的不同，外差干涉信号相位测量差方法可以分为基于计数/计时原理的相位差测量方法和基于正交解调的相位差测量方法。

1)基于计数/计时原理的外差干涉信号相位测量方法

基于计数/计时原理的相位差测量方法，根据相位、频率和时间之间的相互转化关系，将相位差变化的测量转化为频率积分(周期计数)求差、频率差的积分(计数)等具体测量形式。为获得更高测量分辨力，在此类测量方法中一般还将对测量信号、参考信号进行锁相倍频，或者直接采用高频信号作为计数基准。基于上述思想，先后发展出参考测量信号同时倍频法、参考信号倍频法和外部参考时钟倍频法。

参考信号、测量信号同时倍频计数方法原理如图 2-21 所示，来自外差激光干涉仪、频率分别为 f_r 和 f_m 的参考信号和测量信号，分别经过锁相环(Phase Lock Loop，PLL)进行 K 倍的倍频处理。然后分别对倍频以后的两路信号进行脉冲计数，通过两路计数值之差可以获得两路信号相位差的变化。该方法中相位差的测量分辨力为 $2\pi/K$，因此在电路工作带宽允许的条件下提高倍频数值可以提高相位测量分辨力。然而，由于 PLL 锁相环对输入信号的频率的稳定性要求很高，对于外差激光干涉仪来说，当测量物体运动时测量信号频率 f_r 会产生多普勒频移，此时将会偏离锁相环的输入范围。所以该方法只能用于准静态或低速运动目标的位移测量。

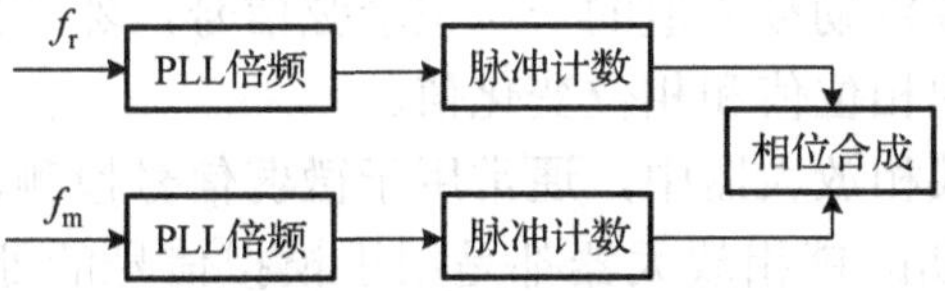

图 2-21　基于参考测量信号同时锁相倍频的相位测量原理

参考信号倍频计数方法只对参考信号进行 K 倍的锁相倍频处理，同时以单个测量信号周期为闸门信号，在此闸门信号时间内对倍频后的参考信号进行计数，获得计数值 N。则在闸

门信号时间内，测量信号和参考信号的相位差为

$$\Delta(\phi_{\mathrm{m}}-\phi_{r})=\frac{1}{K}(K-N)\times 2\pi \tag{2-29}$$

此时闸门时间内相位差变化的分辨力为 $2\pi/K$。在被测对象产生位移对应时间内所有闸门时间中相位差相加，即可获得被测对象位移所对应的相位差变化。此方法只对频率固定的参考信号进行锁相倍频，而没有对频率可变的测量信号直接锁相倍频，因此其对测量信号频率的大范围变化具有较强的适应性，可用于高速运动目标的外差激光干涉测量中。

上述方法对信号进行 K 倍频后可获得 $2\pi/K$ 的相位测量分辨力，但是由于 PLL、计数器工作频率的限制，倍频数无法设置得非常大，因此上述方法难以满足亚纳米位移测量提出的相位测量需求。为进一步提高测量分辨力，一般需在参考信号倍频方法的基础上引入数字延迟线技术，利用数字延迟线来精细测试参考信号的倍频信号与测量信号对应的闸门信号之间的时间差，以获得相位差的小数部分，最后进行整小数相位的合成。与前述方法相比，该方法在不提高计数器或 PLL 工作频率的技术上可再次提高相位差变化的测量分辨力，其满足亚纳米分辨力位移测量需求。

近年来发展的外部参考时钟倍频法，原理如图 2-22 和图 2-23 所示。选用外部时钟信号作为基准信号进行 PLL 倍频和数字延迟线处理得到高频基准信号，用此基准信号分别测量外部时钟信号与参考信号之间的相位差变化和外部时钟信号与测量信号之间的相位差变化，最后通过相位差解算得到参考信号和测量信号之间的相位差变化。此方法由于没有对参考和测量信号直接进行锁相环倍频的处理，所以其输入端不允许对参考和测量信号进行区分，具有适应性强的特点。

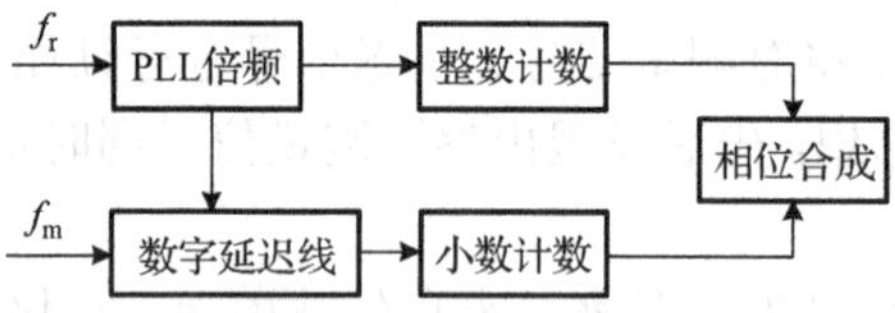

图 2-22　参考测量信号倍频计数法原理

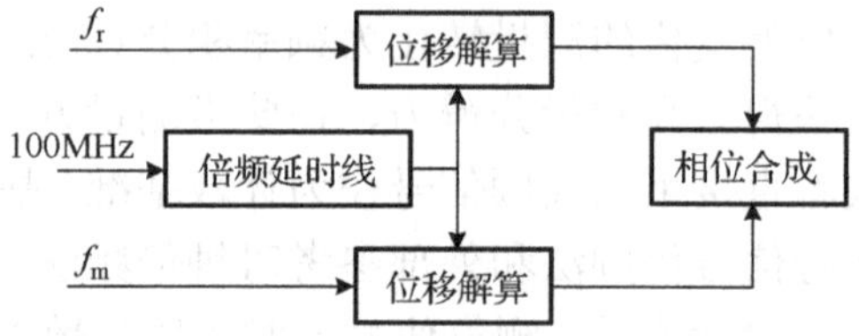

图 2-23　参考测量信号同时倍频法原理

2）基于正交解调的外差干涉信号相位差测量方法

前述基于计数/计时原理的相位差测量方法，均需将输入的参考信号和测量信号转化成方波信号，然后再进行脉冲计数等操作。此类方法仅考虑了输入信号在时间分量上的信息，舍弃了信号在幅度分量上的信息，其相位差测量分辨力取决于板卡和关键器件的最高工作频率。基于正交解调的外差干涉信号相位差测量方法，基本思想类似于锁相放大器，即兼顾信号在时间分量和幅度分量上的信息，以进一步提高相位测量分辨力。该方法一般首先将测量信号、参考信号转换为频率等于多普勒频移值的一对正余弦信号，然后采用零差干涉信号相位测量中的反正切运算得到信号的相位值和相位变化值。

正交解调技术常见于锁相放大器中，通常用于微弱信号检测，即从噪声中提取小幅度信号的强度和相位信息。早期的锁相放大器都是用于模拟信号的处理，基本原理如图 2-24 所示，被测信号中含有大量的噪声。被测信号与参考信号首先经过乘法器，当两信号的频率相等时，二者经过乘法器之后的结果得到直流成分和高频的交流成分，之后通过低通滤波器滤除高频成分，得到直流分量。被测信号中的噪声由于与参考信号频率不等，都被低通滤波器滤除。参考信号的频率可以手动调节，实际使用中可以不断改变参考信号的频率直

至信号的幅值最大，此时参考信号与被测信号的频率相等。因此相当于从噪声信号中提取出了小幅度被测信号。

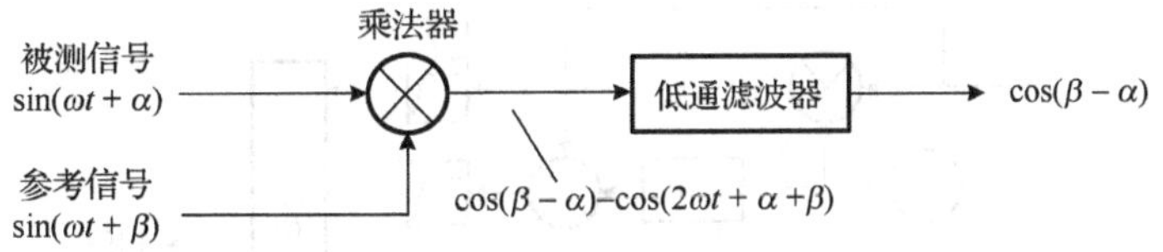

图 2-24 锁相放大器原理图

基于正交解调技术，出现了应用于外差激光干涉测量的正交锁相放大方法，其原理如图 2-25 所示。测量信号首先通过放大器和模拟滤波器进行滤波去噪和信号整形处理得到信号 A。参考信号首先经过一定大小的相移保持与测量信号的同步性(相移的大小和测量信号经过放大器和模拟滤波器的大小一致)得到信号 B，之后通过 90° 的相移得到信号 C。测量信号 A 分别与参考信号 B 和参考信号 C 进行锁相放大处理，即通过乘法器和模拟低通滤波器，得到正交的正余弦信号，通过对此正余弦信号的相位计算可以得到两者的相位差。这种方法在实际使用中器件都是选用的模拟器件进行信号处理。

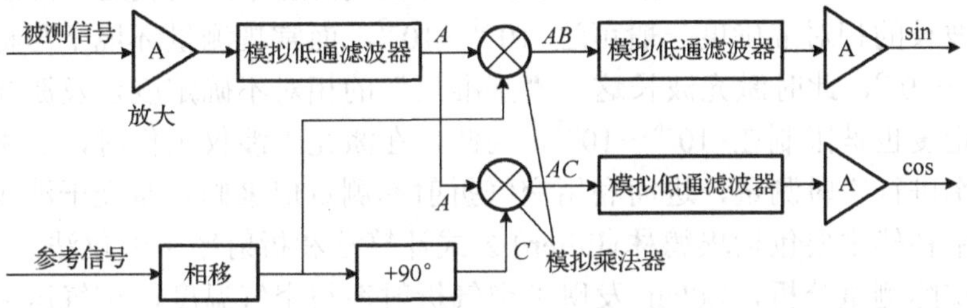

图 2-25 正交锁相放大器原理图

对于传统的模拟窄带宽正交锁相放大器来说，输入正交锁相放大器的参考信号和测量信号必须是同频信号或者是频率接近的信号，而且其中的低通滤波器的滤波通带必须足够小，只有这样才能达到好的滤波效果。由于上述限制，正交解调测相方法在初期测量信号的频率不能偏离参考信号，且与测量速度直接相关，导致测量速度不能太大，所以此方法只能应用于静态和准静态测量中。

随着半导体制造业的迅速发展，出现了数字和模拟混合的正交锁相放大器，但是其中的某些关键环节(如相敏检波)还是采用模拟器件处理。之后复杂可编程逻辑器件(Complex Programmable Logic Device，CPLD)、FPGA 等大规模和超大规模可编程逻辑器件飞速发展，极大地促进了正交解调和锁相放大技术的发展，其关键环节相敏检波等技术也实现了数字化，由此出现了数字正交解调技术和数字锁相放大器。与传统的模拟正交解调技术相比，数字锁相放大技术具有精度高、稳定性好、灵活性高等优点，逐渐成为锁相放大技术的主流。而且采用数字锁相放大技术能对锁相放大的关键参数进行修改，突破模拟锁相放大静态和准静态测量的瓶颈。

采用数字正交解调技术，提出一种基于双通道数字正交解调原理的高速信号相位差测量方法，其锁相倍频、正交解调和后续的信号处理都是在 FPGA 内部完成。此方法采用外部时钟作为数字锁相放大的参考信号，之后分别于输入信号进行锁相放大处理，最后通过相位解算计算出相位值。其基本的原理如图 2-26 所示，将外部输入的两路信号分别与 FPGA 内部产生的信号及其 90° 相移后的信号进行混频，得到的四路信号再进行低通滤波器(LPF)处理，最后通过相位处理得到两路信号的相位差。目前该方法已可获得 2μrad 的相位差测量分辨力，对应的位移测量分辨力优于 5pm。

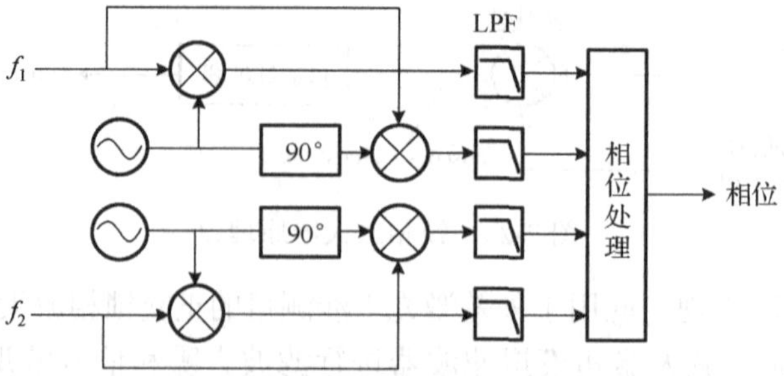

图 2-26　基于双通道数字正交解调的相位差测量原理

2.2.4　空气折射率测量技术

激光干涉仪是以激光波长作为“基准尺”进行测量的，考虑到大多数测量行为都是在大气环境中进行的，此时激光波长由激光真空波长与空气折射率共同决定。稳频 He-Ne 激光器输出激光真空波长的相对准确度一般可达 10^{-8}～10^{-7}，而常规测量环境下与标准空气折射率一般可达 10^{-6}～10^{-5}，此时激光波长这一“基准尺”的相对不确定度以及激光干涉仪测量结果的相对不确定度也被限制在 10^{-6}～10^{-5}。因此，在激光干涉仪工作时，必须对测量光路附近的空气折射率进行实时测量，进而利用空气折射率测量值来修正激光干涉仪测量结果。目前，空气折射率补偿主要包括埃德林(Edlen)公式计算法和折射率干涉仪法。

通过多次实际测量分析，Edlen 发现了空气折射率与空气温度、空气压力、空气湿度和 CO_2 含量之间具有明确的函数关系，并发表了描述这一函数关系的经验公式。参数计算法即在空气中 CO_2 成分基本不变、化学气体成分较小的情况下，分别用传感器测出大气压、气温和湿度的值，再并行输入微处理器利用埃德林公式求出空气折射率。由于埃德林公式自身精度的限制，利用其计算出的空气折射率时，测量不确定度为 3×10^{-8}。常见激光干涉仪产品中，为应用方便常将 3 种传感器集成在一起制成空气折射率计，由于各参数测量误差的限制，空气折射率测量的实际不确定度一般在 10^{-7} 量级。用埃德林公式测量空气折射率非常实用方便，但当要求测量不确定度优于 10^{-7} 量级时，由于 CO_2 和化学气体对埃德林公式的影响较大，且高精度的气压传感器、CO_2 传感器价格昂贵且需要定期标定，限制了埃德林公式计算法在高精度激光干涉测量场合的实际应用。

高精度激光干涉测量场合下，一般采用差动式折射率干涉仪测量空气折射率。所谓差动，即求空气折射率 n 与真空折射率之差。对具体干涉仪来讲，即测量气室充入被测气体状态与抽真空状态之间的光程差。早在干涉技术发展的初期，就发明了差动式折射率干涉仪。近年来，德国技术物理研究院、英国国家物理研究所和意大利计量院研制的折射率干涉仪测量不确定度达到$(1\sim2)\times10^{-8}$。

早期发明的差动式折射率干涉仪典型原理如图 2-27 所示，气室精确长度为 L_{gas}。每次仪器开机时，先用真空泵抽出气室的空气，并将干涉仪清零，然后再打开阀门放入折射率为 n 的待测空气，则测量光和测量光的光程差改变 $2L_{gas}(n-1)$，根据干涉仪显示的相位差变化量 $\Delta\phi_{gas}$ 可求出空气折射率为 $\lambda\Delta\phi_{gas}/(4\pi L_{gas})+1$。本方法中空气折射率测量的不确定度主要取决于气室长度、干涉仪细分数和干涉仪结构尺寸的热稳定性。

上述差动式折射率干涉仪每次测量开始都要求用气泵抽真空，增加了设施和时间开销，且气室的气体与测量环境流动性不好。为使其在激光外差干涉仪中得到实际应用，设计了以标准条件下空气折射率为参考的无真空参考腔的空气折射率干涉仪和自带恒定真空参考腔的空气折射率干涉仪。

无真空参考腔的空气折射率干涉仪的空气折射率干涉仪原理如图 2-28 所示，膨胀系数极小的气室其长度 L_{gas} 精确可知，标准状态下的测量光和参考光的初始相位差固定不变且已知，可根据相位差的变化推算空气折射率偏离标准折射率的偏离值；此外，由于不对气室抽真空，气室可设计成多孔式以便实测气体与环境空气保持参数均匀一致。目前无须抽真空的空气折射率干涉仪的折射率测量相对不确定度为 1.5×10^{-7}。需要注意的是，由于干涉仪属于有轨连续测量，不能在非连续监测情况下测出干涉信号变化的周期数，所以方案中实际折射率与标准折射率之差引起的干涉条纹变化不得超过一个周期，即待测空气折射率与标准折射率之差小于 10^{-5}。

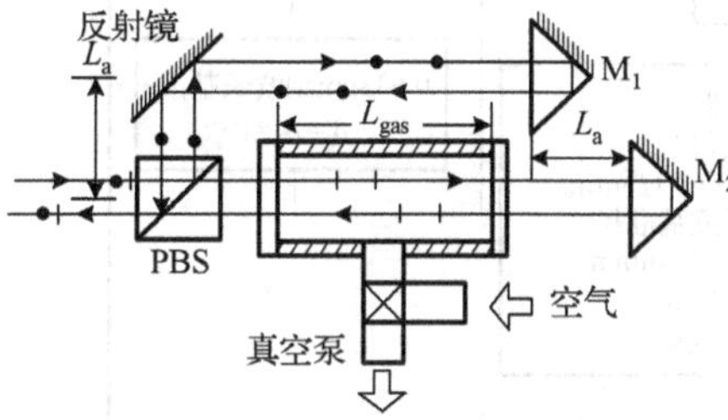

图 2-27　现场抽真空的差动式折射率干涉仪

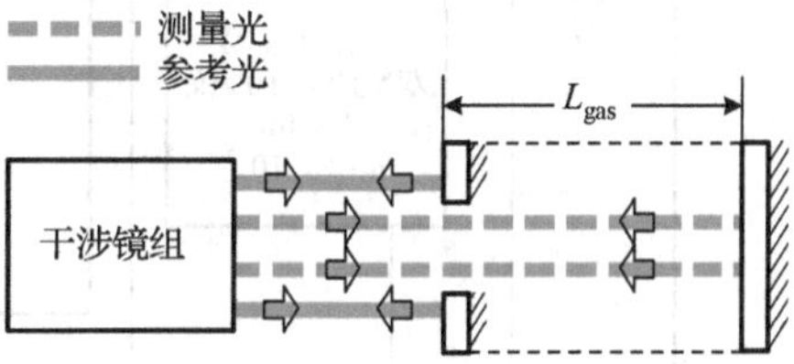

图 2-28　无真空参考腔的空气折射率干涉仪

自带恒定真空参考腔的空气折射率干涉仪的方案如图 2-29 所示，光程差为 $4L_{gas}(n_{air}-1)$，干涉仪通过电子细分可精确测出相位差中的小数相位部分，而整数相位部分则用传感器测出温度、气压和湿度值并由埃德林公式推算，故此折射率干涉仪测量范围不限。

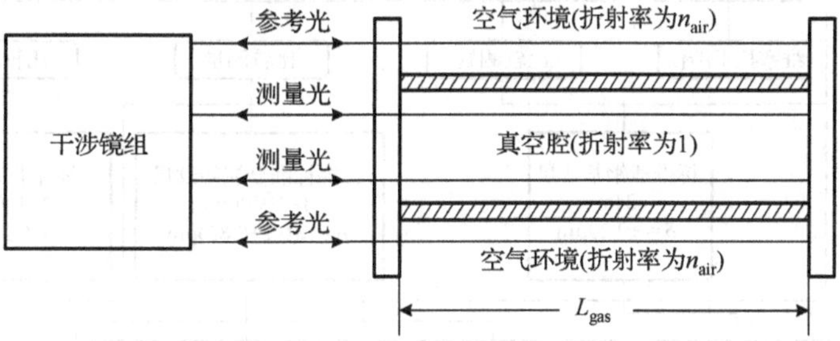

图 2-29　自带恒定真空参考腔的空气折射率干涉仪

2.3　激光干涉仪的典型应用

激光干涉仪既可以作为独立仪器被用于几何量测量、传感器校准和材料特性测试等场合，也可作为测量部件被嵌入到加工或计量装备中，用于对运动对象的精密实时测量。

2.3.1　作为独立测量仪器的典型应用

激光干涉仪器是技术密集度极高的精密仪器之一，也是计量学、现代物理学、材料学、微电子学和纳米科学等领域发展的必备仪器。它可在微纳米甚至亚纳米量级上精确测量被测物体物质的宏观、微观几何特征信息，实现超精密级的量值传递和量值溯源，也可在微纳米量级精确描述和记录物体物质从超低频至高频的空间—时间行为过程，揭示物质间相互作用机理和科学规律。

作为几何量计量校准的关键仪器，激光干涉仪还关系到国家几何量量值传递与溯源体系的建设、民生安全保障能力的提高。国内外计量规范中，目前均以激光干涉测量仪器作为量值溯源和量值传递的标准器具，实现光栅尺、电容传感器等精密位移传感器以及惯性式振动传感器等高低频振动传感器的计量检定，然后这些传感器进一步将量值传递到其他测量和加工装备中，可见激光干涉测量仪器是国家几何量量值传递与溯源体系中的重要保障条件。图 2-30

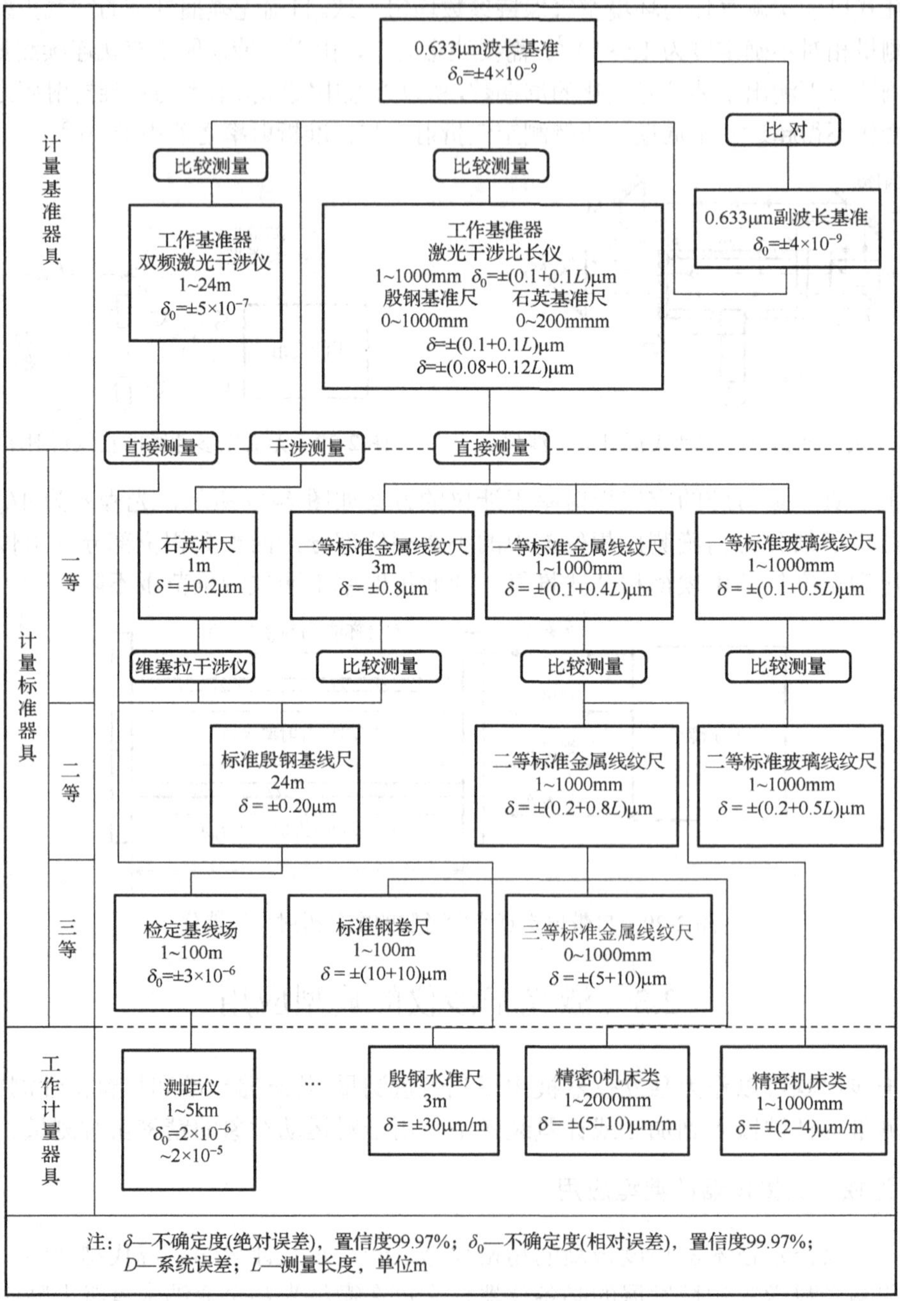

图 2-30　线纹计量器具检定系统框图

给出了线纹计量器具检定系统框图，可看出激光干涉仪或者由激光干涉仪扩展而成的激光干涉比长仪具有重要的地位。

在物理学、纳米科学和材料学研究中，激光干涉仪的主要用途包括微纳米结构器件动力学特性测试、材料内部微缺陷与表面声波传递行为特征测试分析、压电陶瓷压电系数测试以及材料热膨胀系数测试等。

2.3.2 作为嵌入式测量部件的典型应用

随着科学技术的进步，以微电子制造和超精密机械加工为代表的现代制造技术和装备已成为现代化工业竞争中各国综合国力的具体表现之一，并深刻影响着国民经济、国防建设的各个领域。作为微电子制造和超精密加工的前提条件和重要组成部分，超精密测量技术在加工过程中对工件台进行多自由度位置监测以实现对被加工对象的快速、超精密定位，对被加工对象的几何参数进行在线检测以提供加工控制系统的误差补偿，其已成为超精密加工与装备发展、纳米科学研究中不可或缺的关键技术。

在微电子装备中，双频激光干涉仪作为工件台的六自由度精密测量单元嵌入到高精度步进扫描投影光刻机、电子束光刻机中，参与确定工件台的初始坐标，确定工件台的瞬时坐标，并为工件台的定位伺服系统实时提供位置和速度信息，完成硅片与掩模台的动态对准等。目前 ASML、Nikon 等公司研制的高精度步进扫描投影光刻机，其内部嵌入 Agilent、Zygo 公司的双频激光干涉仪，相对测量不确定度可优于 2×10^{-8}，位移分辨力高达 0.31nm。为保证双频激光干涉系统的测量精度，在光刻机中一般均需将干涉光源与被测空间隔离，同时需设置独立的激光测量隔振平台，并利用恒温控制精度优于 0.003℃/5min 的洁净空气对干涉光路进行气浴，空气折射率变化对测量结果的影响已降低 10^{-8} 以下。

随着超精密加工中工件复杂程度、加工精度的增加，对被测对象的线位移、转角等多个空间自由度进行多自由度组合测量的需求也在不断增加。以图 2-31 和图 2-32 中的 LODTM 金刚车床为例，其专用激光干涉仪可同时实现 7 路测量：4 路激光检测横梁上溜板的运动

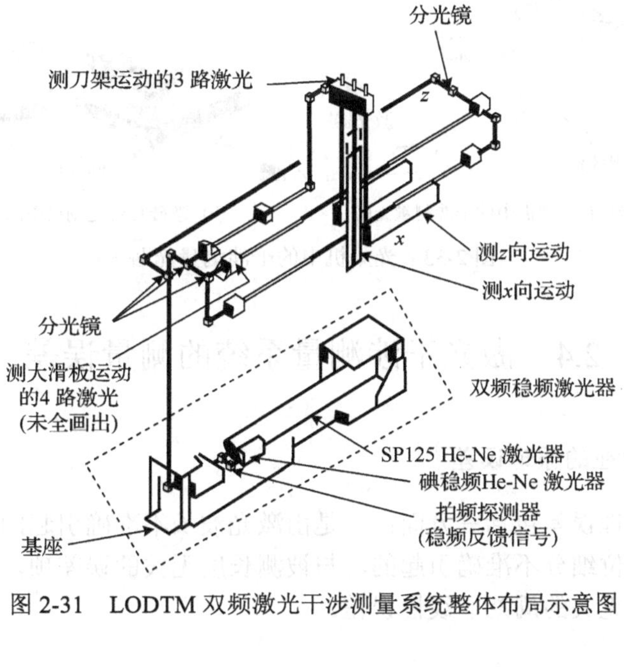

图 2-31 LODTM 双频激光干涉测量系统整体布局示意图

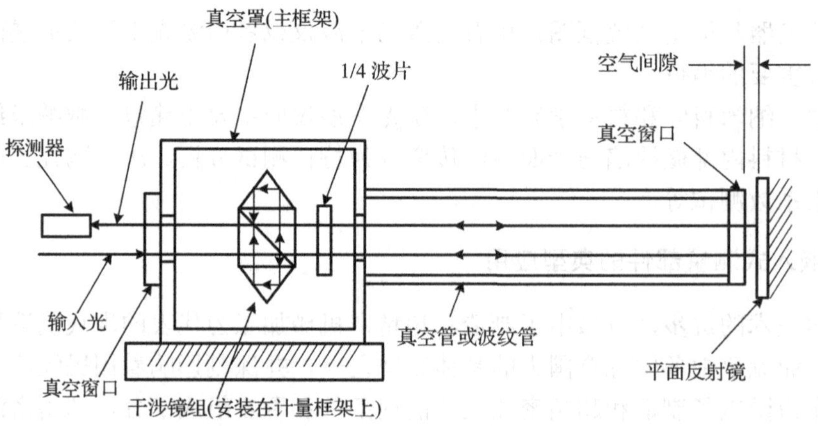

图 2-32　LODTM 典型外差干涉测量光路结构图

位置，3 路激光检测刀架垂直运动位置。该车床专用双频激光干涉仪中为实现 7 路测量，对专门研制的 15mW 大功率双频激光器进行 7 路分光，然后采用此 7 路光进行分别干涉测量。

相对于超精密机械加工装备，微电子制程中的光刻机对多自由度激光干涉仪测量的需求更加迫切。如图 2-33 所示，随着其工件台组成从当单硅片台、单掩膜台形式发展为双硅片台、单掩膜台形式，其测量对象包括 3 个工件台的 18 个自由度。目前 ASML 光刻机中激光干涉测量轴数已经从 PAS5500 系列的 10 轴发展到 XT 系列的 22 轴，而 NIKON 双台光刻机的干涉仪轴数则达到 25 轴，这种多自由度测量需求将导致干涉测量系统的总激光功率消耗增加到 1.5mW 以上，对单台激光干涉仪出光功率需求提高到 0.5mW 以上，干涉信号数据处理卡集成度提高到 6 轴/卡以上，同时整个干涉测量光路设计和调试的复杂程度也将急剧增加。

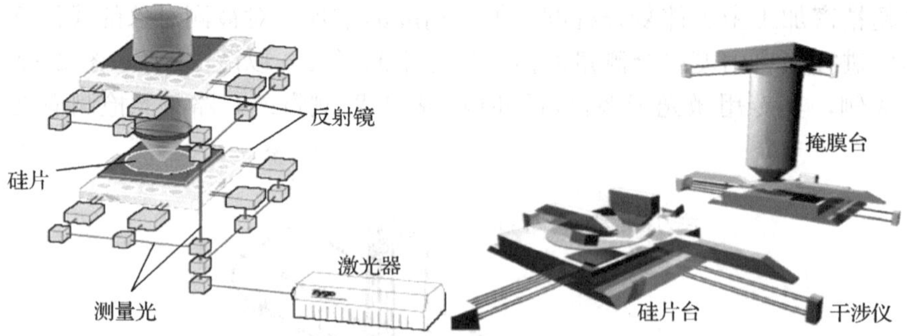

(a) 单硅片台光刻机中的干涉测量光路　　(b) 双硅片台光刻机中的干涉测量光路

图 2-33　光刻机中的干涉测量光路

2.4　激光干涉测量系统的测量误差

2.4.1　激光干涉仪内在的原理误差

激光干涉仪的原理误差包括三方面：一是由激光波长不准确引起的，与被测长度成正比的误差项，二是由相位细分不准确引起的，与被测长度无关的误差项，三是由双频激光混叠引起的，与被测长度无关的周期非线性误差。

1. 激光波长不准确引起的位移测量误差

由式(2-19)和式(2-25)所示测量模型可见，无论单频激光干涉仪还是双频激光干涉仪，均以环境介质中的激光波长为工作基准进行长度测量，因此环境介质中的激光波长准确度决定了系统的测量准确度。在环境介质中，根据干涉测量原理，当被测距离 L 不变而光在介质中波长变化时，对式(2-25)求微分得

$$\frac{\Delta N}{N_0}=-\frac{\Delta\lambda_1(n_{\text{air}})}{\lambda_1(n_{\text{air}})}=\frac{\Delta\lambda_{10}}{\lambda_{10}}-\frac{\Delta n_0}{n_0} \tag{2-30}$$

暂时先不考虑介质折射率的变化，则超精密激光外差干涉测量系统的相对测量精度取决于干涉系统光源的真空波长准确度和稳定度。又根据真空中光波长与光频率相互关系得

$$\frac{\Delta N}{N_0}=-\frac{\Delta\lambda_1(n_{\text{air}})}{\lambda_1(n_{\text{air}})}=-\frac{\Delta\nu_{10}}{\nu_{10}} \tag{2-31}$$

式中，ν_{10} 为测量光的标称频率；$\Delta\nu_{10}$ 为测量光的标称频率误差。

在激光干涉测量中一般采用式(2-30)来分析激光真空波长(频率)准确度和稳定度对测量误差的影响。当然，对于激光外差干涉仪，光源中同时包含两种频率的激光并分别被用作测量光和参考光，其中测量光的真空波长(频率)准确度和稳定度将直接影响测量结果的准确度和稳定性。

由式(2-30)可知，激光真空波长(频率)的相对误差将导致位移测量结果产生同样的相对误差，因此当被测位移相同时，位移测量误差与激光真空波长(频率)的准确度和稳定度成正比；当激光真空波长(频率)的准确度和稳定度保持固定时，位移测量误差与被测位移的大小成正比。以微电子加工中 300mm 直径硅片的光刻加工为例，若激光干涉仪的激光频率准确度仅为 1×10^{-7}，则其测量不确定度将高达 30nm。根据光刻装备中测量不确定度与刻线宽度的相互关系，此时光刻加工的极限线宽只能达到 0.2μm，而要满足 65nm 线宽光刻的测量准确度要求，测量不确定度应小于 10nm，则干涉测量光源的频率准确度应优于 3.3×10^{-8}。若要实现下一代极紫外光刻提出的 450mm 直径、10nm 线宽光刻目标，则要求在 450mm 的量程内提供 2nm 的测量准确度，则相应的超精密激光干涉仪的激光频率准确度应优于 4×10^{-9}。

2. 相位测量误差引起的位移测量误差

在零差激光干涉仪中，被测位移的大小和方向直接转换成干涉信号的相位变化；在外差激光干涉仪中，被测位移的大小和方向直接转换成测量信号相对于参考信号的相位差变化，因此相位测量误差直接决定位移测量误差。需要说明的是，考虑到相位变化量中整数部分的测量不存在误差，因此相位测量误差主要表现为相位小数部分的测量误差，也称为相位细分误差。考虑到相位测量基本采用数字测相技术，其测量误差仅取决于相位的量化误差，一般等于相位测量分辨力的 1/2。总之，相位测量误差引起的位移测量误差是由相位细分不准确引起的，该误差项与被测长度无关，一般等于激光干涉仪位移测量分辨力的 1/2。

3. 周期非线性误差

1) 零差激光干涉仪中的周期非线性误差

在理想情况下，零差激光干涉仪输出的干涉信号为幅度相等、无直流偏置且相差为 90° 的一对正交信号，此两信号形成的李莎茹图是以零点为中心的圆。若不考虑其他误差因素，

此时零差激光干涉仪输出的位移与实际位移成 1∶1 的理想线性关系。

实际应用中，由于光学元件制造缺陷和安装误差、光电探测电路不完善等问题，零差激光干涉仪输出的干涉信号并不是理想的正交信号，而是幅度不相等、存在直流偏置且相差不为 90° 的一对非理想正交信号：

$$i_x(t) = A_x + B_x \cos\varphi, \quad i_y(t) = A_y + B_y \sin(\varphi+\delta) \tag{2-32}$$

式中，A_x 和 A_y 是直流偏置；B_x 和 B_y 是不同的幅值；δ 是非正交角度。此时，如图 2-34 所示，两干涉信号形成的李莎茹图是中心偏离原点、长短轴不在 x、y 轴方向上的椭圆。采用非理想信号进行相位测量，测量结果与真实相位 φ 之间将出现误差：

$$\mathrm{NL} = \arctan\frac{A_y + B_y \sin(\varphi+\delta)}{A_x + B_x \cos\varphi} - \varphi \tag{2-33}$$

在不同的零差激光干涉仪中，非理想正交信号的特征参数不尽相同，相应的周期非线性误差也不相同，其误差值可达到数纳米至数十纳米。即使对于同一零差激光干涉仪，测量目标不同时，其周期非线性也可能不同。如图 2-34 所示，甚至采用同一零差激光干涉仪对同一测量目标进行一次测量过程中，其周期非线性也可能产生较大的变化。

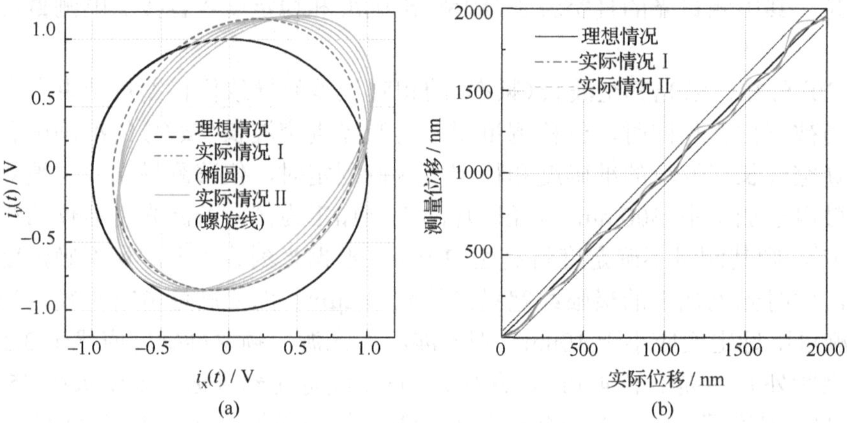

图 2-34　不同情况下的非线性

2) 外差激光干涉仪中的周期非线性误差

国内外众多学者针对外差式激光干涉仪进行了大量的理论研究与实验验证，发现双频激光非正交椭圆偏振化、偏振分光棱镜漏光、波片延迟误差、角锥棱镜或平面反射镜的退偏等因素均可导致外差激光干涉仪产生周期非线性误差。

外差激光干涉仪的周期非线性误差本质上来源于测量光和参考光的交叉混迭。图 2-35 为传统共光路外差激光干涉仪，理想情况下偏振光学器件可将频率分别为 f_1 和 f_2 的测量光束、参考光束完全分离，此时待测干涉信号的相移与测量值成 1∶1 的线性关系；实际上双频光源和偏振光学器件存在不可避免的缺陷，双频光束不能完全分离，部分参考光束进入测量臂，部分测量光束进入参考臂，导致理想干涉信号中引入具有其他频率或相位的寄生干涉信号，此时理想干涉信号的相移与实际干涉信号相移的测量值成周期非线性关系。周期非线性误差可分为一阶谐波误差、二阶谐波误差等几种形式，在双频激光非正交椭圆偏振化、偏振分光棱镜漏光等因素作用下，总的非线性误差通常为数纳米至数十纳米。

从频谱分析角度也可建立周期非线性误差的简明分析模型：外差激光干涉仪中，双频光束交叉混迭时将形成双频激光束及其多普勒移频光束之间的相互干涉，获得具有 4 种频率成分的 6 种干涉信号，如图 2-36 所示。其中理想干涉信号的频率为 $\Delta f - f_d$，该信号的相移与待测位移成线性关系；寄生干涉信号 1 和寄生干涉信号 2 的频率分别为 Δf 和 $\Delta f - f_d$，将分别引起一阶和二阶非线性误差；寄生干涉信号 3 是快速运动引起的动态误差，其引入的高阶非线性谐波分量与一阶谐波分量幅度相等，在动态测量有重要影响。

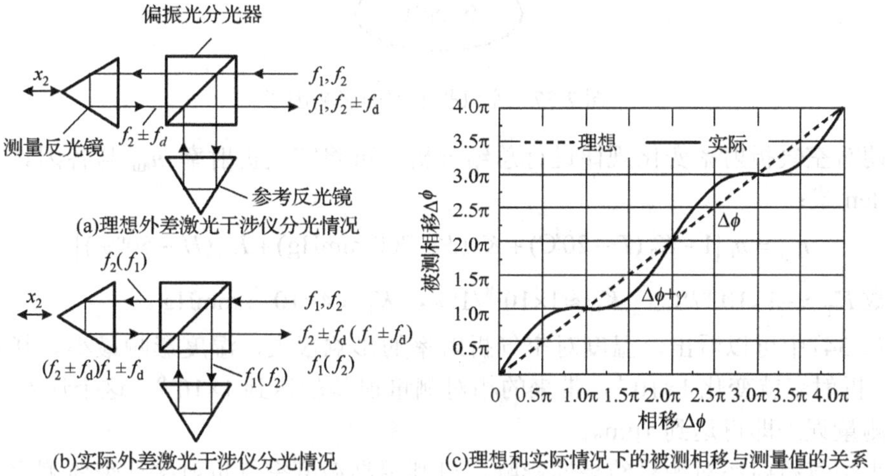

图 2-35　外差激光干涉仪周期非线性产生机理与特性

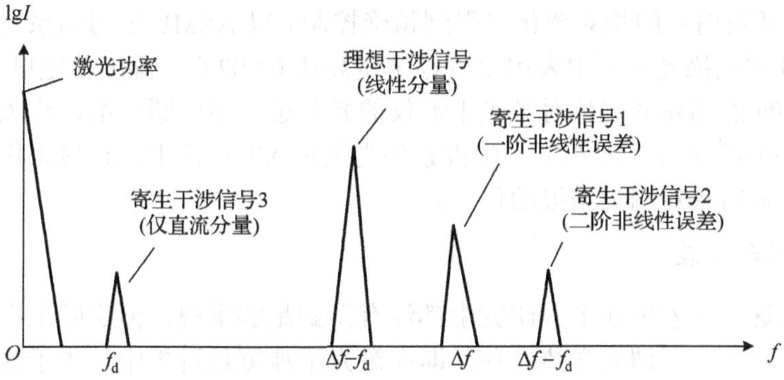

图 2-36　外差激光干涉仪中理想干涉信号和寄生干涉信号的频谱

2.4.2　环境因素相关测量误差

理论上，精密和超精密测量都需要良好的测量环境，然而实际上从条件恶劣的工厂车间到条件优越的实验室，激光干涉仪被广泛应用。不同的测量环境下，测量系统的误差迥然不同。环境因素对外差激光干涉测量仪的影响主要表现为空气折射率误差、干涉镜组的热漂移误差和被测对象热线涨。

1. 空气折射率相关测量误差

在理想的测量模型中，激光干涉仪采用理想的真空激光波长作为测量基准，但是大多数情况下在空气中测量而不是在真空中测量，测量基准是激光在空气中的实际波长，实际测量中模型包括了空气折射率因子。由式(2-30)所示基本误差模型进一步分析可见，空气折射率引入的测量误差与被测长度成正比，是比例误差，主要影响测量结果的准确性和稳定性。

研究发现，如图 2-37 所示，空气的折射率主要与大气压 P、空气湿度 H 和空气温度 T 有关。

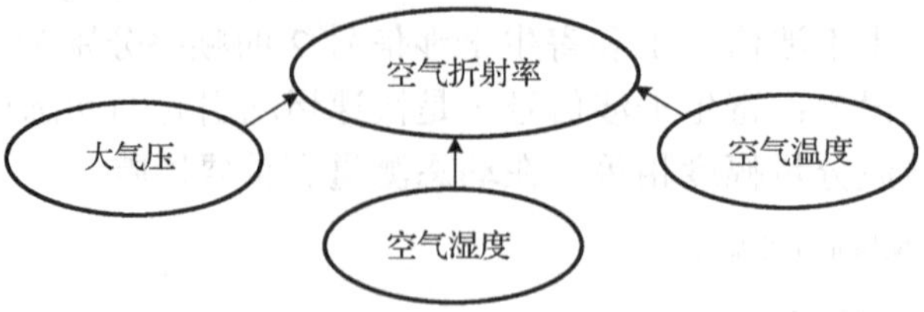

图 2-37　空气折射率的影响因子

经长期对空气折射率变化规律进行总结分析，可将空气折射率 n_{air} 与各因素之间的关系归纳为 Edlen 式：

$$n_{\mathrm{air}} = n_0 \left[1 + K_{\mathrm{T}}(T - 20℃) + K_{\mathrm{P}}(P - 760\ \mathrm{mmHg}) + K_{\mathrm{H}}(H - 50\%) \right] \tag{2-34}$$

式中，系数 $K_{\mathrm{T}} \approx -1\times10^{-6}/℃$，$K_{\mathrm{H}} \approx 1\times10^{-8}/1\%$，$K_{\mathrm{P}} \approx 4\times10^{-7}/\mathrm{mmHg}$。

从式(2-34)中可以看出，温度对空气折射率的影响很大，湿度影响最小。其中，温度每变化 1℃，折射率就变化 1×10^{-6}，带来的相对测量误差就达到 1×10^{-6}。这个误差非常大，1m 长的物体测量误差即可达到 1μm。

为减小空气折射率对测量结果的影响，可利用高精度空气折射率计来监测空气折射率的变化并进行补偿，同时超精密测量一般在折射率得到极其严格控制的气浴环境甚至真空环境中进行，这样介质折射率的相对变化可得到精确控制。以 ASML 公司的系列微电子光刻机为例，其在 T1950 型扫描光刻机中采用温度稳定度高达 0.002℃、湿度稳定度高达 0.1%、大气压稳定度高达 5Pa 的超精密气体对激光干涉仪的光路进行不间断气浴，将大气压折射率变化的影响控制在 2×10^{-9} 量级；而在下一代极紫外光刻机 XT 系列中，直接采用真空测量环境，可完全排除空气折射率对测量结果的作用。

2. *光学热漂移误差*

光学热漂移这个误差项在多数研究中都没有得到足够重视，但实际上在一些测量场合它的影响是不可忽略的。所谓光学热漂移，即在激光干涉测量过程中，由于光学玻璃温度的变化，测量光、参考光在玻璃板中的光程漂移不相同，从而引起测量结果的漂移。

从本质上看，干涉镜组光学热漂移的根本原因包括激光干涉测量系统在光路设计时未能保证测量光和参考光在玻璃里面的光程对等、光学镜组内部温度场分布不均匀、光学镜组内部材料均匀性不足等。因此，消除光学热漂移的方法主要有：保证测量光和参考光在干涉镜组里面的光程对等、提高光学镜组内部温度场分布均匀性、提高光学镜组内部材料均匀性、提高环境温度的稳定性和均匀性等。图 2-38 是 Agilent 公司几种干涉镜组的光学热漂移对比数据。在 24 小时内环境温度漂移约为 3.5℃，未经严格对称设计的普通干涉镜组的光学热漂移高达 1.4μm，而优化设计后的高稳定性干涉镜组其热漂移小于 0.01μm。

随着多轴干涉镜组的结构设计越来越复杂，不可能通过对称设计和工艺优化完全消除干涉镜组的光学热漂移。普通干涉镜组的热漂移系数高达 400nm/℃，而大部分高稳定干涉镜组的光学热漂移系数 $\mathrm{DE_T}$ 可以控制在 10～20nm/℃。为此，在超精密测量中必须选取高稳定镜组，同时将干涉镜组附近的环境温度漂移控制在 0.05℃以下。

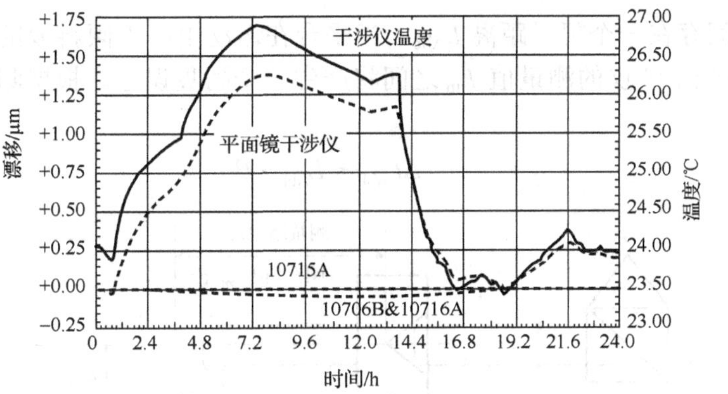

图 2-38　Agilent 公司几种激光干涉镜组的热漂移特性

3. 热线胀误差

除了空气折射率误差、干涉镜组的热漂移误差，被测对象的热膨胀误差也是环境误差的重要组成部分。在被测工件温度偏离 20℃时，由于被测工件材料的热胀冷缩效应，被测工件的几何尺寸将相应地产生变化。表 2.4 给出了一些常见材料的线胀系数。以 1m 长的铝合金工件为例，在温度产生 1℃变化，时其长度变化 18.8～23.8μm，这对于精密测量来讲是难以接受的。因此，对于高精密度的工件，往往采用温度系数为 10^{-8}～10^{-7} 的殷钢或者微晶玻璃进行制作，同时提高测量环境的温度稳定性并对温度进行测量，并根据工件温度的测量值对位移测量值进行补偿，可以大大减小热膨胀引入的测量误差。采用温度测量和热线胀补偿后，残余的热线胀误差取决于热线胀系数与温度测量误差。

表 2.4　20℃附近常见材料的线胀系数　　（单位：10^{-6}/℃）

材料	纯铝	铝合金	不锈钢	纯铜	黄铜	球墨铸铁	殷钢
线膨胀系数	23.0	18.8～23.8	14.4～16.0	16.5	18.5	11.2	0.2～2.0
材料	铁	花岗岩	石英玻璃	K9 玻璃	微晶玻璃	碳纤维	玻璃钢
线膨胀系数	12.2	3.0	0.5	7.0	0.007～1.6	0.7	2.9～5.0

2.4.3　安装不当引入的测量误差

对于同样的仪器特别是超精密测量仪器，由于操作者对仪器的理解不到位或者操作条件限制，导致安装不当引入测量误差。这种误差往往非常隐蔽、不容易发现，但对测量结果的影响较大。激光干涉仪在应用中因安装不当引入的测量误差主要包括阿贝误差、余弦误差和闲区误差。

1. 阿贝误差

德国物理学家阿贝在 19 世纪提出一个测量原则：在长度测量中，应将标准长度量(标准线)安放在被测长度量的延长线上(被测线)。阿贝原则提出后，被广泛认可。然而在实际测量仪器中，如千分尺少数仪器，它的标准线和被测线就能满足阿贝原则，而大部分测量仪器，如游标卡尺等，其实都不能满足阿贝原则，但是在测量精度要求不高的情况下，仍得到广泛使用。

图 2-39 表明了激光干涉仪应用中阿贝误差的产生过程。图中理想的测量对象是平台的位移，但实际只能测量平台上角锥的位移，这样平台的实际位移轴，与激光干涉仪的测量轴不

共线，两者之间存在一个阿贝距离 L_{Abb}，当平台在运动中产生倾斜 θ 的时候，那么平台的真正位移 L_s 和激光干涉仪的测量值 L_m 之间将产生一个阿贝误差。根据测量模型阿贝误差可表示为

$$\Delta L_{Abb}=L_{Abb}\times\theta \tag{2-35}$$

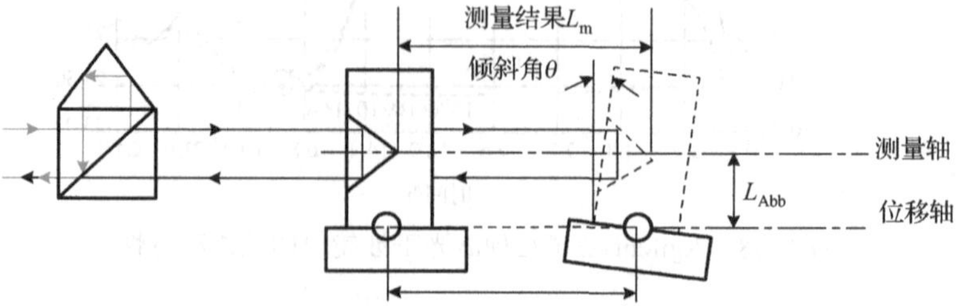

图 2-39　激光干涉测量中产生阿贝误差的原理

设阿贝距离为 10mm，平台倾斜角为 5μrad，那么阿贝误差将等于 50nm，对于超精密测量，显然是不可忽略的。从误差模型可见，阿贝误差与被测量长度无关，但会影响测量准确度和测量稳定性。消除或者减小阿贝误差的最简单的方法就是消除或者减小阿贝距离，当实际测量轴靠近理想基准轴的时候，阿贝误差被有效遏制。

当然，在实际应用中，许多情况下，阿贝距离是无法减小的，那么就得采用其他方法来解决。例如，在微电子光刻机中，理想被测对象应该是硅片的三维位移，但实际测量对象只能是工件台的三维位移。为消除阿贝误差，微电子光刻机中需对工件台进行绝对位置标定和六自由度位移同步测量，进而可获得阿贝距离和三自由度旋转角，由此建立可直接消除阿贝误差的多自由度解耦测量模型。

2. 余弦误差

除了阿贝误差，另外一个重要过失误差就是余弦误差，当测量轴线与位移轴线之间存在夹角 β 时，将产生余弦误差。

如图 2-40 可以看出，激光干涉仪的测量值 L_m 并不等于被测对象的实际位移值 L_s，两者构成一个三角形的两边，两者之间的差值就是余弦误差，可表示为

$$\Delta L_{\cos}=L_s(1-\cos\beta)\approx\frac{1}{2}L_s\sin^2\beta \tag{2-36}$$

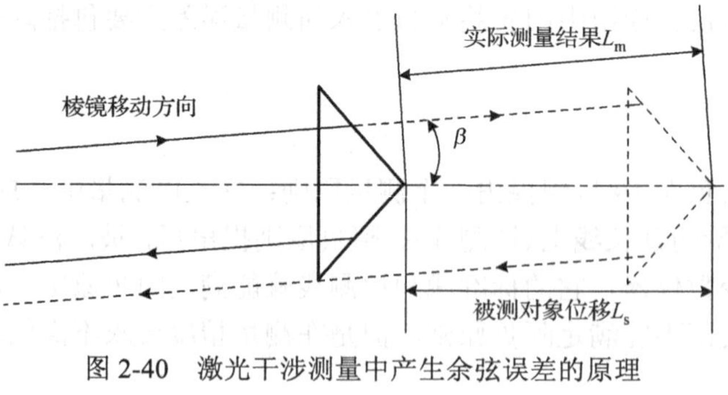

图 2-40　激光干涉测量中产生余弦误差的原理

余弦误差是一个比例误差，与被测长度成正比。设夹角 β 等于 0.1°，那么余弦误差将高达 3×10^{-6}，这在大尺寸测量也是重要的一项误差。当然如果在对激光干涉仪布局时进行优化

调整，可将夹角 β 减小，这时余弦误差将随着夹角 β 的减小而急剧减小。在超精密装备如微电子光刻机中，通过优化装调工艺可将夹角 β 减小到 0.2mrad 之内，此时余弦误差对测量结果的影响小于 4×10^{-8}；进一步采用旋转套刻法对多个余弦误差进行解耦标定，可将余弦误差对测量结果的影响进一步减小到 1×10^{-9} 以下。

3. 闭区误差

除了阿贝误差和余弦误差，激光干涉测量系统还存在一项常见的误差，叫作闭区误差。所谓闭区，指激光干涉仪清零时刻，测量光和参考光从光源共同出发到被测量信号接收器共同探测前，两者的光程差，如图 2-41 所示。

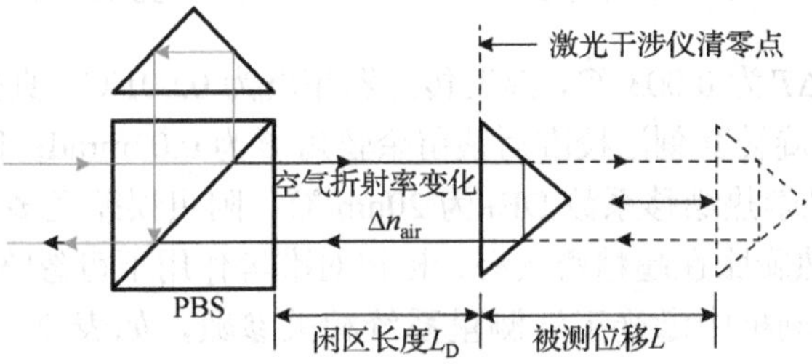

图 2-41　激光干涉测量中产生闭区误差的原理

由前文阐述的激光干涉仪工作原理可知，闭区长度上空气折射率的变化会直接引起激光干涉仪测量值的漂移，且该漂移主要与闭区长度 L_D 和空气折射率变化值 Δn_{air} 相关，而与被测位移无关，属于零点漂移误差。闭区误差的数学模型可表示为

$$\Delta L_D = \Delta n_{air} \times L_D \tag{2-37}$$

根据式(2-37)，由于激光干涉仪本质上只能进行位移测量，所以闭区的长度是无法被激光干涉仪直接测出的，因此即使可利用空气折射率计测出空气折射率的变化，闭区误差也无法直接补偿。

在微电子光刻机中为保证工件台具备足够的换台和扫描运动空间，通常闭区长度长达 500mm。为减小闭区误差，往往利用高精度零位传感器对工件台的绝对位置进行高精度标定，并对工件台激光测量系统进行清零，从而测出激光干涉仪的闭区长度；同时，利用高精度空气折射率计对空气折射率的漂移进行监测，在此基础上可对闭区误差进行实时补偿，可将其闭区误差减小到 1nm 以下。

2.4.4　典型系统测量误差综合分析

以当前 65nm 微电子光刻机和下一代极紫外光刻机中硅片工件台激光干涉测量系统为例，对其测量误差进行综合分析。

设典型 65nm 微电子光刻机中激光干涉测量系统相关参数如下：最大测量距离 L_{max} 为 350mm，闭区长度 L_D 为 500mm，零位传感器测量闭区长度时的误差小于 0.01mm；双频光共光路传输长度 L_C 为 5000mm；双频激光器频率准确度 $\dfrac{\Delta\nu_0}{\nu_0}$ 为 2×10^{-8}，短期频率稳定度 $\dfrac{\Delta\nu}{\nu_0}$ 为 2×10^{-9}，频差稳定度 $\dfrac{\Delta f_b}{f_b}$ 为 2×10^{-11}；激光干涉仪分辨力为 0.62nm；环境温度控制精度 0.1℃，一次硅片光刻过程中温度漂移 ΔT 为 0.003℃；空气折射率计中大气压力测量精度为 20Pa，温度传感器精度为 0.01℃，湿度传感器精度为 0.8%，整个空气折射率测量精度为 1×10^{-8}；余弦角 β_0 为 0.2mrad，利用旋转套刻法校准后残留余弦角 β 为 0.02mrad；干涉镜组非线性为 2.2nm，光学热漂移系数 DE_T 为 50nm/℃；阿贝误差经多轴同步测量后解耦校准，设定为零；硅片自身的热膨胀在超精密气浴、标记对准等作用下可忽略不计。

设下一代极紫外光刻机中激光干涉测量系统相关参数如下：最大测量距离 L_{max} 为 500mm，闲区长度 L_D 为 500mm，零位传感器测量闲区长度时的误差小于 0.01mm；双频光共光路传输长度 L_C 为 5000mm；双频激光器频率准确度 $\dfrac{\Delta\nu_0}{\nu_0}$ 为 2×10^{-8}，短期频率稳定度 $\dfrac{\Delta\nu}{\nu_0}$ 为 2×10^{-9}/小时，频差稳定度 $\dfrac{\Delta f_b}{f_b}$ 为 2×10^{-11}；激光干涉仪分辨力为 0.31nm；环境温度控制精度为 0.05℃，一次硅片光刻过程中温度漂移 ΔT 为 0.003 ℃，温度传感器精度为 0.001℃；真空中折射率漂移为零；余弦角 β_0 为 0.2mrad，利用旋转套刻法校准后残留余弦角 β 为 0.02mrad；干涉镜组非线性为 2.2nm，校正后可小于 0.4nm，光学热漂移系数 DE_T 为 20nm/℃；阿贝误差经多轴同步测量后解耦校准，设定为零；硅片自身的热膨胀在超精密气浴、标记对准等作用下可忽略不计。

根据上述微电子光刻机中激光干涉测量系统相关参数，如表 2.5 和表 2.6 所示，可获得各因素引入的短期测量结果漂移和测量结果示值误差表。

表 2.5 典型 65 nm 线宽微电子光刻机中激光干涉测量系统误差表

误差因素	误差计算形式	误差值/nm
激光频率准确度	$L_{max}\times(\Delta\nu_0/\nu_0)=350\text{mm}\times2\times10^{-8}$	7
激光频率稳定度	$L_D\times(\Delta\nu/\nu_0)=500\text{mm}\times2\times10^{-9}$	1
双频光频差稳定度	$L_C\times(\Delta f_b/f_b)=5\,000\text{mm}\times2\times10^{-11}$	0.1
激光干涉仪分辨力	0.62nm	0.62
干涉镜组非线性	2.2nm	2.2
空气折射率误差(补偿后)	$L_{max}\times\Delta n/n=350\text{mm}\times1\times10^{-8}$	3.5
干涉镜组热漂移	$DE_T\times\Delta T=50\text{nm/℃}\times0.003\text{℃}$	0.15
硅片热线胀(补偿后)	≈0	0
阿贝误差(校正后)	≈0	0
余弦误差(校正后)	$\frac{1}{2}\times L_{max}\times\sin^2\beta=350\text{mm}\times\sin^2(20\mu\text{rad})\times\frac{1}{2}$	0.07
闲区误差	$L_D\times\Delta n/n=500\text{mm}\times2\times10^{-9}$	1
RSS 误差和	—	8.27

表 2.6 下一代极紫外光刻机激光干涉测量系统误差表

误差因素	误差计算形式	误差值/nm
激光频率准确度	$L_{max}\times(\Delta\nu_0/\nu_0)=500\text{mm}\times2\times10^{-9}$	1
激光频率稳定度	$L_D\times(\Delta\nu/\nu_0)=500\text{mm}\times2\times10^{-9}$	1
双频光频差稳定度	$L_C\times(\Delta f_b/f_b)=5\,000\text{mm}\times2\times10^{-11}$	0.1
激光干涉仪分辨力	0.31nm	0.31
干涉镜组非线性	0.4nm	0.4
空气折射率误差(真空)	0	0
干涉镜组热漂移	$DE_T\times\Delta T=20\text{nm/℃}\times0.003\text{℃}$	0.06
硅片热线涨(补偿后)	≈0	0
阿贝误差(校正后)	≈0	0
余弦误差(校正后)	$\frac{1}{2}\times L_{max}\times\sin^2\beta=500\text{mm}\times\sin^2(20\mu\text{rad})\times\frac{1}{2}$	0.1
闲区误差	0	0
RSS 误差和	—	1.51

从表 2.5 可见，在当前 65nm 线宽微电子光刻机中，激光干涉测量系统最主要测量误差包括空气折射率补偿后的残余误差和激光频率不准确不稳定引入的测量误差，但是整个激光干涉测量系统的测量误差控制在 8.29nm，可满足 65nm 线宽甚至 32nm 线宽光刻需求。在下一代 450mm 硅片极紫外微电子光刻机中，由于采用真空环境其已不存在空气折射率误差，同时将采用激光频率稳定度和准确度均优于 2×10^{-9} 的激光稳频技术。由表 2.6 可知，此时整个激光干涉测量系统的测量误差仅为 1.75nm，完全可满足未来 10～18nm 线宽的光刻需求。

本节详细分析了激光干涉测量系统的各项测量误差的来源与作用形式，包括测量仪器内在的原理误差，测量环境引入的环境误差，仪器使用不当引入的过失误差。在此基础上，结合当代先进微电子光刻机和下一代极紫外微电子光刻机中激光干涉测量系统的特征参数，定量分析其综合测量误差。

2.5 新一代激光干涉测量面临的挑战与发展趋势

激光干涉测量技术具有量程大、分辨力高、信噪比高、溯源性好等优点，广泛应用于微电子装备、表面科学与工程、纳米加工、精密计量、大科学装置等领域，已成为最重要的精密位移测量技术之一。然而，近年来上述领域迅猛发展，对位移测量的精度需求将从纳米量级向亚纳米甚至皮米量级过渡，同时一些测量场合还要求实现高速动态的多轴测量，给激光干涉测量技术带来新的挑战。

在微电子装备中，激光干涉仪用于硅片/掩膜工作台 6 自由度位移的快速、超精密测量。随着微电子芯片特征线宽在摩尔定律的驱动下逐年迅速减小，微电子装备对外差激光干涉仪测量精度的需求不断提高。为满足 32nm 至 10nm 的特征线宽加工需求，荷兰 ASML 公司自 2009 年相继推出 XT:1950I 和 NXE:3300B 型光刻机，其内部均嵌入 22 路以上的激光干涉仪来测量速度高达 2m/s 的高速掩膜台和硅片台，并分别在 2mK/5min 的超精密气浴环境、真空环境下获得 5nm、3nm 的动态测量精度；国际半导体技术发展路线图组织 ITRS 进一步指出，未来 10 年内微电子装备中超精密测量的精度需求将逐步逼近并达到原子尺度。

在表面科学和纳米加工领域常用的各种扫描探针显微镜中，为解决表面测试/加工范围大而微探针作用距离有限的问题，常采用激光干涉仪或经激光干涉仪校准的电容传感器来监测微探针与样品之间的相对扫描移动。目前，原子力显微镜 AFM 中激光干涉仪的分辨力可达到 0.1nm，在校正光学非线性后其测量精度可达到 0.5nm；下一代 AFM 中，将要求激光干涉仪与原子力探针的测量特性可同等匹配，即测量分辨力和测量精度分别达到 1pm 和 50pm。

精密计量和大科学工程也提出了亚纳米甚至皮米级的极端测量需求。质量单位的重定义是国际计量界的重大难题，解决方案之一是采用长度、时间等可量子化参量来间接实现质量基准的量子化，进而实现 10^{-8} 量级的质量基准则要求；激光干涉仪达到 0.1nm 量级的长度测量精度；在引力波探测大科学工程中，甚至要求未来在 5×10^{9}m 距离上测出 1pm 的相对位移量。

面对上述亚纳米甚至皮米量级测量精度需求的挑战，传统激光干涉测量技术的瓶颈问题日益突出：首先，考虑到测量速度和测量分辨力之间的相互矛盾关系，传统激光干涉仪的测量分辨力难以突破 0.01nm，而新的干涉细分方法达到 1pm 的分辨力也要克服各种信号噪声，实现近十万倍的相位细分；其次，即使激光干涉仪的分辨力可达到 10pm 甚至 1pm，但其周期非线性误差高达数纳米甚至数十纳米，而且当被测目标每移动半个波长时该误差即出现一次峰值，即使经过误差校正或算法补偿其周期非线性误差一般也难以减至 0.1nm 以下，同时还因补偿和校正带来测量实时性低、系统庞大等问题。

尽管存在上述挑战性难题，新一代激光干涉测量方法的研究仍势在必行。考虑到新一代激光干涉测量方法将对未来超精密测量可能产生的深远影响，德国联邦物理技术研究院（Physikalisch Technische Bundesanstalt,PTB）、英国国家物理实验所（National Physical Laboratory，NPL）、意大利国家计量研究院（L'Istituto Nazionale di Ricerca Metrologica,INRIM）等国际顶级计量机构已联合启动了“Nanotrace”计划，大力研发新一代激光干涉测量方法和关键技术，并明确提出了 10pm 测量准确度的研究目标。近年来，我国发布的《计量发展规划（2013—2020 年）》中也提出了“原子尺度的纳米计量技术研究”的重点研究方向。可见，具有皮米分辨力、超低非线性和高稳定性特征的新一代亚纳米和皮米级超精密激光干涉测量方法，在下一代微电子光刻机、表面科学与工程、纳米加工、精密计量、大科学装置等研究领域具有潜在的广泛应用前景。

第 3 章　激光测距技术与系统

激光具有方向性强、波束角小、能量集中、单色性好的优点，因此以激光为光源的测距设备相对于微波测量设备而言，在测量的方向性及精度方面具有明显的优势，被广泛应用于非接触、精度高的测量领域。目前，激光测距仪的种类繁多，功能千差万别，但从测量方法分类可分为非相干测量法和相干测量法。非相干测量方法一般测量范围较大，目前常用的非相干测量方法有脉冲法及相位法；相干测量方法具有较高的测量精度，可达到微米及亚微米量级，但是其测量范围较小，必须结合相应粗测手段来确定相干波长的整数值，进而扩展测量范围，目前常用的相干测量方法有多波长激光测距、波长扫频激光测距、飞秒激光频率梳测距等。

3.1　脉冲激光测距原理及关键技术

非相干测量通常是利用激光在真空中的传播速度为常数，从而通过直接或间接测量激光往返测量端和目标端的传播时间来获得被测距离，也叫飞行时间测量方法，其典型应用为脉冲式激光测距。

3.1.1　脉冲激光测距原理

脉冲激光测距的原理是：测量仪器发出一个短脉冲信号，该信号经目标点反射返回，在经过了两倍的待测距离后被仪器重新接收。通过测量从发射到接收同一脉冲信号的时间间隔 t，可以获得距离值：

$$L = ct/2 \tag{3-1}$$

式中，c 为光速。典型的脉冲激光测距仪的结构如图 3-1(a)所示，主要由激光器、激光准直镜组、探测器、放大器、整形电路、T 触发器、计数器及高频时钟脉冲组成。工作过程是：开启复位开关 K，使测量系统复原；同时触发脉冲激光器，产生激光脉冲，该脉冲激光有一小部分能量经由两个分光镜 PBS 送到探测器，作为参考信号和计时的起点，大部分激光脉冲能量射向待测目标，由目标反射回测距仪的光脉冲信号被探测器接收，这就是回波信号，参考信号和回波信号由探测器转化为电脉冲信号，并加以放大和整形。整形后的参考信号能使触发器翻转，计数器开始对高频时钟脉冲信号进行计数，整形后的回波信号使触发器的输出再次翻转回到初始状态，从而使计数器停止工作。图 3-1(b)为结构图中各点的信号波形。根据计数器的输出即可计算出待测目标的距离：

$$L = \frac{cN}{2f_0} \tag{3-2}$$

式中，N 为计算器计数值；f_0 为计数脉冲频率。

根据式(3-2)可知测距仪的分辨力 L_P 取决于计数脉冲的频率

$$L_P = \frac{c}{2f_0} \tag{3-3}$$

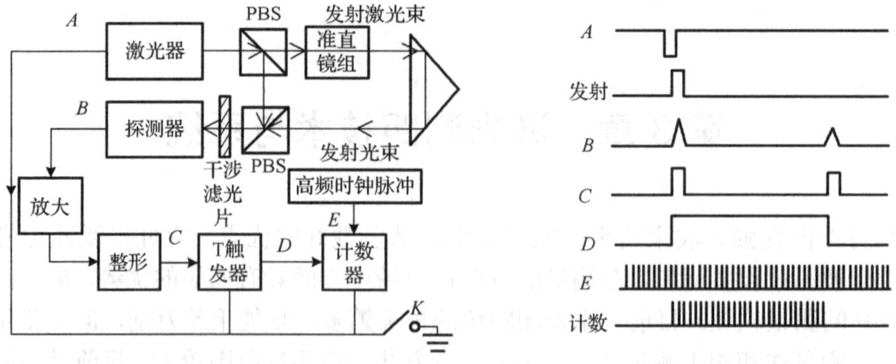

(a) 激光测距仪结构图　　(b) 各点信号波形图

图 3-1　脉冲测距法原理图

高频数字脉冲频率 f_0 越高，脉冲激光测距仪的分辨力越高，但由于计数脉冲频率不能无限制提高，所以脉冲激光测距仪的分辨力一般较低，通常为厘米量级。

脉冲激光测距仪的测距误差 $\delta(L)$ 可由式(3-2)得到：

$$\delta(L)=\frac{t}{2}\delta(c)+\frac{c}{2}\delta(t) \tag{3-4}$$

式中，$\delta(c)$ 为光速测量误差；$\delta(t)$ 为时间测量误差。其中 $\delta(c)$ 主要由大气折射率 n 的测量精度决定，一般大气折射率的测量精度在 10^{-7} 量级，因此对脉冲激光测距仪来说，测距精度主要取决于对时间 t 的测量，要提高测距精度首先要解决的是待测时间段起始时刻和终止时刻的精确测量问题，其次要能对这两时刻间的时间进行精密测量，而这两个问题既是互相联系又是相互独立的。

3.1.2　关键技术分析

1. 时间间隔测量

对起始时刻和终止时刻间时间段的测量精度与测量方法有关，目前常用的时间间隔测量方法可分为模拟与数字两大类。

1) 模拟方法

模拟方法一般采用模拟技术将时间量转变为中间量(如电压、电流)，再由中间量转变为数字量的过程，包括了时间放大技术、时间幅度转换技术。

(1) 时间放大技术。

时间放大其实是利用电容的充放电方法实现的，其原理如图 3-2 所示。设被测时间间隔为 T_1，在 T_1 时间内电流源 I_1 对电容 C 充电，然后使用电流源 $I_2\,(I_1 \gg I_2)$ 对其进行放电。实现时间放大的主要元件是精密电容 C，由于采用恒流源提供充放电电流，所以电容两端电压 V 随时间变化为线性关系，设放电时间为 T_2，则时间放大倍数 K 为

$$K=\frac{T_2}{T_1}=\frac{I_1}{I_2} \tag{3-5}$$

由式(3-5)可知时间放大倍数完全由充放电电流决定，但电容 C 上的电压变化范围是有限的，因此在进行远距离精密测量时，通常通过计数器对放大后的时间进行计数测量，并折算得到待测时间间隔。

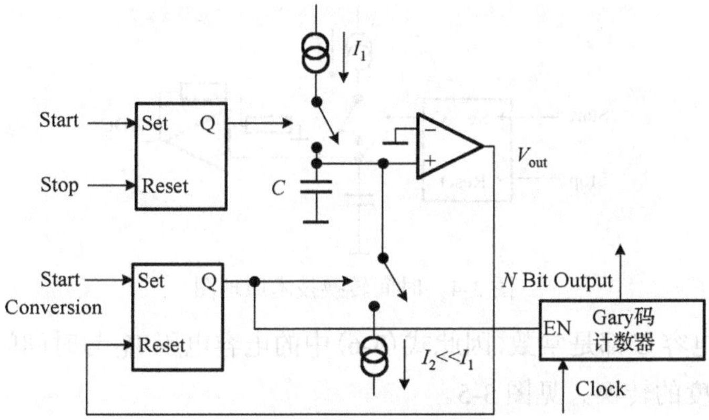

图 3-2　时间放大技术原理图

此种时间放大器可称为威尔金森(Wilkinson)型时间数字转换器，或双斜率型时间数字转换器。HP 公司的 HP5360A 型时间测量仪是采用时间放大技术的商业产品，放大比例达 1000 倍，分辨力达 0.1ns。日本高能物理研究所（KEK）的粒子物理实验装置 BELLE 中采用了基于时钟的时间放大技术，时间分辨力达 25ps。这种基于电容充放电的模拟时间测量技术成本低、难度小、用较低的时钟频率可获得较高的测量精度，但由于电容放电方法具有无法避免的充电开关迟滞性时间误差，限制了时间间隔测量精度的进一步提高，见图 3-3。

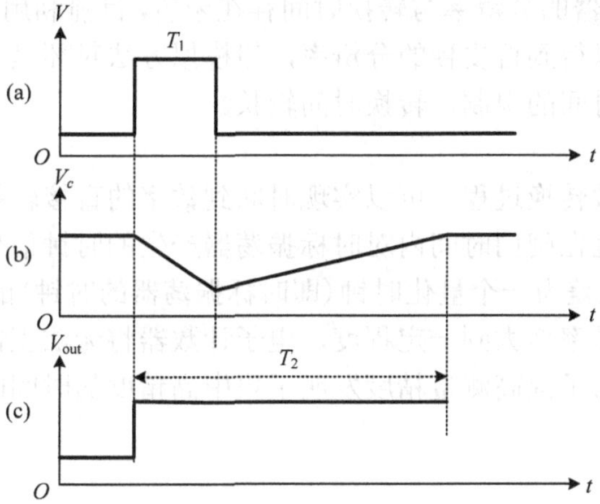

图 3-3　时间放大电路时序关系

(a) 被测时间间隔；(b) 电容 C 上的电压变化；(c) 比较器输出

(2) 时间幅度转换技术。

时间幅度转换技术基本思想是利用恒定电流源对电容充电的方式，将时间量转变为电压量测量，并利用 AD 转换对电压进行数字化，从而达到提高测量精度的目的。其原理如图 3-4 所示，Star 端接时间的起始信号 $V_1(t)$，起始时间为 t_1，Stop 端接时间的终止信号 $V_2(t)$，终止时间为 t_2。在时间间隔 t_1–t_2 内用恒定电流 I 对电容常数为 C 的电容进行充电，则电容上的电压 V_C 为(假设电容的初始电压为零)

$$V_C = \frac{I}{C}(t_1 - t_2) \tag{3-6}$$

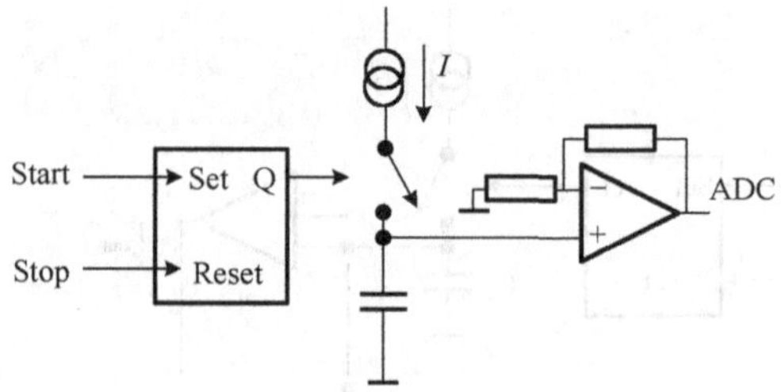

图 3-4　时间转换技术原理图

恒定电流 I 与电容 C 都是常数，因此式(3-6)中的电容电压 V_C 与时间间隔(t_1-t_2)成正比，从而完成时间到幅度的转换。见图 3-5。

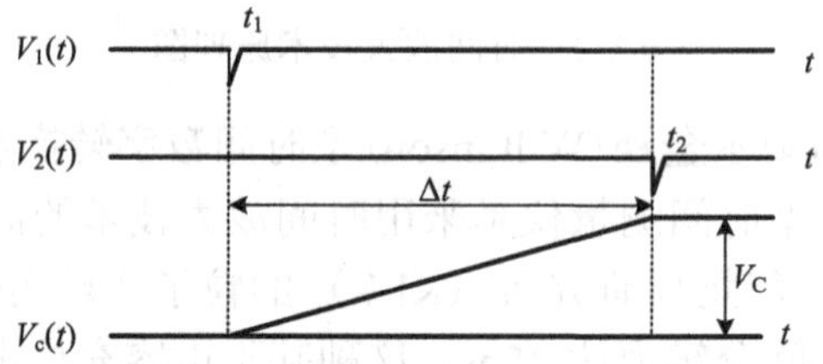

图 3-5　起-停型时幅变换原理

时间的测量分辨率取决于 AD 转化器的分辨率，同时受到电流源的稳定度，充电开关迟滞性的影响，且 AD 转化器的分辨率与转换时间存在矛盾，目前利用现代高速的 ADC 及 ECL 电路配合使用，该法可以得到百皮秒的分辨率，但模拟方法对环境温度十分敏感，容易受外界扰动影响，受到转换时间的限制，转换时间较长。

2) 数字方法

数字方法不需要模数转换过程，可以实现时间到数字的直接转换，最基本的数字方法为脉冲计数法，主要是通过在闸门时间内对时标振荡器产生的时钟信号进行电子计数来测量闸门时间的，其测量原理误差为一个量化时钟(即时标振荡器的时钟)的周期，振荡器频率越高，测量误差越小，但时钟频率增大到一定程度，电子计数器将无法正常工作，因此脉冲计数法测量的精度通常较低。为了提高测量精度发明了集中高精度的时间间隔测量方法，如游标卡尺法，延迟线内插法等。

(1) 游标卡尺法。

游标卡尺法原理类似于游标卡尺，本质上是一种数字扩展方法，原理如图 3-6 所示，假

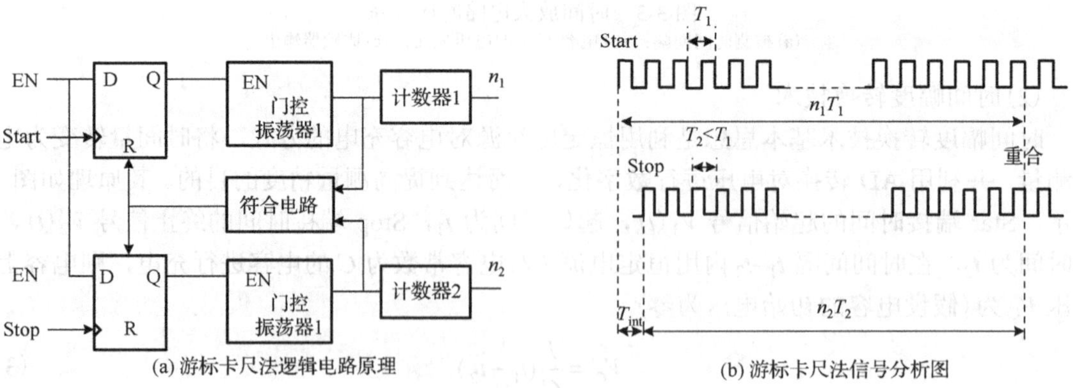

图 3-6　游标卡尺法原理图

设时间间隔 T_{int} 用 Start 作开门信号，用 Stop 作关门信号，用 Start 启动一个时钟周期为 T_1 的振荡器，用 Stop 启动一个时钟周期为 T_2 的振动器，T_1 略大于 T_2，然后对两个时钟分别计数，假设 T_1 计数到 n_1，T_2 计数到 n_2 时两者重合，则有

$$T_{\text{int}} = n_1T_1 - n_2T_2 = (n_1 - n_2)T_1 + n_2(T_1 - T_2) \tag{3-7}$$

这种计数法的分辨率为 (T_1-T_2)，它比两个计数器分辨率 T_1 和 T_2 都高。显然，T_1 越接近 T_2，其测量分辨率越高。

(2) 差分延迟线法。

差分延迟线法也叫或游标延迟线法，工作原理类似于游标法。如图 3-7 所示是延迟线内插法的一种结构图，它由一组时延为 τ_2 的延迟线和另一种时间为 τ_1 的触发器构成，τ_1 略大于 τ_2。延迟线的数目为 N_1，触发器的数目为 N_2，触发器在这里起到延迟和输出结果的作用。可知时间间隔输出表达式和式(3-7)。时间的分辨率为 $\tau_1-\tau_2$。

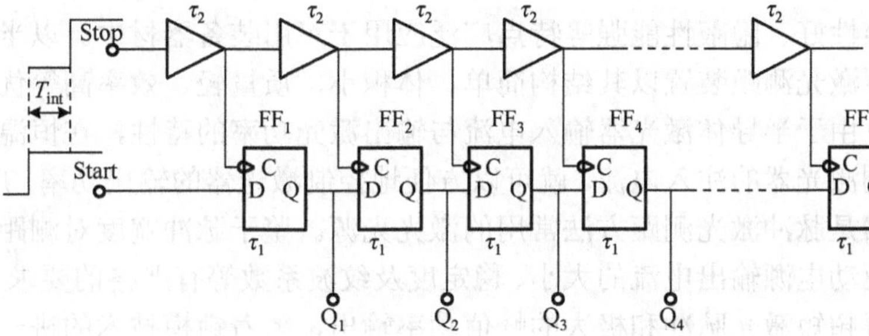

图 3-7　延迟线内插法逻辑电路结构图

延迟线方法的突出优点是结构简单，可采用 FPGA 的单元模块如锁存器(Latch)、缓存器(Buffer)、级联链(Cascade chain)、多路器的门延迟链(Gate chain in Multiplexer)以及进位链(Carry chain)等实现延迟单元。但延迟单元的延迟时间常受器件工艺、温度、电压等影响较大，虽然可以采用锁相环技术(PLL)和延迟锁定环技术(Delay Lock Loop，DLL)提高延迟时间的稳定性，但其精度被限制在几十皮秒量级，很难进一步提高。目前精度最高的是德国 Picoquant 公司生产的高级 TCSPC 仪器 HydraHarp400，它也是基于延迟线内插技术的，其时间分辨率高达 1ps，时间测量精度小于 12ps。

数字法和模拟法都存在测量时间与测量精度之间的矛盾，目前时间间隔测量的测量极限在几十皮秒量级，很难进一步提高。

2. 高频率响应的光电探测信号处理技术

在脉冲激光测距中待测时间段的起始时刻和终止时刻的准确判定是影响测距精度的另一主要因素。脉冲激光测距常应用于几千米甚至更远距离的探测，接收的回波容易受到大气等外界因素的影响，光电探测器接收的回波信号已经不是一个标准的矩形脉冲信号，其上升沿和下降沿已经变得很平坦。且回波信号上升沿还同激光脉冲宽度、反射器(或反射目标)、接收系统的光电器件、放大电路的带宽等因素有关。脉冲宽度越宽、前沿持续时间越长，测距时间分辨率越低，取光速为 3.0×10^8m/s，则 1ns 的脉冲前沿持续时间将导致 15cm 的测距误差。采用“锁模技术”可以获得超短激光脉冲和极大的峰值功率输出，随着锁模技术的发展，目前脉宽为 10^{-10} 秒的激光脉冲已经比较容易获得，最小的脉宽可达 10^{-13} 秒，这为研制高精度的脉冲激光测距创造了条件。然而，目前光电探测环节和电子线路的频率响应的固有极限却

远不能和锁模激光的脉宽相匹配。对应于 1mm 的测距精度要求系统所达到的频率响应为 150GHz（0.0067ns），而目前光电探测器的最宽响应仅达到 0.06～0.1ns，再加上前置放大环节的寄生电容等影响，响应速度还会降低，这将导致接收脉冲信号的上升沿时间延长，此外背景光噪声、电路噪声等因素也会影响对接收脉冲上升沿的判断。因此，在提高时间间隔测量精度的同时，还要研究低噪声的高频脉冲探测技术，从而进一步提高脉冲激光测距的测量精度。

3. 超短激光脉冲和极大峰值功率输出的激光脉冲激光光源技术

脉冲宽度与前沿持续时间与测量精度密切相关，脉冲宽度越宽、前沿持续时间越长，则测距时间分辨率越低，而脉冲宽度与激光光源有密切的联系。脉冲激光测距所用光源根据应用场合不同对光源的要求也不同，多为固体激光器及半导体激光器。例如，以 Nd:YAG 为器件的固体脉冲激光测距仪，以喇曼频移 Nd:YAG 和 Er:玻璃以及 CO_2 脉冲激光测距仪，以其穿透能力强，兼容性好、隐蔽性能强等特点广泛应用于军用装备器材中。以半导体激光器为测量光源的脉冲型激光测距装置以其结构简单、体积小、质量轻、效率高等优点，在航天领域得到广泛应用。由于半导体激光器输入电流与输出激光功率的特性，在恒温的条件下，只要能够很好的控制激光器的注入电流，就可以方便地控制激光器的输出功率，所以脉冲激光，因此半导体激光器是脉冲激光测距方法常用的激光光源。鉴于脉冲宽度对测距精度的影响，对半导体激光器驱动电源输出电流的大小、稳定度及纹波系数等有严格的要求，目前采用“锁模技术”可以获得超短激光脉冲和极大的峰值功率输出，随着锁模技术的进一步发展，其峰值功率也已达到 10^{12}W 以上。

综合上述，脉冲激光测距若需达到厘米、亚厘米级测量精度，其超窄脉冲激光器、大口径光束准直器、时差测量单元的成本均极其昂贵且体积庞大；同时，该方法所采用的单光子探测器技术和数十皮秒级时差测量技术，均接近各技术领域当前的极限水平，其测量精度在毫米量级后继续提高将异常艰难。

3.2 相位激光测距原理及关键技术

3.2.1 相位激光测距原理

相位激光测距是通过测量经过强度正弦调制的发射激光束和经目标反射的接收激光束间的相位差来实现距离测量的，本质是将激光的飞行时间转化成调制激光信号间的相位差。

典型的相位激光测距仪的结构如图 3-8 所示。其工作过程是：正弦振荡器产生频率为 f 的正弦波，并通过功率调制单元对激光器的输出光强（功率）进行调制，带有光强调制的测量激光出射到测量靶标上，经测量靶标反射回探测器上，在这个过程中测量激光经过两次的被测距离，测量光的相位发生变化，探测器将光信号转变为电信号，光电探测单元将此电信号进行放大整形，最终与原始信号 f 一同进入相差测量单元，对测量光的相位延迟进行测量。

设激光器发射出的调制光强为

$$I(t) = A^2 \cos(\omega t + \varphi_0) \tag{3-8}$$

式中，A 为信号振幅；ω 为角频率，$\omega = 2\pi ft$。光波在靶标和激光器之间往返所需时间为 t_{L}，因此，探测器所接收的光强为

$$I(t) = A^2 \cos[\omega t + \varphi_0 - \omega t_{\mathrm{L}}] \tag{3-9}$$

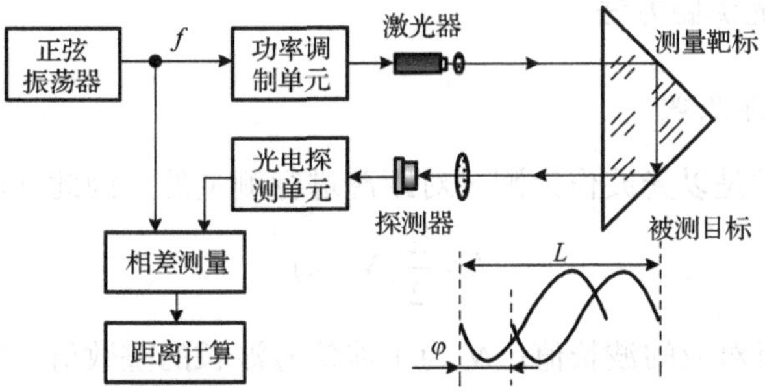

图 3-8　相位激光测距原理框图

光经过被测距离后，相位发生延迟，发射信号光和接收信号光的相位差为 ωt_{L}，而由相差测量单元测出的相位差为 φ，那么

$$\varphi = \omega t_{\mathrm{L}} = 2\pi f t_{\mathrm{L}} \tag{3-10}$$

$$t_{\mathrm{L}} = \varphi/(2\pi f) \tag{3-11}$$

其距离 L 可表示为

$$L = \frac{c}{n} \times \frac{t_{\mathrm{L}}}{2} = \frac{c}{2nf} \times \frac{\varphi}{2\pi} = \frac{\lambda}{2n} \times \frac{\varphi}{2\pi} \tag{3-12}$$

式中，λ 为调制光的波长；n 为空气折射率；φ 为调制光在距离为 $2L$ 上的相位差。只要测出光波相位变化，便可求出被测距离 L。由此可见调制信号的波长 λ 可等效为一把尺子，利用等效的光波长测尺对距离进行测量。

在相位测量过程中，对相位差的测量只能介于 0～2π，因此根据式(3-12)可知，其测距的最大不模糊距离为

$$L_{\mathrm{nar}} = \frac{\lambda}{2n} \tag{3-13}$$

可见当调制频率确定后，最大可测得长度就确定了，因此调制频率亦称测尺频率。当被测距离大于该模糊距离 D_{nar} 时，发射调制激光信号和接收的信号之间的相位差将超过 2π，即

$$\varphi = N \cdot 2\pi + \varphi \tag{3-14}$$

式中，N 表示相差整数个数；φ 表示相差不足 2π 的部分。

由于相差测量只能获取不足 2π 的相位差 φ，所以测距结果存在多值性问题。对式(3-12)微分有

$$\delta L_{\min} = \frac{c}{2f} \cdot \frac{\delta\varphi_{\min}}{2\pi} \tag{3-15}$$

由式(3-15)可以看出，测距精度与相位差的分辨率成正比，而与调制频率成反比。因此在相差测量精度一定的情况下通过提高系统的调制频率来提高测距精度，但是由式(3-13)可知，调制频率越高，模糊距离 L_{nar} 就越小。

为了保证测距精度，同时又解决大量程时存在的多值性问题，激光相位测距方法多采用由粗到精的 N 级光波长 λ, λ_1, $\lambda_2,\cdots,\lambda_n$ 联合工作、逐级优化，从而可以在大的测量范围内获得更高的测量精度。

3.2.2 多测尺相位激光测距方法

1. 多测尺相位测距原理

激光相位测距技术是以光波作为测尺对距离进行测量的，因此其测量距离表达式为

$$L=\frac{\lambda}{2}(N+\varepsilon) \tag{3-16}$$

式中，λ 为调制频率所对应的波长值；N 为干涉信号波长的整数值，以下分析中如不作特别说明其取值均为正整数；ε 为波长的不足整数的部分(称为小数值)。因为绝对距离测量为断续测量方法，只能得到不足一个波长的尾数部分，设其小数相位值为 φ，则 $\varepsilon=\varphi/(2\pi)$，整数值 N 可以由满足测量精度的粗测值 L_{coarse} 和整数值求解公式得到，目前普遍使用的的整数相位求解公式为

$$N=\operatorname{floor}\left(\frac{2L_{\text{coarse}}}{\lambda}-\frac{\varphi}{2\pi}+\frac{1}{2}\right) \tag{3-17}$$

式中，函数 floor(x) 表示取 x 的整数值，因此式(13-16)可以表示为

$$L=\frac{\lambda}{2}\left(N+\frac{\varphi}{2\pi}\right)=\frac{\lambda}{2}\left[\operatorname{floor}\left(\frac{2L_{\text{coarse}}}{\lambda}-\frac{\varphi}{2\pi}+\frac{1}{2}\right)+\frac{\varphi}{2\pi}\right] \tag{3-18}$$

在大尺寸相位激光测距中，常利用两个以上的测尺进行测量，设一组测尺波长链 $\lambda_1,\lambda_2,\cdots,\lambda_i,\cdots,\lambda_n$（$\lambda_{i-1}>\lambda_i$, $2\leqslant i\leqslant n$），作为第一级粗测值，第一级测尺波长要大于被测距离，即 $N=0$，根据式(3-16)，得到第一级测尺波长的测量结果 L_1，可以表示为

$$L_1=\lambda_1\times\frac{\varphi_1}{4\pi} \tag{3-19}$$

以此作为粗测结果，并且根据式(3-18)可以得到第二级测尺波长的测量结果如下：

$$L_2=\frac{\lambda_2}{2}\times\left[\operatorname{floor}\left(\frac{2\left(\lambda_1\times\dfrac{\varphi_1}{4\pi}\right)}{\lambda_2}-\frac{\varphi_2}{2\pi}+\frac{1}{2}\right)+\frac{\varphi_2}{2\pi}\right] \tag{3-20}$$

根据递进关系，第 i 级测尺波长测量结果如下：

$$L_i=\frac{\lambda_i}{2}\times\left[\operatorname{floor}\left(\frac{2\left(\dfrac{\lambda_{i-1}}{2}\times\dfrac{\varphi_{i-1}}{2\pi}\right)}{\lambda_i}-\frac{\varphi_i}{2\pi}+\frac{1}{2}\right)+\frac{\varphi_i}{2\pi}\right]\quad(i\geqslant 2) \tag{3-21}$$

利用式(3-21)作为计算模板，进行逐级精化逐次逼近长度真值，直到满足精度要求为止。

为了保证测尺波长整数级相位的唯一性，需对每级测尺的测量不确定度(考虑正负)进行规定，对式(3-16)进行微分得

$$2|\mathrm{d}L|=\mathrm{d}N\times\frac{\lambda}{2} \tag{3-22}$$

因此为了保持 N 值的唯一性，根据数学原理可知，只需确保 $\mathrm{d}N<1$ 即可，即每级测量的不确定必须小于下级测尺波长的四分之一，其数学表达式如下：

$$|\mathrm{d}L_i|<\frac{\lambda_{i-1}}{4} \tag{3-23}$$

2．相位激光测距误差分析

式(3-16)给出了激光相位测距的原理性计算公式，但在实际应用中测量结果 L 还受到装置内部光学结构引起的附加距离值 C_{LA} 及空气折射率 n_{air} 的影响，修正后的距离表达式为

$$L=\frac{\varphi}{2\pi}\cdot\frac{\lambda}{2n_{\mathrm{air}}}+C_{\mathrm{LA}} \tag{3-24}$$

式中，n_{air}、φ、λ、C_{LA} 均是实验过程中的发生量。通过实验进行测定，测定过程中的误差或者发生量自身的漂移都会引起最终的测量误差，因此需对这些误差的关系进行深入的分析。根据误差传递知识，由式(3-24)可得测量误差的表达式为

$$\delta(L)^2=\left(\frac{\partial L}{\partial n_{\mathrm{air}}}\delta(n_{\mathrm{air}})\right)^2+\left(\frac{\partial L}{\partial \lambda}\delta(\lambda)\right)^2+\left(\frac{\partial L}{\partial \varphi}\delta(\varphi)\right)^2+\left(\frac{\partial L}{\partial C_{\mathrm{LA}}}\delta(C_{\mathrm{LA}})\right)^2 \tag{3-25}$$

式中，$\delta(n_{\mathrm{air}})$ 为折射率误差；$\delta(\lambda)$ 为精测尺波长误差；$\delta(\varphi)$ 为相位测量误差；$\delta(C_{\mathrm{LA}})$ 为附加距离修正值修正误差。

由于 C_{LA} 值在系统结构确定后保持不变，因此在测量过程中 C_{LA} 值引入的误差 $\delta(C_{\mathrm{LA}})$ 可忽略，系统最终的测距误差表达式经化简为

$$u(L)^2=\left(L\frac{u(n_{\mathrm{air}})}{n_{\mathrm{air}}}\right)^2+\left(L\frac{u(\lambda)}{\lambda}\right)^2+\left(\frac{\lambda}{2}\cdot\frac{u(\varphi)}{2\pi}\right)^2 \tag{3-26}$$

由式(3-26)可知，测量系统按照与被测距离的关系误差主要分为两类，其中一类误差与被测距离成比例关系，如式中与折射率不确定度相关的第一项，与测尺波长稳定性相关的第二项；另一类误差与被测距离无关，如与相位测量不确定度相关的第三项。从第三项可以看出，若减小测距误差可从两方面考虑，第一减小测尺波长即提高调制频率，第二，提高相位测量精度。因此其关键技术包括：基于激光调制的高精度多样化测尺产生技术、高精度相位差测量技术和相位噪声补偿及抑制技术。

3.2.3 相位激光测距关键技术

1．基于激光调制的高精度多样化测尺产生技术

等效测尺的大小及个数选择应根据测量范围、测量精度及电子信号的处理能力进行综合考虑。目前国内外相位差法的调制手段有直接电流调制、声光调制和模间拍频调制等。

1) 直接电流调制法

利用半导体激光器光强随电流变化的特点，对半导体激光器的输出光强进行调制，具有简单易调制等优点。半导体激光器的输出功率 P 与注入电流 I 的关系如图 3-9 所示，其注入电流存在一个阈值 I_{th}，当注入电流大于 I_{th} 时，激光器才能发出光束较强、谱线宽度较窄且方向性较好的光束；由于输入电流与输出光强存在线性的关系，当对大于阈值电流 I_{th} 的激光

器输入电流进行调制时，可使得半导体激光器的输出功率带有相同的调制频率。这种调制方法与激光器的性能相关，其最高调制频率可达 10GHz。

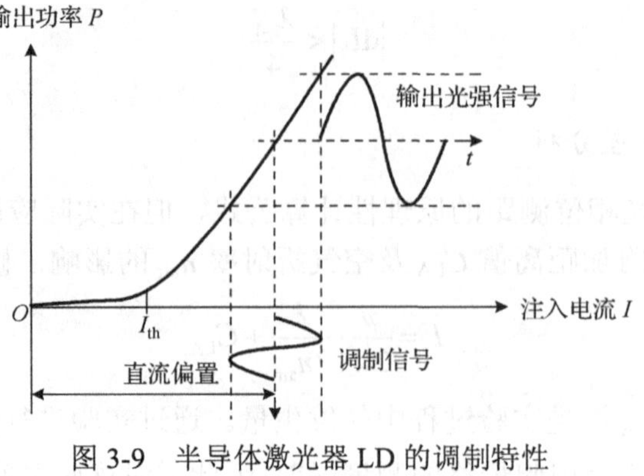

图 3-9　半导体激光器 LD 的调制特性

在测量系统的集成中，半导体激光器的电流调制信号经常由直接数字式频率合成器(Direct Digital Synthesizer，DDS)模块产生频率信号并把电压信号转换为电流信号输出，当用多个 DDS 产生不同的频率信号，并对不同的频率信号进行合成时，在经过电流转换后作为半导体激光器的输入电流 I，设合成后的信号为

$$E_t(t)=\sum_{i=0}^{n}A_i\sin(2\pi f_i t+\theta_i) \tag{3-27}$$

则被该合成信号调制后的半导体激光器输出功率可表示为

$$P_t(t)=\bar{P}_t[1+m_{\mathrm{ad}}\cdot\sum_{i=0}^{n}A_i\sin(2\pi f_i t+\theta_i)] \tag{3-28}$$

式中，$P_t(t)$为激光输出瞬时功率；$\bar{P}_t$为平均输出功率；m_{ad}为调制度。由式(3-28)可以看出经调制的激光输出功率中同时包含各测尺频率的调制成分，即实现了多频同步调制。

该方法为了获得线性调制，使工作点处于输出特性曲线的直线部分，必须在加调制信号电流的同时加一适当的偏置电流使其输出信号不失真，直流偏置的引入加大了功耗，在长时间工作时温度升高，影响输出光功率的稳定性，导致调制波形变形，且随着调制频率的增加，调制深度降低。

2) 声光调制法

利用声光效应实现光的移频，声光移频测尺产生技术以声光移频器为执行器件，对入射的激光进行移频，移频后的激光与另一参考激光形成光拍，并以此光拍信号形成的差频信号作为测尺频率进行激光测距，同时通过声光移频值的改变，实现测尺频率值的调节，根据参考激光信号的不同可以分为单声光移频及双声光移频。

单声光移频多以 0 级衍射光或移频的激光频率源作为参考激光频率 f_{r}，而移频激光频率 f_i 可选择+1 级或者−1 级衍射光，f_{r} 与 f_i 两者频率间的拍频频率 $|f_{\mathrm{r}}-f_i|$ 形成测尺频率，由于在单声光移频过程中，为了获得较大的衍射效率，只能调节入射声光移频器的角度，使+1 级或者−1 级衍射条纹较强，所以单声光移频方法只能产生单一的衍射频率。如图 3-10 所示为常用的双声光移频方式产生测尺的方法。图中第一个声光移频的激光频率源频率为 f，经移频后 0 级与+1 级衍射光、−1 级衍射光的频率分别为 f、$f+f_1$、$f-f_1$；第二个

激光频率源频率为 f'，经移频后 0 级与+1 级衍射光、−1 级衍射光的频率分别为 f'、$f'+f_2$、$f'-f_2$。

图 3-10(a)中利用两个以 0 级或源频率与+1 级衍射光直接形成测尺的单声光移频装置，形成可产生两个测尺的双声光移频装置，通过选择不同移频值对测尺的频率进行调节，满足可调谐性的需求。则单声光移频器的0级与+1级衍射光之间形成的测尺频率为 $f+f_1-f=f_1$，其相对频率稳定度可表示为

$$\frac{\Delta f_c}{f_c}=\frac{\Delta(f+f_1-f)}{f+f_1-f}=\frac{\Delta f+\Delta f_1-\Delta f}{f+f_1-f}=\frac{\Delta f_1}{f_1} \tag{3-29}$$

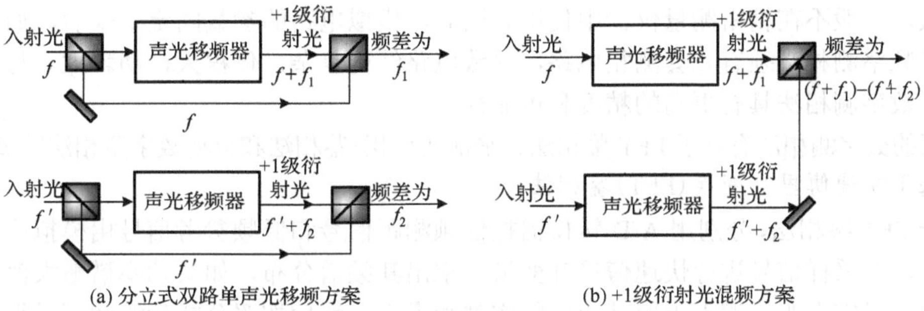

图 3-10　基于双声光移频器的测尺产生方案

由式(3-29)可知，此种情况下测尺的频率稳定度取决于声光驱动频率的误差大小。此种方法产生的单个测尺频率最小值受到声光移频器中心工作频率的限制，而声光移频器的工作频率受到工艺技术的限制，其最小值难以突破 40MHz，因此根据测量原理其测量范围被限制在15m 以内。

图 3-10(b)所示的测尺产生方法以每个单声光移频系统的+1 级衍射光之间的拍频频率作为测尺频率。测尺频率为 $(f+f_1)-(f'+f_2)$，相对频率稳定度可以表示为

$$\frac{\Delta f_c}{f_c}=\frac{\Delta(f+f_1)-\Delta(f'+f_2)}{(f+f_1)-(f'+f_2)}=\frac{\Delta f+\Delta f_1-\Delta f'-\Delta f_2}{(f+f_1)-(f'+f_2)} \tag{3-30}$$

若两个声光移频器采用同一个激光源，声光移频器驱动频率采用同一驱动源，则在理想状况下可认为 $\Delta f=\Delta f'$，$\Delta f_1=\Delta f_2$，可知此种状况下由激光源与驱动频率所产生的误差在原理上相互抵消，但在实际工作过程中由于背景噪声及器件不完全对称，会造成相应的误差，导致测尺频率稳定度下降。此种方法中两个声光移频器具有相同的中心工作频率，测尺频率所能达到的最大值取决于声光移频器的移频范围，现今声光移频器的移频范围最大为 ±25MHz，其最小测尺受到限制，测量精度难以提高，且此种双声光移频方式只能产生单个测尺，通过改变移频频率来获得不同的测尺，不能满足测尺的同步性需求。

3)模间调制法

利用激光器不同模式输出所形成的拍频信号作为测尺，称为模间调制法。此方法的调制带宽与激光器的腔长相关，He-Ne 激光器稳频技术成熟，其频率稳定度高，所以其优点是测尺的稳定度高，缺点为激光模式间的频差量级在数百兆赫兹，最大的测尺不超过 3m，因此测量范围较小，适应于短距离内的高精度相位测距。其他如双频二极管泵浦固体激光器(Diode Pump Solid State Laser，DPSSL)也可用于相位测距，DPSSL 容易得到较高模间拍频，因此测

尺较小，但较高的频率与目前信号处理的带宽相矛盾，因此考虑到电子处理技术现状测尺最小值一般在分米量级。

2. 高精度相位差测量技术

在测尺一定的情况下，相位的测量精度成为影响测距精度最重要的因素。目前测量相位差的方法很多，可分为模拟测相法和数字测相法两大类。其中，传统的模拟激光相位检测电路为了保证测距精度小于十千分之一，选用的基本测尺的频率，一般高达十几兆赫到几百兆赫。在这样高的频率下进行相位差测量，对电路的要求很高，使精确的测相变得十分困难。例如，高频电路中的寄生参量产生的附加相移，会影响测量结果，所以一般模拟测相法测量精度很低，一般不在精密测量仪器中使用。同时，模拟电路的参数固定下来后，如果采用不同的测尺频率测相必须有几套测相电路，导致电路结构复杂，体积大，功耗大。与模拟测相法相比，数字测相法具有更高的精度和可靠性。

常用的数字测相法有基于 FFT 鉴相法、平衡式移相-鉴相法和自动数字鉴相法等多种方法。

1)基于快速傅里叶变换(FFT)鉴相法

基于 FFT 鉴相法，分别用 A/D 转换器把低频测距信号和低频参考信号由模拟信号转换位数字信号，对采样信号进行快速傅里叶变换，求出其频谱分布，如果功率谱最大值出现在某一频率上，只需在幅度谱上去取其相应的实部和虚部，然后按照公式计算就可以得到输入信号的初始相位。基于 FFT 鉴相法算法复杂、运算量大，不能用简单处理器实现，且鉴相精度不高，只能达到 0.1°。

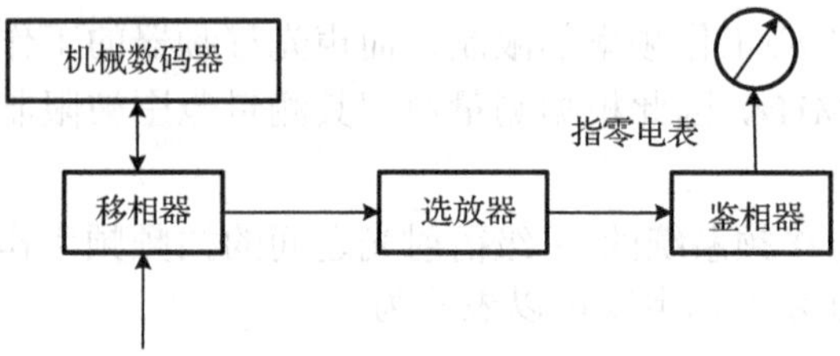

图 3-11　平衡式移相-鉴相原理图

2)平衡式移相-鉴相法

平衡式移相-鉴相法鉴相原理如图 3-11 所示，移相器的输出信号和输入信号间的相位差与其机械转角有关，转子机械转角大小可通过控制它转动的数码器获得。首先将混频后的中频参考信号送入移相器，移相器的输出信号经选频放大后送入鉴相器和低频测距信号进行相位比较。转动移相器，使鉴相器达到平衡，即指示电表指零，这时从数码器读出移相器转子的机械转角的数值，根据对应关系就能确定测距信号和参考信号之间的相位差。

此种鉴相法设备复杂，测相精度受移相器的线性度限制，且有机械磨损，测相操作手续烦琐，计算工作量大，难以实现信息的自动处理等据点，多用于大型长程激光测距仪。

3)自动数字鉴相法

自动数字鉴相的原理如图 3-12 所示，参考信号和测量信号，为两路同频有相差的正

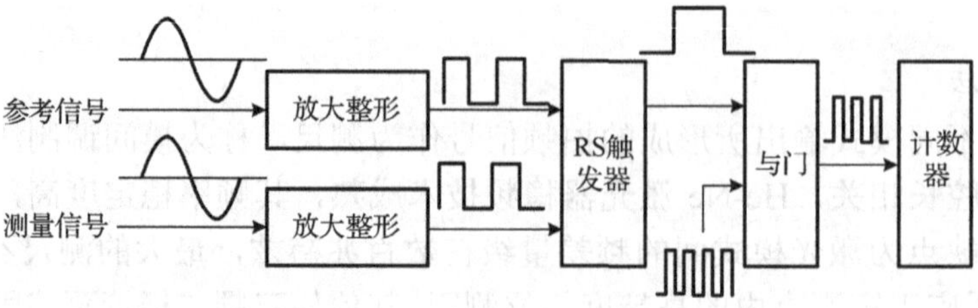

图 3-12　自动数字鉴相原理

弦信号，经过放大整形后变成同频率的方波信号，分别送入 RS 触发器，RS 触发器 Q 端输出方波的脉宽为两方波之间的相位差，称为相位方波，用此方波去控制与门的开启，与门开启时，用高频基准时钟信号填充相位差信号的高电平部分，记录填充的高频脉冲的个数，即可算出一个周期内，高电平部分持续时间，进一步算出高频参考信号和测距信号的相位差。

根据测相原理，可测得相位差 ϕ 为

$$\phi = 2\pi \frac{Nf}{f_{cp}} \tag{3-31}$$

式中，f 为被测信号的频率；f_{cp} 为计数的基准频率，即填充脉冲的频率；N 为计数器计得的时钟周期的个数。数字鉴相法设备简单、精度高，便于集成，但传统的自动数字鉴相依然存在一些不足：被测信号频率过高将对放大器，比较器等器件的工作速率要求苛刻，且导致测相分辨力下降；单纯依靠提高计数的基准频率提高测相分辨力；被测信号的频率漂移将会对测相精度造成很大的影响；忽略了放大整形过程中产生的误差。

在针对高频信号相位测量的时候，通常考虑差频测相技术，即利用混频技术在不损失相位信息的情况下降低信号的频率再进行测相，其测量精度较高。但由混频原理可知混频的主振频率与本振频率之间的相对稳定度包括频率稳定度，相位稳定度等直接影响混频后信号的相位频率信息，因此一般使用带温度补偿的高精度石英振荡器作为激光调制的主振信号和混频的本振信号源，但不同晶振间不能做到性能的一致性，且在多测尺测量时需增加晶振来满足不同频率的调制及混频需要。因此一些论文利用直接数字频率合成技术(Direct Digital Frequency Synthesis，DDFS)作为产生主振信号与混频本振信号源，且 DDFS 的晶振源采用统一石英振荡器。通过对 DDFS 编程实现针对不同的测尺频率进行调节，从根本上解决主振频率和本振频率之间的相位抖动和频率漂移的问题。如图 3-13 所示，利用 DDFS 作为主振调制频率调制半导体激光器，同时将输出信号作为混频信号本振频率进行降频(下变频)处理，进而进行测相。

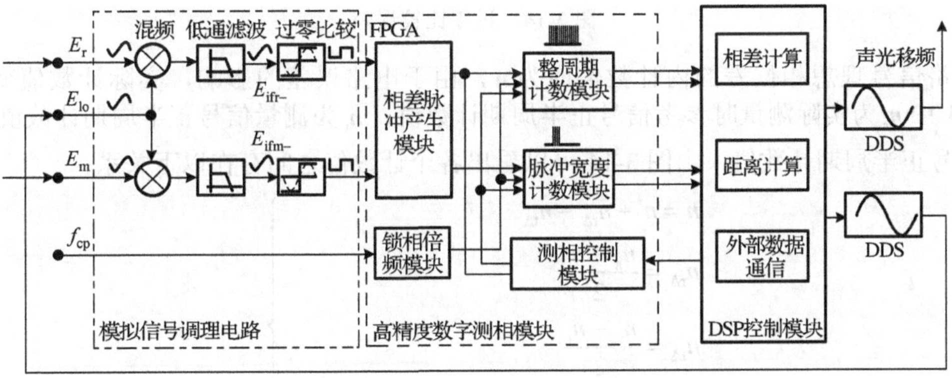

图 3-13　基于 DDFS 的相位激光测距方法原理

采用该方法可使相位差的测量精度达 0.1°，但此方法的应用范围受到限制，仅适用于半导体电流调制测距系统或声光调制系统中，且现有的差频数字测相通常采用多周期测量，不适合动目标测量系统。

3. 相位噪声补偿及抑制技术

尽管目前数字脉冲测相、欠采样测相等方法，可获得百分之一至千分之一度的相差测量精度，但测相方法无法消除测量信号的相位噪声。在传统的脉冲填充计数法相位测量中，以往的研究工作往往偏重于被测信号频率以及填充脉冲频率对测相结果的影响，却忽略了实际测相系统中的相位噪声问题。在测量不同尺寸时由于回光信号功率衰减不同，且不同频率信号调制深度不同，大气的扰动等都将造成相同频率信号或不同频率信号的功率波动。功率波动将导致光电接收器产生不同的相位延迟，入射光强度越小，经 APD 转换后产生信号的相位延迟越大，此外还将影响接收电信号幅值的变化，造成信号过零点判断的误差，对测量造成很大的影响。

1) 过零比较误差

比较器存在的输入失调电压 V_{os}、接地噪声、信号幅值不一致，两路信号经放大后零点不一致等因素都将造成两路正弦信号经过过零比较器时比较点不一致，会影响测量结果误差，实际情况如图 3-14 所示。

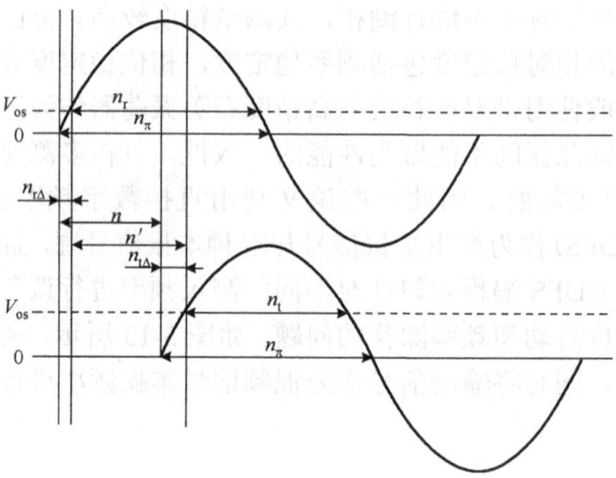

图 3-14 过零比较误差

两路信号理想相位差的内计数值应为 n，由于电路误差的影响，实际计数值变为 n'。图 3-14 中 n_r 为实际测量时参考信号正半周期计数值，n_t 为测量信号正半周期计数值，n_π 为理想信号正半周期计数值。由图 3-14 可以看出各个计数值之间存在以下关系：

$$\left.\begin{aligned}
&n = n' + n_{r\Delta} - n_{t\Delta}\\
&n_{r\Delta} = \frac{n_\pi - n_r}{2}\\
&n_{t\Delta} = \frac{n_\pi - n_t}{2}\\
&n = n' + \frac{n_\pi - n_r}{2} - \frac{n_\pi - n_t}{2} = n' + \frac{n_t - n_r}{2}
\end{aligned}\right\} \tag{3-32}$$

因此在实际测量中，可根据式(3-32)对实际测量进行校正，得到更为精确的测量结果。在对相差信号进行填充计数得到 n' 时，同时对参考信号的正半周期，与测量信号的正半周期进行计数，得到 n_r 和 n_t，便可以得到真实的相位差填充脉冲数 n。

2)相位延迟漂移

在影响测相精度的因素中，测尺信号的信噪比问题与相差测量方法对测相精度有着直接重要的影响，因此许多文献对这两个问题进行了研究分析，但是随着测量精度要求的不断提高，对相应的测相精度也提出了更高的要求，原先对测相精度影响较小的相位延迟的抖动及漂移因素，已成为了制约测相精度进一步提高的重要问题。以混频数字测相电路为例，测量光信号及参考光信号在转变为电信号后经过放大、滤波及整形处理，通过电缆传输到相差测量单元进行测相，如图 3-15 所示，在此过程中高频信号在所设计的电路及电缆的传输过程中不可避免地造成信号的相位延迟，当测量信号电路板与参考信号电路板性能参数完全相同，且所处环境温度亦相同时，相位延迟一致因此相差不变。而在实际工作过程中，电子器件的自热现象及电路器件参数的不一致，导致两个电路板相位延迟不一致，且相位延迟随着温度等参数的变化而变化，致使相应的相位差产生漂移，影响着测尺相位的测量精度。

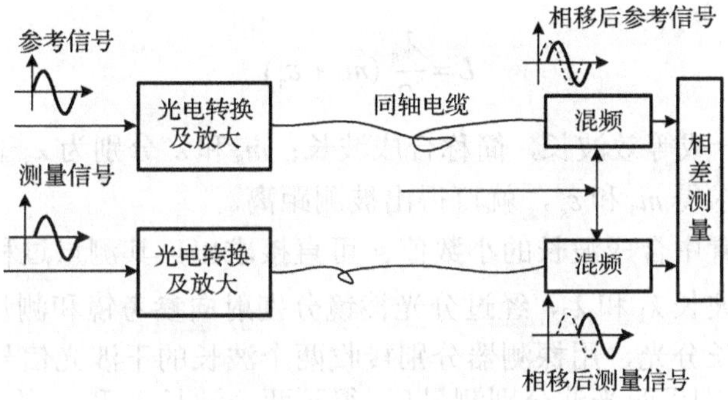

图 3-15　电信号传输流程图

电信号在介质中的传播速度与介质的介电常数相关，而不同的材料，介电常数不同。在既有导体又有绝缘体的复合型材料如 PCB 板板材和同轴电缆，其信号传播速度由介质的有效介电常数决定，而介电常数具有温度漂移特性，因此需根据温度漂移特性对不同介质材料介电常数的影响，进而分析对相位延迟产生的影响。

随着对相位差测量方法中相位漂移及噪声抑制的不断深入研究，发现不同频率信号经过信号处理模块时将产生不同的相位漂移，此外大气空气折射率的变化也将影响到相位的漂移，造成相位的测量误差，因此加强此方面的研究将对提高相位差测距法的测量精度具有重要意义。

3.3　多波长(合成波长)干涉测量

绝对距离相干测量法不同于相对位移干涉测量法，前者只能得到干涉波长相位的小数值，因此其测量范围被限制在小于二分之一的波长范围内，合成波长(多波长)激光干涉测量方法和调频激光干涉测量方法是其中应用较多的两种方法。

3.3.1　多波长干涉测量原理

合成波长(多波长)激光干涉测量技术的基本原理是小数重复合法和在其基础上发展的合成波长概念。1977 年 Tiford 在小数重合法的基础上建立了多波长干涉测量的基本理论，他利用多波长测量中干涉条纹的小数部分求解被测长度。以双波长为例，设参与干涉测量的两光

波分别为 λ_1 和 $\lambda_2(\lambda_1>\lambda_2)$，对于被测距离 L 用两光波分别测量后，有如下公式成立：

$$L=\frac{\lambda_1}{2}(m_1+\varepsilon_1) \tag{3-33}$$

$$L=\frac{\lambda_2}{2}(m_2+\varepsilon_2) \tag{3-34}$$

式中，m_1、m_2 为对应于波长 λ_1 和 λ_2 干涉级的整数部分，ε_1 与 ε_2 对应小数部分，由式(3-33)与(3-34)可得

$$L=\frac{1}{2}\times\frac{\lambda_1\lambda_2}{\lambda_1-\lambda_2}[(m_1-m_2)+\varepsilon_2-\varepsilon_1)] \tag{3-35}$$

令 $\lambda_s=\dfrac{\lambda_1\lambda_2}{\lambda_1-\lambda_2}$，$m_s=m_2-m_1$，$\varepsilon_s=\varepsilon_2-\varepsilon_1$，则有

$$L=\frac{\lambda_s}{2}(m_s+\varepsilon_s) \tag{3-36}$$

式中，λ_s 为两波长的合成等效波长，简称合成波长；m_s 和 ε_s 分别为 λ_s 干涉级次的整数部分和小数部分。因此只要求得 m_s 和 ε_s，就可得出被测距离。

在具体的测量装置中合成波长的小数值 ε_s 可直接求出。其测量过程可以描述为：激光器输出的激光包含两个波长 λ_1 和 λ_2，经过分光棱镜分别射向参考镜和测量镜，经反射回到分光镜，再由光栅根据波长分光，用探测器分别接收两个波长的干涉光信号。

设被测距离为 L，则用两光波分别测量后，得到两个波长 λ_1 和 λ_2 的干涉信号相位 ϕ_1 和 ϕ_2，如下所示：

$$\phi_1=\frac{2\pi}{\lambda_1}2L \tag{3-37}$$

$$\phi_2=\frac{2\pi}{\lambda_2}2L \tag{3-38}$$

对两个波长的相位求差得到

$$\Delta\phi=\phi_2-\phi_1=4\pi L\left(\frac{1}{\lambda_2}-\frac{1}{\lambda_1}\right)=4\pi L\times\frac{\lambda_1-\lambda_2}{\lambda_1\lambda_2}=\frac{4\pi L}{\lambda_s} \tag{3-39}$$

式中，$\lambda_s=\dfrac{\lambda_1\lambda_2}{\lambda_1-\lambda_2}$ 为两个波长的等效合成波长。

因为对于干涉信号相位测量技术来说，只能得到干涉信号的小数相位，因此单个波长的测量范围被限制在 $\lambda_1/2$～$\lambda_2/2$，但从合成波长的表达式可以看出，合成波长比任何一个原波长 λ_1 和 λ_2 都大得多，当选择较近的两个波长测量时，其合成波长 λ_s 将比原波长 λ_1 和 λ_2 大得多，原先仅用单波长 λ_1 或 λ_2 测量的时候，需要对相差的整数部分和小数部分同时计数且不能中断，换用合成波长 λ_s 后，只要合成波长选择合适，就有可能只通过测量合成波长相差的小数部分改变而得到被测距离真值。进一步，如果采用多个测量波长产生一个或多个大于单波长的合成波长，并以此作为新的测量标准时，干涉测量法的单值测量范围将被继续扩大。

设在光程差为 L 的激光多波长干涉仪中，用 N 个波长进行测量，可以得到 N 个与式(3-33)

式类似的测量方程式，组成下列基本测量方程组：

$$\left.\begin{aligned} L&=[\lambda_1(m_1+\varepsilon_1)]/2\\ L&=[\lambda_2(m_2+\varepsilon_2)]/2\\ L&=[\lambda_3(m_3+\varepsilon_3)]/2\\ &\vdots\\ L&=[\lambda_N(m_N+\varepsilon_N)]/2 \end{aligned}\right\} \tag{3-40}$$

式中，$\lambda_i=\lambda_{0i}/n_i$ （n_i 是与 λ_i 对应的折射率，$i=1,2,\cdots,N$）；ε_i $(i=1,2,\cdots,N)$ 是测出的干涉级小数；m_i $(i=1,2,\cdots,N)$ 是干涉级的整数。方程组(3-40)中 m_i 和 L 是未知数，所以共有 N+1 个未知数，未知数个数多于方程式的个数，所以，通过方程组(3-40)无法唯一地确定光程差 L，但是，如果考虑到 m_i 必须取整数，该方程组的解具有周期性。令波数 $\sigma_i=1/\lambda_i$，方程组(3-40)可以改写为

$$\left.\begin{aligned} 2L\sigma_1&=m_1+\varepsilon_1\\ 2L\sigma_2&=m_2+\varepsilon_2\\ &\vdots\\ 2L\sigma_N&=m_N+\varepsilon_N \end{aligned}\right\} \tag{3-41}$$

在式(3-41)加权 A_i 来求解以保证 m_i 在处理后仍保持为整数。由此得

$$\left.\begin{aligned} 2LA_1\sigma_1&=A_1m_1+A_1\varepsilon_1\\ 2LA_2\sigma_2&=A_2m_2+A_2\varepsilon_2\\ &\vdots\\ 2LA_N\sigma_N&=A_Nm_N+A_N\varepsilon_N \end{aligned}\right\} \tag{3-42}$$

求和得到

$$L=[\lambda_s(m_s+\varepsilon_s)]/2 \tag{3-43}$$

与单波长干涉测长的基本测量方程式(3-33)比较，可相应地把 λ_s、m_s 和 ε_s 分别称为合成波长、合成干涉条纹整数和合成干涉条纹尾数，其值由下式表示：

$$\begin{cases} \lambda_s=\left(\sum\limits_{i=1}^{n}A_i\sigma_i\right)^{-1}\\ m_s=\sum\limits_{i=1}^{n}A_i\cdot m_i\\ \varepsilon_s=\sum\limits_{i=1}^{n}A_i\cdot\varepsilon_i \end{cases} \tag{3-44}$$

式中，A_i 是方程组(3-44)的加权求和因子，可取零和正、负整数。A_i 的选择应使合成波长大于单波长。A_i 取零，相当于利用一个波长。不同的 A_i 组合给出大小不等的合成波长 λ_s，从而构成解的周期结构。由两个波长构成的空间频率：

$$\begin{aligned} \Gamma_{ij}&=2(\sigma_i-\sigma_j)\\ \sigma_i&=1/\lambda_i\\ \sigma_j&=1/\lambda_j \end{aligned} \tag{3-45}$$

Γ_{ij}^{-1}为空间周期。对于三个波长构成的空间频率：

$$\Gamma_{ijk}=\Gamma_{ik}-\Gamma_{jk}=2[(\sigma_i-\sigma_j)-(\sigma_j-\sigma_k)]=2[\sigma_i-2\sigma_j+\sigma_k] \tag{3-46}$$

Γ_{ijk}^{-1}为解的空间周期。以此类推，对于 N 个波长，可以求出解的空间频率：

$$\Gamma_N=\Gamma_{ij\cdots\omega}=2[C_{N-1}^0\sigma_i-C_{N-1}^1\sigma_j+\cdots(-1)^{N-1}C_{N-1}^{N-1}\sigma_\omega] \tag{3-47}$$

式中，$C_{N-1}^i(i=1,2,\cdots,N)$ 是二项式系数；Γ_N^{-1}为利用方程组确定长度的空间周期。从式(3-46)和式(3-47)可以看出，使 $\lambda_s=\Gamma_N^{-1}$ 的条件是

$$A_i=(-1)^{i-1}C_{N-1}^{i-1},\quad i=1,2,\cdots,N \tag{3-48}$$

如上所述，利用多条谱线可以组成比任意一个单波长大得多的合成波长。只要最大的合成波长大于被测距离的两倍，就可以通过逐渐求解得到精确值。从式(3-48)可以看出，Γ_{ij}^{-1}就是两个单色波的拍波的周期。所以说，合成波的波长就是拍波的波长，也是解的周期的二倍。

现今丰富的激光光源波长值，为多种合成波长的再现提供了有力的支持，表 3.1 列出了不同激光光源所形成的合成波长的大小，以及在测相精度为 $\delta\varphi=2\pi/100=3.6^\circ$ 时的测距精度。从表 3.1 可以看出最大的合成波长是由可调谐 Nd:YAG 激光器发出的两个调谐激光的波长形成的，其所形成合成波长大于 5mm，尽管使测量范围扩展到了 2.5mm，但是仍然不能满足大距离范围内的测量，因此合成波长测量技术多用于对表面微结构形状的测量当中。如若进一步扩展其测量范围，需借助粗测结果对干涉信号的整数相位 m_s 进行计算。

表 3.1　不同激光器产生的合成波长大小及测量误差

激光器		频差	合成波长	测量误差
类别	模式			
He-Ne 激光器	632.8nm，2 个纵模	$\Delta\nu=1$GHz	$\Lambda=30$cm	$\delta=1.5$mm
He-Ne 激光谱线	632.8nm，635.2nm	$\Delta\nu=1790$GHz	$\Lambda=167.5\mu$m	$\delta=850$nm
	629.4nm，632.8nm	$\Delta\nu=2560$GHz	$\Lambda=117.1\mu$m	$\delta=600$nm
	629.4nm，632.8nm	$\Delta\nu=770$GHz	$\Delta\Lambda=389.2\mu$m	$\delta=194.6\mu$m
GaAlAs 半导体激光器	电流调谐	$\Delta\nu<30$GHz	$\Lambda>10$mm	$\delta=50\mu$m
	温度调谐	$\Delta\nu<600$GHz	$\Lambda>0.5$mm	$\delta=2.5\mu$m
Nd:YAG 激光器	可调谐	$\Delta\nu<60$GHz	$\Lambda>5$mm	$\delta=25\mu$m

设距离的初测值为 L_e，不确定度为 ΔL_e，若选定合适的激光波长，使得粗测不确定度满足条件：

$$\Delta L_e<\frac{\lambda_s}{4}-\Delta L_p \tag{3-49}$$

则 m_s 的值可表示为

$$m_s=\mathrm{floor}\left(\frac{2L_e}{\lambda_s}-\varepsilon+\frac{1}{2}\right) \tag{3-50}$$

将式(3-50)所得结果与相位计读出的干涉波长小数相位值 ε 与 m_s 代入式(3-43)，就可计算出被测距离，且测量精度不受粗测精度的影响。

由式(3-43)不难得出在多波长逐级测量过程中，为了保持解的唯一性，i 级和 i–1 级相邻两级合成波 $\lambda_{s(i)}$ 和测量的过渡关系，即“级间过渡条件”为

$$\Delta L_i < \frac{\lambda_{s(i-1)}}{4} - \Delta L_{i-1} \tag{3-51}$$

式中，ΔL_i、ΔL_{i-1} 分别为以 i 级和 $i-1$ 级合成波测量时的测量误差。

多波长绝对距离测量技术应用于测量物体表面形状、台阶结构、圆度等短程测量，其由环境变化带来的误差较小，如要进行大尺寸范围内的测量，采用多个单波长组成长度逐级增加的合成波长链，依据初测值和各干涉级次小数相位从最高合成波长开始逐级求解，并利用相应的整小数结合方法确定测量距离，其逐级逼近原理和公式与多测尺相位激光测距技术相同。

3.3.2 多波长干涉测量关键技术

多波长绝对距离测量的精度依赖于合成波长的大小及稳定度、相位的测量精度及振动与环境干扰的补偿等。合成波长的确定需要综合考虑测量范围、测量精度、光源性能以及电信号处理性能等因素，主要受到光源技术的制约。因此多波长干涉测量方法的关键技术包括：超外差检测技术、合成波长光源技术。

1. *超外差检测技术*

在合成波长(多波长)测量方法中，要求得到合成波长的相位，通常的做法是从单个波长的相位计算出合成波的相位。按照多波长测量的要求，各个波长的相位应该是同一时刻测出的。因此，这两个单波长的信号应该是能分开的，使用不同的探测器在同一时刻测出相位差，这一点很难做到，并且合成波长越大，两个单波长的差值就越小，很难从技术上将两个信号进行分离。又因为要分别测量单个波长的相位差，这就对每个波长的稳定性提高了要求，而且波长越短，空气干扰的影响所对应的相位变化量也大。于是，一种直接可测量合成波长相位的方法——超外差检测技术被提出，此方法降低了原始单波长的稳定度，克服了一般外差系统中由于光学器件的非理想特性等原因引起的测量信号耦合误差。超外差检测技术只需探测两外差信号的差频即可得到两波长所形成合成波长的相位信息，避免了等效合成波长较小时，对所对应合成波长高达上吉赫兹甚至太赫兹频率信号的直接相位探测难点。例如，1mm 合成波长所对应的频差信号高达 300GHz，这超出了一般光电探测器的探测范围，无法进行光电信号的转换，也无法进行信号的相位测量。

典型的超外差干涉测量仪如图 3-16 所示，两个不同的激光光源产生激光的频率为 ν_1 和 ν_2，所对应的波长分别为 λ_1 和 λ_2，利用两个声光移频器（Acousto-Optic Frequency Shifter，AOFS）分别对 ν_1 和 ν_2 两束激光进行声光移频，设 $AOFS_1$ 和 $AOFS_2$ 的移频频率分别为 f_1 和 f_2，则经过声光移频器后频率为 ν_1+f_1 和 ν_2+f_2 的激光与频率为 ν_1、ν_2 的原激光束经分光镜分为两路，一路经过与两偏振光均成 45° 的检偏器进入探测器 PD_1 作为参考信号，另一路进入 Michelson 干涉光路反射而回，并通过与两偏振方向均成 45° 的检偏器后被探测器 PD_2 接收，设探测器 PD_2 接收到的四个光波为

$$E_1 = A_1 \mathrm{e}^{-\mathrm{i}\left[2\pi\nu_1 t - 2\pi\frac{\nu_1}{c} + 2L\right]} \tag{3-52}$$

$$E_2 = A_2 \mathrm{e}^{-\mathrm{i}\left[2\pi\nu_2 t - 2\pi\frac{\nu_2}{c} + 2L\right]} \tag{3-53}$$

$$E_3 = A_3 \mathrm{e}^{-\mathrm{i}\left[2\pi(\nu_1+f_1)t - 2\pi\frac{(\nu_1+f_1)}{c} + 2z\right]} \tag{3-54}$$

$$E_4 = A_4 \mathrm{e}^{-\mathrm{i}\left[2\pi(\nu_2+f_2)t-2\pi\frac{(\nu_2+f_2)}{c}+2z\right]} \tag{3-55}$$

式中，A_i为探测器处各路矢量的振幅($i=1,2,3,4$)；Z、L分别为参考臂和测量臂的长度。

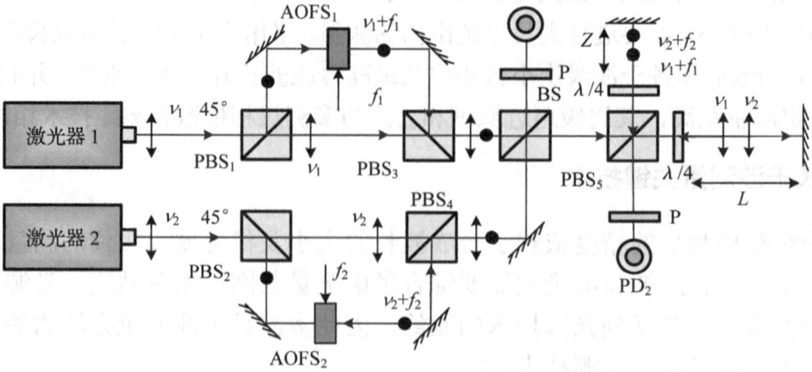

图 3-16　超外差干涉系统原理示意图

可知接收的合成光强$I(t)$为

$$I(t) = a_0 + a_1\cos(2\pi f_1 t + \varphi_1) + a_2\cos(2\pi f_2 t + \varphi_2) \tag{3-56}$$

$$a_0 = \frac{1}{2}(E_{1\mathrm{V}}^2 + E_{1\mathrm{H}}^2 + E_{2\mathrm{V}}^2 + E_{2\mathrm{H}}^2)\ a_1 = E_{1\mathrm{V}}E_{1\mathrm{H}}\ a_2 = E_{2\mathrm{V}}E_{\mathrm{H}} \tag{3-57}$$

$$\varphi_1 = \frac{4\pi}{c}[\nu_1 L - (\nu_1 + f_1)Z]\ \varphi_2 = \frac{4\pi}{c}[\nu_2 L - (\nu_2 + f_2)Z] \tag{3-58}$$

式中，$E_{1\mathrm{V}}$、$E_{1\mathrm{H}}$和$E_{2\mathrm{V}}$、$E_{2\mathrm{H}}$分别为激光ν_1和ν_2在水平方向与垂直方向的振幅；a_0为直流分量；$I(t)$为频率为ν_1和ν_1+f_1的光以及频率为ν_2和ν_2+f_2的光分别产生外差干涉，两外差信号再叠加形成的超外差信号。两外差信号的相位φ_1和φ_2与参考臂距离Z和测量臂距离L相关，且其中参考臂引入的相位误差$\varphi_{1\mathrm{r}}$与$\varphi_{2\mathrm{r}}$不变：

$$\varphi_{1\mathrm{r}} = \frac{4\pi}{c}(\nu_1 + f_1)Z\,,\quad \varphi_{2\mathrm{r}} = \frac{4\pi}{c}(\nu_2 + f_2)Z \tag{3-59}$$

与测量臂有关的相位$\varphi_{1\mathrm{m}}$与$\varphi_{2\mathrm{m}}$随L值变化而变化：

$$\varphi_{1\mathrm{m}} = \frac{4\pi}{c}\nu_1 L = \frac{4\pi L}{\lambda_1},\quad \varphi_{2\mathrm{m}} = \frac{4\pi}{c}\nu_2 L = \frac{4\pi L}{\lambda_2} \tag{3-60}$$

在实际测量系统中，为了减小由于折射率变化引入的误差，通常设置参考臂为零，因此两拍频信号的相位差φ_s为

$$\varphi_\mathrm{s} = \varphi_{1\mathrm{m}} - \varphi_{2\mathrm{m}} = 4\pi L\frac{\lambda_1 - \lambda_2}{\lambda_1\lambda_2} = \frac{4\pi L}{\lambda_\mathrm{s}} \tag{3-61}$$

由式(3-61)可知，只要求得φ_1和φ_2的相位差就可求的合成波长λ_s的相位变化，进而解算距离值L。在实际测量过程中，在探测器后加入低通滤波器(LPF)，对高频信号进行滤除，仅使拍频信号$f_1 - f_2$通过滤波器，则可得到信号

$$I_{\mathrm{LPF}}^2(t)=b_0+a_1a_2\cos[2\pi(f_2-f_1)t+\varphi_{\mathrm{s}}]\ b_0=a_0^2+\frac{1}{2}(a_1^2+a_2^2) \tag{3-62}$$

则相位值 φ_{s} 可由信号 $I_{\mathrm{LPF}}^2(t)$ 的相位测量直接得到，由式(3-61)可知被测距离 L 可求解：

$$L=\frac{\lambda_{\mathrm{s}}\varphi_{\mathrm{s}}}{4\pi} \tag{3-63}$$

f_1-f_2 频率可由声光移频器进行设定，为了减小测相单元的测量难度，通常频率值在千赫级别内。

超外差干涉测量技术实现了合成波长相位的实时测量，避免了外差方案中对纵模信号的分别检测，从而克服了模耦合误差。同时利用较低频率的外差信号即可获得合成波长的相位信息，降低了测相模块混频环节的技术难度。

2. 合成波长光源技术

目前合成波长的产生主要分为两种方式，一种是多激光器级联方式，另一种是单激光器调制方式。

1) 多激光器级联方式

多激光器级联方式，顾名思义，用两个或两个以上的不同波长的激光器组成激光光源。其中多级联气体激光器由于价格昂贵、不方便携带、合成波长是固定值等，在多波长干涉测量中的发展受到了较大的阻碍。因此多激光器级联方式多以半导体激光器为光源，如德国联邦工程物理研究所(PTB)的 Hagen Karl-Meiner 等利用 3 个半导体激光器分别发射 780 nm、823 nm 和 825 nm 三种近红外光波，得到 2 个近似 15μm 和 29 μm 的合成波长用于表明形状的测量。图 3-17 为基于多光源级联技术的多波长干涉测量原理图。

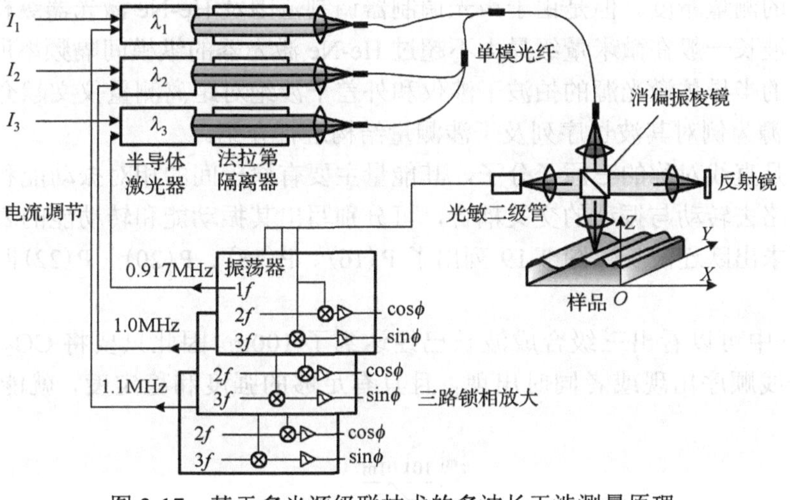

图 3-17　基于多光源级联技术的多波长干涉测量原理

国内国防科技大学梁晶等利用两个波长分别为 633nm 与 629nm 的 He-Ne 激光器获得了 117μm 的合成波长，并由 633nm 激光器的两个纵模获得了 320μm 的合成波长。

多波长干涉测量系统如图 3-18 所示，2 种波长的激光通过光开关(SW)选择依次进入测量系统。设波长 λ_1 通过偏振分光镜后，水平偏振光进入参考光路，垂直偏振光进入测量光路。两偏振光再分别经 2 个声光晶体移频，由偏振分光镜合光后入射至一个与两偏振方向都成 45°的检偏器上，透射光被光电探测器接收，经过光学干涉混频后的信号与参考信号同时送入相位计测量两路信号之间的相位差 ϕ_1。ϕ_1 即为波长 λ_1 的干涉级小数部分。改变入射波长类似可得 ϕ_2，再用前述理论最终可计算出参考光路和测量光路之间的光程差即绝对距离 L。

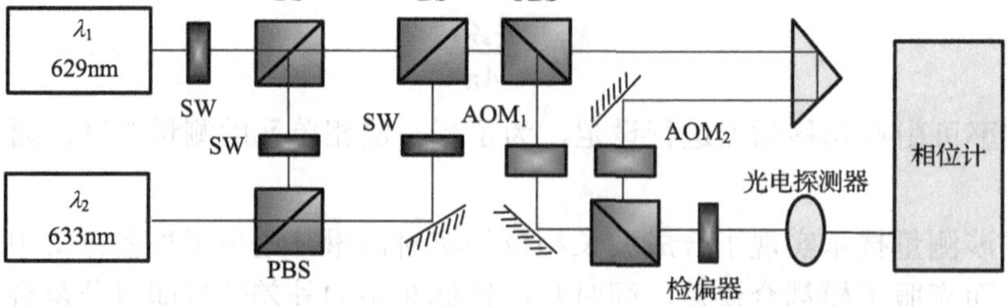

图 3-18　多波长干涉测量原理图

半导体激光器的波长随着温度、注入电流的变化而变化，甚至每个半导体激光器的变化都不相同，因此要形成稳定的合成波长必须把激光锁到一个外部参考波长上。常用的方法是把每个半导体激光器都锁定到同一个外部基准上，这个标准可以是 F-P 腔，也可以是原子的吸收线，或者两者兼而有之。采用这种方法，合成波长是稳定的，但它的数值并不知道，要设法标定。

2) 单激光器调制方式

单激光器调制方式主要包括基于声光调制的 He-Ne 激光器光源、基于外腔调制的半导体激光源、四态双色 CO_2 激光光源，其利用拍波法、外差干涉测量法和超外差干涉测量法得到干涉信号，进而测量相位求得绝对距离。声光调制的 He-Ne 激光器光源由于稳频技术较为成熟，波长稳定度较高因此以其组成的合成波长为测尺的三种测量方法测量精度都很高，可以获得纳米级别的测量精度。但是由于声光调制器调制范围及 He-Ne 激光器纵模间隔的限制，其形成的合成波长一般在微米量级最大不超过 He-Ne 激光器的纵模间隔频率所对应的波长。基于外腔调制的半导体激光源的拍波干涉仪和外差干涉绝对距离测量仪文献介绍较多，本书以 CO_2 激光光源为例对其波长序列及干涉测量结构进行介绍。

CO_2 分子是直线对称的三原子分子，其能量主要有原子间的相对振动能和分子的转动能叠加而成，当略去转动与振动的交叉耦合，可分别写出其振动能和转动能的表达式，计算出总能量，从而求出跃迁波长，图 3-19 列出了 P(16)、P(18)、P(20)、P(22) 四条相邻谱线及其合成波长。

从图 3-19 中可以看出三级合成波长已经达到了 100m。因此只要将 CO_2 激光器进行稳频，使它的谱线顺序出现或者同时出现，且具有足够的强度和稳定度，就能进行绝对距离的测量。

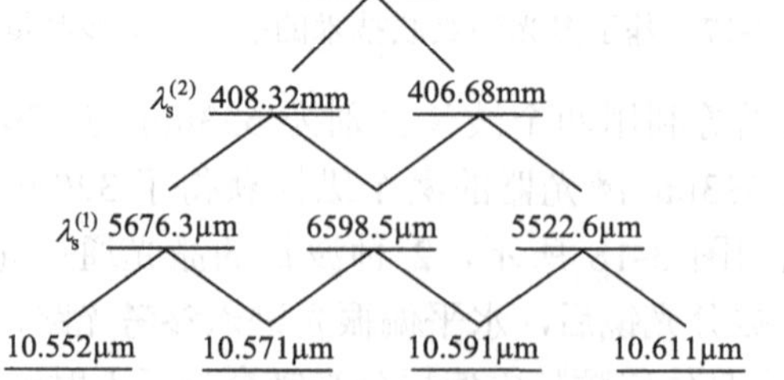

图 3-19　P 支线的四条谱线及其合成波

稳频时一般采用 PZT 双压电陶瓷器件对腔长进行控制，通过相敏检波检测技术测出功率曲线的微商，在该曲线的过零点处就是谱线的中心频率，利用相敏检波的信号来对频率中心进行伺服锁定。在进行换线时，需要给压电陶瓷一个直流偏置电压，从而改变腔长找到下一个谱线，再利用相敏检波检测过零点，进而进行再次频率伺服锁定。为了证实换线操作正确无误，要用光谱分析方法进行测试。图 3-20 给出了一个顺序选线方式工作的多波长干涉仪。

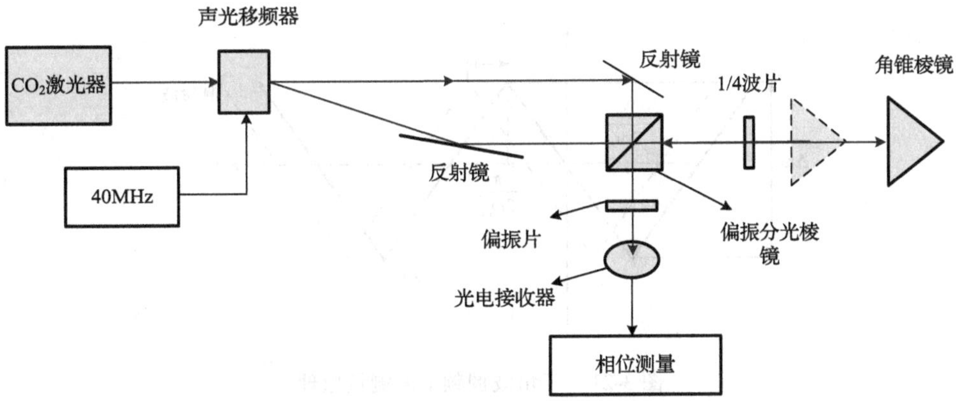

图 3-20　基于 CO_2 激光器的多波长干涉仪原理图

CO_2 激光器的出射激光经声光移频器进行移频，其中+1 级衍射光作为测量光出射到测量反射镜，零级光作为参考光。测量光两次经过 1/4 波片后偏振方向旋转 90°，原先透射光变为反射光，在偏振分光棱镜处与参考光进行合光干涉，偏振片的作用是取 45° 分量实现外差合成，由光电探测器进行光信号接收和转换，进而由测相电路进行相位测量。由于外差信号频率较高(40MHz)，一般采用混频方法先对外差信号进行降频，然后再进行相位处理。

3.4　激光调频、扫频干涉测距原理及关键技术

3.4.1　调频干涉测量技术

调频干涉测量法以半导体激光器作为光源，按调制性质的不同分为注入电流调制半导体激光器与外腔调制半导体激光器。

注入电流调制半导体激光器利用半导体激光器注入电流与输出频率的关系对注入电流进行调制，从而对激光的输出频率进行调制，主要包括三角波调频及锯齿波调频。

半导体激光调频测量技术的原理是基于光的传播时间的测量：

$$\tau = \frac{2Ln_{\text{air}}}{c} \tag{3-64}$$

式中，τ 为光的传播时间间隔；n_{air} 为空气折射率；$2L$ 为干涉仪的几何程差；c 光为真空中的光速。只要能设法精确测出 τ 值就可以求出 L，而且不存在多值问题。

调频激光干涉仪就是以输出激光光频随时间呈线性变化的激光器作为光源，以 Michelson 干涉光路作为测量光路，测量激光经过参考臂和测量臂之间的相对延迟 τ 的绝对距离干涉测量系统。测量光束和参考光束会合时会产生一个光拍，这个光拍的频率随着 τ 的增大而增大，通过对光拍频率的测量实现对 τ 的测量。

以三角波调频为例，其测量原理及测量系统基本结构分别如图 3-21、图 3-22 所示，在三角波的上升范围内光频可以表达为

$$\omega(t)=\omega_c+2\alpha_{ad}t,\quad \left(-\frac{\pi}{2\omega_m}<t<\frac{\pi}{2\omega_m}\right) \tag{3-65}$$

式中，ω_c 为调频激光中心频率；$2\alpha_{ad}$ 为激光频率调制系数；ω_m 是对激光进行调制的三角波频率。

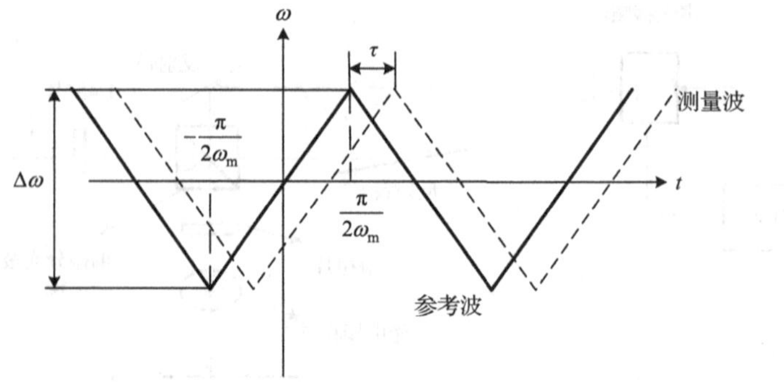

图 3-21　三角波调频干涉测量原理

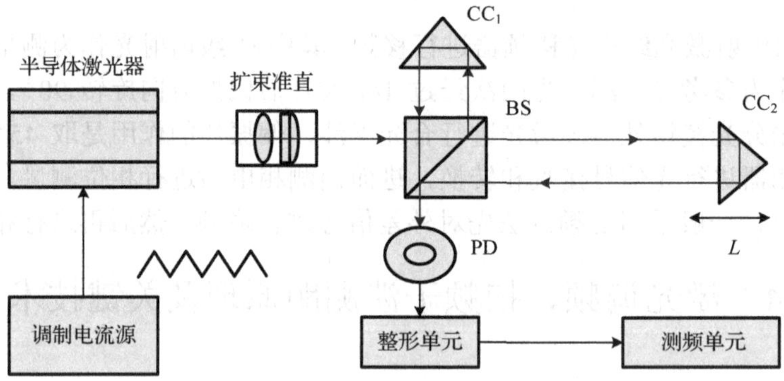

图 3-22　三角波调频干涉测量系统基本结构示意图

调频光波的相位为

$$\varphi(t)=\omega_c t+\alpha_{ad}t^2+\varphi_0 \tag{3-66}$$

式中，φ_0 为初始相位。Michelson 干涉仪中参考臂和测量臂的光波矢量可以表示为参考波：

$$E_r(t)=E_{r0}\cos(\omega_c t+\alpha_{ad}t+\varphi_0) \tag{3-67}$$

测量(延时)波：

$$E_m(t)=E_{m0}\cos[(\omega_c(t-\tau)+\alpha_{ad}(t-\tau)^2+\varphi_0] \tag{3-68}$$

合成波的光强为

$$I(t)=E_{r0}^2+E_{m0}^2+2E_{r0}E_{m0}\cos(2\alpha\tau t+\omega_c\tau)-\alpha_{ad}\tau^2)\quad \left(-\frac{\pi}{2\omega_m}<t<\frac{\pi}{2\omega_m}\right) \tag{3-69}$$

因为现今光电探测器不能响应激光器的光频 ω_c，只能对低频 $\omega_b=2\alpha_{ad}\tau$ 响应，且 $2\alpha_{ad}=(\Delta\omega\cdot\omega_m)/\pi$，所以只要测出 ω_b 就可以得到 τ 值，代入式(47)可得

$$L = \frac{\omega_b \cdot c}{4n\alpha_{ad}} = \frac{\pi\omega_b \cdot c}{2n_{air} \cdot \Delta\omega \cdot \omega_m} \tag{3-70}$$

从而实现了距离的测量，由式(3-70)可得

$$\frac{\Delta\omega_b}{\Delta L} \approx \frac{4\alpha_{ad}}{c} \tag{3-71}$$

式中，c 是真空光速，其值为 2.99792458×108m/s，是个非常大的数，可见提高测距灵敏度的途径是提高半导体激光的光频调制频率 $2\alpha_{ad}$，也就是说，需选择一种激光器，在调制三角波的一周期内，光频的变化量要大，而且调制波的频率也要尽量高才好。因此进一步的问题是如何实现光频的调制和怎样得到大的 α_{ad} 值。

在线性调频干涉测量中，拍频信号频率 ω_b 的测量主要有两种，一种是条纹计数法，另一种是计算 ω_b 峰值在干涉信号频谱中的位置。前一种方法只适合于普通的双光束干涉仪，不能用于有多个干涉信号叠加的多光束干涉系统，因为输出信号不是有规律的余弦变化，无法准确地计数。而后一种方法的精度受谱峰展宽的限制。

3.4.2 三光束调频干涉测量技术

基于上述原因日本京都工学院在上述基础上提出了一种基于参考距离的调频干涉测量仪，采用参考技术来消除调频引起的输出功率及调频非线性带来的影响。其测量装置如图 3-23 所示，将调频激光同时射入两个迈克耳孙干涉仪中，一个是测量干涉仪，另一个是参考干涉仪。

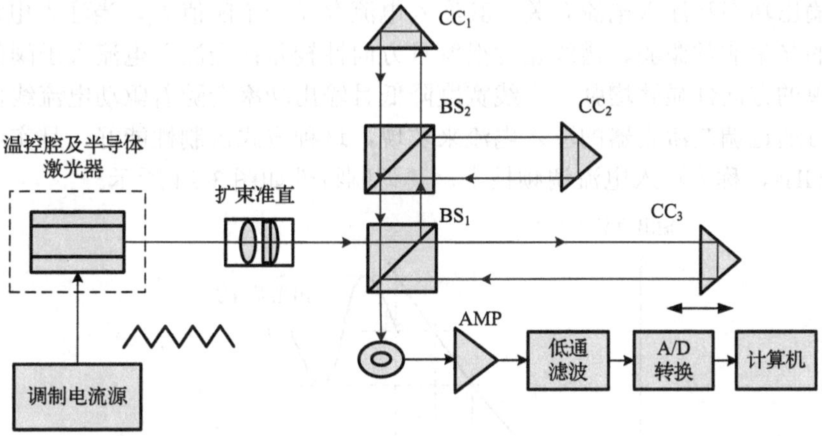

图 3-23 三光束调频干涉测量系统原理图

由 CC_2 反射回的光与由 CC_1 反射回的光产生光拍，频率为 ω_2，由 CC_3 反射回的光与由 CC_1 反射回的光产生光拍，频率为 ω_3，测量干涉仪的两臂长度差 L_m 为被测距离；参考干涉仪的两臂长度差为 L_r，则根据以上分析可知：$L_m = L_r(\omega_3 / \omega_2)$，根据参考距离及两者的光拍信号频率即可得到测量距离。

直接注入电流型调频激光器的优点在于结构简单，易实行；其测量精度主要受半导体频率调制技术及频率测量技术的影响。

3.4.3 半导体正弦调频连续波测量技术

根据半导体激光器注入电流与输出光强之间的关系，还可对半导体激光器的输出激光进

行正弦调制。此时，利用信号发生器产生一正弦信号作为半导体激光器的注入电流信号，使之输出光强产生正弦调制，光强的变化频率可以表示为

$$v(t)=\nu_{o}+\Delta\nu\cos(2\pi f_{m}t+\varphi) \tag{3-72}$$

式中，ν_o为半导体激光器的中心频率，$\Delta\nu$为半导体激光器的频率调制幅度；f_m为电流的调制频率；φ为调制的初始相位。半导体激光器的出射光经分光棱镜 BS 分光，其中一束作为参考光，另一束经声光移频器移频后进入测量壁，经测量反射镜反射后与参考光在光电接收器处重合发生干涉。光电接收器接收到的光强信号由参考光振动方程$E_{ref}(z_{ref},t)$与测量光振动方程$E_{obj}(z_{obj},t)$得到：

$$I(z_{ref},z_{obj},t)=\left|E_{obj}(z_{obj},t)+E_{ref}(z_{ref},t)\right|^2 \tag{3-73}$$

式中，z_{ref}与z_{obj}分别为参考信号和测量信号所经过的光程。如果$2\pi f_m\tau\ll 1$，及合成波长的频率(拍频ω_b)远远小于调频幅度$\Delta\nu$，令$\Delta z=z_{ref}-z_{obj}$，则光电接收器收到的信号可近似为

$$u(\Delta z,t)=\underbrace{2\alpha_{ad}\beta I_0(t)}_{U_0(t)}\cos\left[2\pi f_H t+\underbrace{\frac{2\pi}{\lambda_0}z_{ref}-\frac{2\pi}{\lambda_0}z_{obj}}_{\varphi_1(z_{ref},z_{obj})}+\underbrace{\frac{2\pi}{c}\Delta\nu\Delta z\cos(\omega_m t+\varphi)}_{\varphi_2(\Delta z,t)}\right] \tag{3-74}$$

3.4.4 调频干涉测量关键技术

内调制是在激光器内部采取措施来完成调制的，是与激光产生过程联系在一起的。半导体激光器的输出功率和注入电流有关，其注入电流存在一个阈值I_{th}，当注入电流小于I_{th}时，激光器发出的光束非常微弱、谱线宽度很宽且方向性较差；当注入电流大于阈值电流I_{th}时，激光发出光束的方向性显著增强、谱线宽度降低且输出功率会随着驱动电流线性增加，因此其光强调制可通过调制激光器的注入电流来实现，这种方式调制性能好，且实现简单，调制频率可达 10GHz，称为注入电流调频技术，其调制特性如图 3-24 所示。

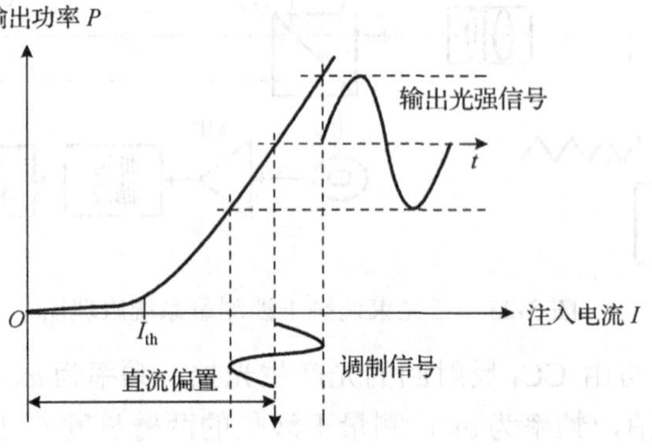

图 3-24　半导体激光器 LD 的调制特性

根据半导体激光器的调解特性，可设计半导体激光器的双频同步调制发射电路，其原理如图 3-25 所示。其中正弦调制信号的产生采用了直接数字频率合成(DDFS)技术，两高精度的直接数字频率合成模块(AD9850)的时钟源采用了同一温补晶振(100MHz)，其输出频率值受控于微处理器(MSP430)，可以同时产生两种高稳定度的测尺频率，电路中取$f_0=7.5\text{MHz}$，$f_1=75\text{kHz}$。两测尺频率信号分别经过放大后和激光器偏置电压信号一起进入同步合成模块，合成后的信号作用于压控电流驱动模块对半导体激光器 LD 的光强进行调制。

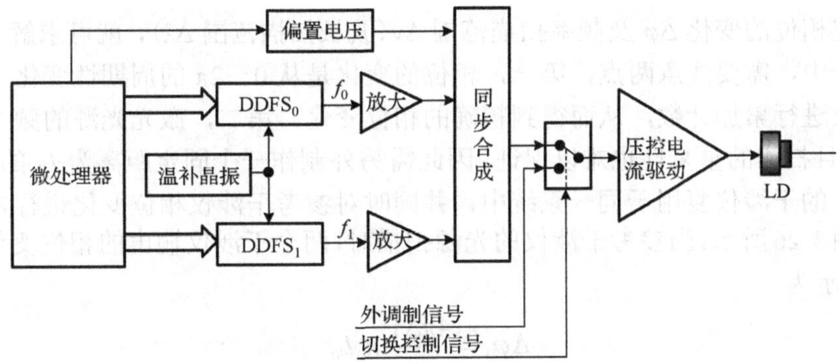

图 3-25 双频同步调制单元原理

其中，压控电流驱动模块功能是将输入电压信号线性地转换成电流信号并以恒流源的方式输出，偏置电压信号通过压控电流模块为半导体激光器提供一个静态工作点，正弦调制信号将在此静态工作点基础上对激光的功率进行调制。由于半导体激光器对浪涌电流的承受能力很差，即使在数纳秒时间内超过其最大允许电流，也会使其受损失效，所以电路设计中对调制电路电源采取了软启动措施。

该技术的缺点是调制波在长时间工作时由于半导体激光器的温度效应容易变形，且调制频率受到调制深度的限制，在吉赫量级很难提高，所以其测量波长的稳定度性较差，测量精度一般在毫米量级，很难进一步提高。

基于上述原因，外腔调制半导体激光器得到了广泛应用，德国 PTB 研究人员采用外腔调制的半导体激光光源作为调协干涉光源，其外腔由全息光栅构成，常利用压电陶瓷作为驱动执行器对光栅的倾角进行改变，进而使输出频率产生调谐变化。该设计优点是输出激光线宽较窄，相干长度长，具有较大的测量范围。缺点是该光源一般利用压电陶瓷作为执行器件对腔长进行调节，由于采用压电陶瓷对激光频率进行调制，所以其振动影响较大，抗干扰能力较低。

3.4.5 波长扫描干涉测量技术

波长扫描干涉法是继合成波长(多波长)激光干涉测量之后出现的另一项新技术，它以半导体激光器为调频光源，在测量距离保持静止状态时通过连续调制单纵模激光器的激光频率，使得参考激光光波与测量反射激光光波形成相位差发生周期性变化的相干光波，从信号中提取相位信息，并利用相位变化与被测距离之间的关系实现绝对距离测量。下面介绍波长扫描干涉法的基本原理与系统结构。

频率为 ν 的激光通过迈克耳孙(Michelson)干涉光路对被测距离进行测量，参考光与测量光的相位差 φ 和参考臂与测量臂之间的光程差 L 关系如下所示：

$$\varphi = \frac{4\pi\nu}{c} n_{\text{air}} L \tag{3-75}$$

式中，n_{air} 为测量环境空气折射率；c 为真空光速。

对于固定的待测距离 L，当激光频率不变时只能得到固定干涉条纹，如果使激光频率 ν 快速连续变化，则会得到多个不同的干涉条纹，这就是波长扫面干涉法的基本思想，当激光频率变化 $\Delta\nu$ 时(波长变化 $\Delta\lambda$)，相应的相位发生 $\Delta\varphi$ 的改变，因此被测距离也可表示：

$$L = \frac{c}{4\pi n_{\text{air}}}\frac{\Delta\varphi}{\Delta\nu} = \frac{\lambda^2\Delta\varphi}{4\pi\Delta\lambda} \tag{3-76}$$

只要确定相位的变化 $\Delta\varphi$ 及频率扫描范围 $\Delta\nu$(波长扫描范围 $\Delta\lambda$)，就可求解被测距离。在实际扫描过程中，需要注意两点，第一，相位的变化是从 0～2π 的周期性变化，因此必须对其变化周期数进行累加计数，从而得到精确的相位变化；第二，激光光源的频率难以长期维持稳定值，并且扫描的重复性也难以保证，因此需另外制作一个固定距离为 L_0 的参考干涉仪，和待测距离 L 的干涉仪复用于同一系统中，并同时对参考干涉仪相位变化进行累积计数。其测量原理如图 3-26 所示，当参考干涉仪的光源扫描时，两个干涉仪输出的相位变化分别为 $\Delta\varphi_0$ 和 $\Delta\varphi$，可表示为

$$\Delta\varphi_0 = \frac{4\pi\Delta\nu}{c} n_0 L_0 \tag{3-77}$$

$$\Delta\varphi = \frac{4\pi\Delta\nu}{c} n_{\text{air}} L \tag{3-78}$$

式中，n_0 为参考干涉仪部分空气折射率。将式(3-77)与式(3-78)相除可得

$$L = \frac{n_0\Delta\varphi}{n_0\Delta\varphi_0} L_0 \tag{3-79}$$

式中，L_0 为已知量，通过相位测量单元获得 $\Delta\varphi_0$ 和 $\Delta\varphi$，并对参考干涉仪和测量干涉仪中测量光路部分的空气折射率进行测量，得到 n_0 与 n_{air}，就可求得被测距离 L。

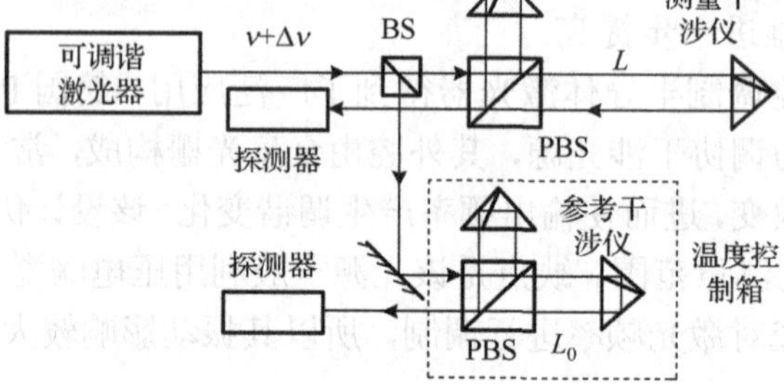

图 3-26　波长扫描干涉仪原理示意图

由式(3-79)可知，此方法不但实现了距离的绝对测量，而且降低了对光源的要求，如光源的频率(波长)稳定性、扫描范围的重复性、光源功率的稳定性等。

由于波长扫描需要一定的时间，所以波长扫描干涉测量方法主要用于测量目标的静态测量，扫描范围越大，测量精度越高，扫描速度越快，动态性能越好。但是提高波长扫描速度，相应地相位变化速度增加，测相单元的测量难度增大，也就牺牲了测量精度。另一方面，波长扫描干涉测量方法多以外腔半导体激光器作为光源，具有可调谐外腔半导体激光器抗干扰能力差的缺点；此外为了保证测量精度，一方面需从材料方面考虑降低装置本身的温漂，另一方面需要设置恒温恒压环境来减小参考距离的漂移，其成本较高。

3.5　基于飞秒激光频率梳的绝对距离测量方法

3.5.1　飞秒激光光源技术

光学频率梳由“锁模激光器”产生，是一种超短脉冲激光，它拥有一系列频率均匀分布的频谱，这些频谱仿佛是一把梳子上的齿或一根尺子上的刻度，可以用来测定未知频谱的具

体频率。美国国家标准与技术研究院(National Institute of Standards and Technology，NIST)的 Hall 教授和德国马普量子光学研究所的 Hansch 教授通过对飞秒激光器载波包络相移频率及重复频率的锁定研制成功的光学频率梳及其在光学频率测量方面的成功应用，分享了 2005 年的一半的诺贝尔物理学奖。

由激光原理可知，在激光器谐振腔内，能满足驻波条件的电磁波，不止一个，但仅有一部分纵模驻波能达到增益阈值条件，进行激光输出。这些纵模的振幅和相位都是不固定的，相互之间也没有关联，是完全独立和随机的。飞秒锁模激光器是通过锁定飞秒激光器内所有能够振荡的激光纵模相位而形成的周期性脉冲。通过锁模技术将这些各自独立的纵模在时间上同步并建立固定的相位关系，可以使激光器的时域输出从连续值转变为是脉宽极窄、峰值功率极高的光脉冲序列。随着被锁定的纵模模式的增加，光脉冲的宽度也会越来越窄。一般情况下，从谐振腔输出的由飞秒光学频率梳形成的脉冲串的电场强度在时域内的表达式为

$$E(t)=A(t)\exp[\mathrm{i}\phi(t)]\otimes\sum_{m=-\infty}^{\infty}\delta(t-mT)\exp(\mathrm{i}m\Delta\phi) \tag{3-80}$$

式中，$A(t)$为脉冲包络；mT 是第 m 个间隔为 T 的飞秒脉冲。超短脉冲序列在光学频率域相当于由间隔完全确定、位置绝对固定的大量纵模组成的光学频率梳，每个梳齿对应一个光学频率，这样的光学频率梳相当于一把刻有标定频率的尺子。每个梳尺的重复频率记为 f_r。如果不考虑载波与包络的相对相位问题，则第 n 个梳齿的频率为脉冲重复频率的整数倍，即 $f_n = n\times f_r$，但是由于激光腔内的色散现象，会造成载波以相速度而包络以群速度进行传播，由于这两个速度不同，激光脉冲每往返激光谐振腔一周，载波相位和包络相位就会有 $\Delta\varphi$ 的相位差($0\leqslant\Delta\varphi\leqslant 2\pi$)，如图 3-27 所示。由于激光在共振腔每往返一周就要重复原来的状态，所以激光载波相位必须满足：

$$2\pi f_c T+\Delta\varphi=2\pi n \tag{3-81}$$

式中，T 为脉冲往返激光腔一周所需时间；n 为正整数(约为 10^6)。所以实际上满足这样条件的载波频率为

$$f_n=n\times f_r+\delta \tag{3-82}$$

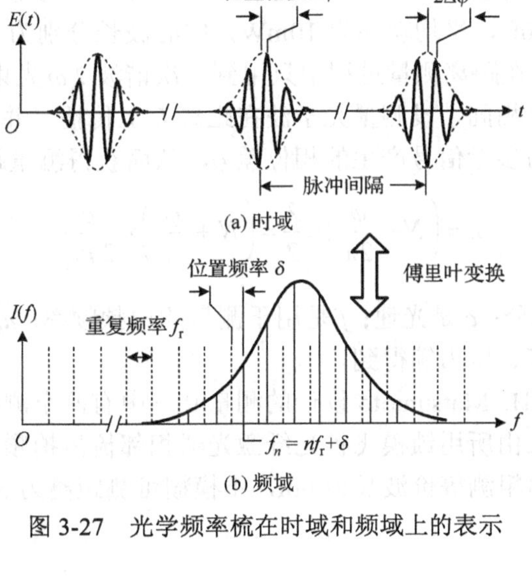

图 3-27　光学频率梳在时域和频域上的表示

载波和包络相位差使得各梳齿的频率并不能恰好等于激光脉冲重复频率的整数倍，而是存在偏置频率 δ，为了消除光学频率梳的频率漂移，任何光学频率梳可以自参考实现，或者重复频率 f_r 和载波包络偏移频率 δ 都参考频率标准，如原子钟。因此，当这两个参数被稳定到射频标准，光学频率梳在几百太赫兹的光学频率域中的所有光学模式的光学频率精度与作为射频参考的精确度相当。目前对于 f_r 和 δ 稳定水平在射频域内大约是 3×10^{-17}，这将使 f_n 在光学频率域稳定到 10^{-19} 量级。如果脉冲重复频率为 1GHz，那么 1 台飞秒光频梳就含有数十万个稳频激光，这是传统连续波稳频激光无法比拟的。这种高度精确的光学频谱使得飞秒激光频率梳不但成为绝对频率测量领域的新宠，还极大地丰富了超精密光谱学、多波长激光干涉测距等领域的研究方法与内容。

应用飞秒激光频率梳进行激光绝对距离测量主要存在以下两方面技术优势。一方面，将飞秒激光频率梳参考时间基准原子钟进行稳频控制后，其可以直接链接时间基准与长度基准，从而实现距离测量结果对米定义的直接溯源；另一方面，飞秒激光频率梳的宽光谱、短脉冲特性为实现新型激光绝对距离测量方法提供了更多可行的技术路线。正因如此，进入新世纪以来全世界各国都在该领域加大研究力度。

现有基于光学频率梳的激光测距方案主要可归为两大类，第一类直接利用光学频率梳作为光源进行激光测距。根据提取距离信息的不同方法，这一类激光测距方案还可以进一步细分为：频率梳齿间干涉相位测距法、脉冲互相关干涉条纹辨析测距法、频率梳光谱分辨干涉测距法和脉冲飞行时间测距法。第二类激光测距方案根据光学频率梳提供的参考频率，利用其他激光光源实现多波长干涉或波长扫描干涉距离测量。

3.5.2 频率梳齿间干涉相位测距法

频率梳齿间干涉相位测距方法的原理与相位激光测距原理相同，通过测量不同频率调制信号对应待测距离的相位值，解算得到待测距离。不同之处在于该方法中各个频率的调制信号由光学频率梳各梳齿间的直接干涉产生。该方法由日本国家计量研究所(National Research Laboratory Of Metrology，NRLM)的科学家 K. Minoshima 和 H. Matsumoto 在 2000 年首次实现。他们设计的测量装置如图 3-28 所示，锁模飞秒激光器选用商品光纤飞秒激光器，所输出激光在时域上表现为脉冲宽度为 180fs 和重复率为 20ns 的飞秒锁模光学脉冲序列。其重复频率为 50MHz，脉宽为 180fs，平均功率为 10mW，中心波长分别为 1560nm 和 780nm 的基础谐波 ω 和二次谐波 2ω。在距离测量过程中只用到二次谐波 2ω 光束。

与相位激光测距方法相同，设测量光学波在距离 L 上传播，并于原位置返回探测器时，所产生的相位移动，即与参考信号产生的相位差 φ，从而获得测量距离 L：

$$L=\left(N+\frac{\varphi}{2\pi}\right)\times\frac{\lambda}{2}=\left(N+\frac{\varphi}{2\pi}\right)\times\frac{c}{2fn_{\mathrm{g}}} \tag{3-83}$$

式中，N 是相位的整数部分；c 是光速；f 是用于测量的拍频频率；n_g 是光学波长的群折射率，可由埃德林公式根据温度、压力等得到。

在 K. Minoshima 和 H. Matsumoto 设计的测量装置中有两个测量波长——粗测波长与精测波长。粗测的等价波长由所用锁模飞秒光纤激光器相邻梳齿拍频所对应的 50MHz 干涉信号生成，由此可以计算出粗测等价波长为 6m，不模糊可测距离为 3m。而精测的等价波长由相隔 19 阶重复频率的两梳齿拍频产生，其对应精测等价波长约为 300mm，不模糊可测距离约为 150mm。其设计的绝对距离测量的单色测量系统如图 3-28 所示。

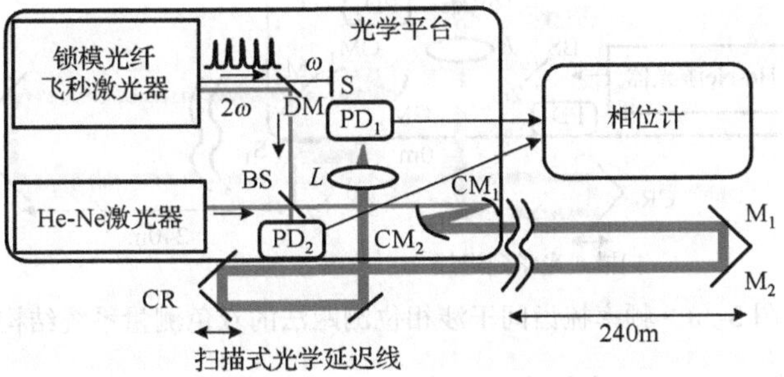

图 3-28　频率梳齿间干涉相位测距法的单色测量系统结构

具体的测量过程如下：频率梳激光首先被分为两部分，一部分直接由光电探测器 PD_2 探测，得到自干涉粗测和精测等价波长对应的参考相位信息，另一部分通过一对曲面镜 CM_1 和 CM_2 扩束成直径为 100mm，并在隧道内传播 240m 的距离，经过反射镜 M_1 和 M_2 的反射返回进入光学延迟线。这里，He-Ne 激光器光束共轴传播以达到准直为目的。探测光束在穿过扫描光学延迟线后由光电探测器 PD_1 探测信号得到对应的测量相位信息。选用可滤波的相位计对两部分信号的相位差进行测量，将滤波频率分别设定为频率梳激光重复频率和第 19 阶重复频率，即可分别测量粗测和精测等价波长对应的相位差，由此计算将得到绝对距离粗测和精测值。将上述粗测及精测结果进行合成，即可得到完整的距离测量结果。

上述测量装置中扫描光学延迟线与 He-Ne 激光器是用来后期数据处理过程中评定测量精度的，在实际测量中没有必要。其可等效如图 3-29 所示的测量结构。

在进行大尺寸，长距离测量时，空气折射率将成为影响测量精度提高的一个重要因素，在上述实验测量装置中，由于测量距离达到 240m，相对测量精度要达到 10^{-6} 以上，所以需对空气折射率进行补偿。在上述测量装置的基础上提出双色测量光路绝对距离测量方法，如图 3-30 所示，同时利用基础谐波 ω 和二次谐波 2ω 测量 0m 距离和 240m 距离，光束截止器 S_1 或者 S_2 用于封锁其中一部分探测光束。

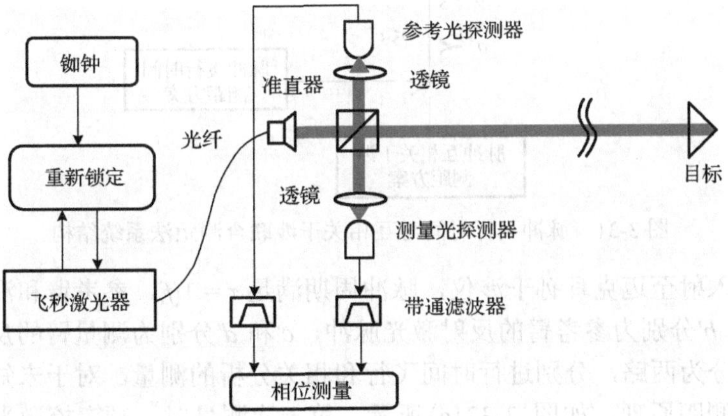

图 3-29　频率梳齿间干涉相位测距法的单色测量系统结构

每次测量时探测光束同时包括 ω 和 2ω 光束，由分色镜 DM 分开，并分别通过光电探测器 PD_1 和 PD_2。参考探测器 PD_3 只对 2ω 光束有反应。由探测器获得 780nm 和 1560nm 两个

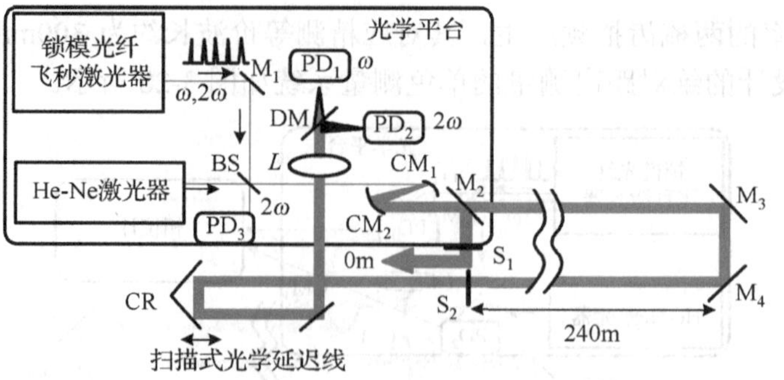

图 3-30　频率梳齿间干涉相位测距法的双色测量系统结构

波长激光对应 0m 距离和 240m 距离的四个相位值，由此计算得到两个不同波长对应 240m 距离的相位差值。该相位差由空气群折射率在两个波长处的不同引入，因此可计算得到这两个波长处空气群折射率的差。根据空气群折射率差值与单点空气群折射率之间的确定关系，可计算得到 780nm 处的空气折射率值。将该实验测得的空气折射率与依据埃德林公式计算得到的空气折射率比较，证明该方法的空气折射率测量相对精度达到 6×10^{-6}。结合这一误差来源最终实现了对空气折射率的补偿，并证明了使用频率梳齿间干涉相位测距法进行绝对距离测量的相对精度能够达到 8×10^{-6}。

3.5.3　脉冲飞行时间与互相关干涉联合测距法

2004 年，美国实验天体物理联合研究所(Joint Institute for Laboratory Astrophysics，JILA)的华人物理学家叶军(Jun Ye)提出了一种结合脉冲飞行时间测距原理和脉冲互相关干涉条纹辨析测距原理的绝对距离测量方法。测量系统结构如图 3-31 所示。

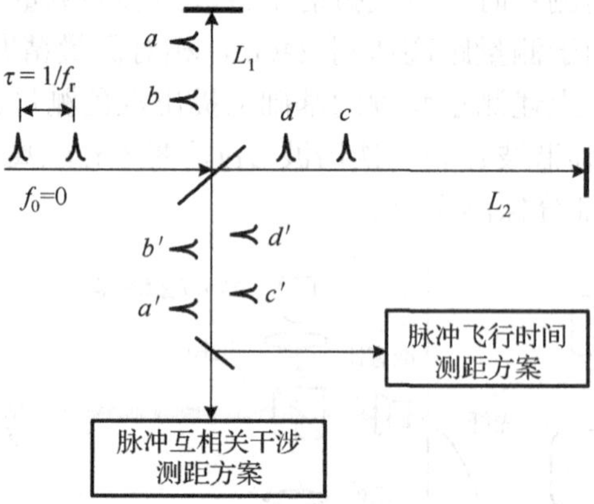

图 3-31　脉冲飞行时间与互相关干涉联合测距法系统结构

飞秒光频梳入射至迈克耳孙干涉仪，脉冲周期满足 $\tau=1/f_r$，参考臂和测量臂的长度分别为 L_1 和 L_2，a'和 b'分别为参考臂的反射激光脉冲，c'和 d'分别为测量臂的反射激光脉冲，探测光路由分光镜分为两路，分别进行时间飞行和相关分析的测量。对于未知距离的粗测是基于脉冲飞行时间测距原理，如图 3-32(a)所示。第一次测量时，频率梳激光的重复频率被设定为 f_{r1}，对应的脉冲间隔为 τ_1，激光脉冲序列经分光镜分别进入参考臂和测量臂，由终端的反射镜反射后回到分光镜重新合束，到达探测器的延迟时间为 Δt_1。此时，对应待测距离 $\Delta L=L_2-L_1$，有

$$2\Delta L = c(n\tau_1 - \Delta t_1) \tag{3-84}$$

式中，n 为脉冲数。第二次测量时，微量调整重复频率为 f_{r2}，脉冲间隔相应变为 τ_2，重新测量脉冲序列经参考臂与测量臂的延迟时间 Δt_2。此时，对应待测距离 ΔL，有

$$2\Delta L = c(n\tau_2 - \Delta t_2) \tag{3-85}$$

由式(3-84)和式(3-85)及已知脉冲间隔 τ_1、τ_2 和时间延迟 Δt_1、Δt_2，即可确定脉冲数 n 及粗测距离值 ΔL。受限于光电传感及信号处理速度，延迟时间测量的分辨率仅能达到 3ps，对应测距的最高分辨率为 1mm。

为利用脉冲互相关干涉原理实现对被测距离的精确测量，需要对频率梳激光的重复频率进一步调节使得由参考臂和测量臂反射的两个脉冲相互干涉。此时重复频率被调至 f_{r3}，脉冲间隔相应变为 τ_3。由图 3-32(b)可知，对重复频率连续调节将得到两脉冲完全重合的情况，相当于 $\Delta t_3 \approx 0$，此时对应待测距离 ΔL，有

$$2\Delta L = cn\tau_3 \tag{3-86}$$

由之前已经确定的脉冲数 n，通过精确测量 f_{r3} 得到 τ_3 即可对待测距离 ΔL 进行精确计算。在实际的测量过程中，为抑制延迟时间测量分辨率对精测过程中确定脉冲序列重合点所带来的误差，精确地确定脉冲重合所对应的重复频率，通常如图 3-32(b)所示利用脉冲互相关干涉曲线的几个极大值进行曲线拟合，由拟合曲线的最大值作为脉冲完全重合点。最终，使用该方法实现了 10～10^6m 测距分辨率小于一个激光波长。

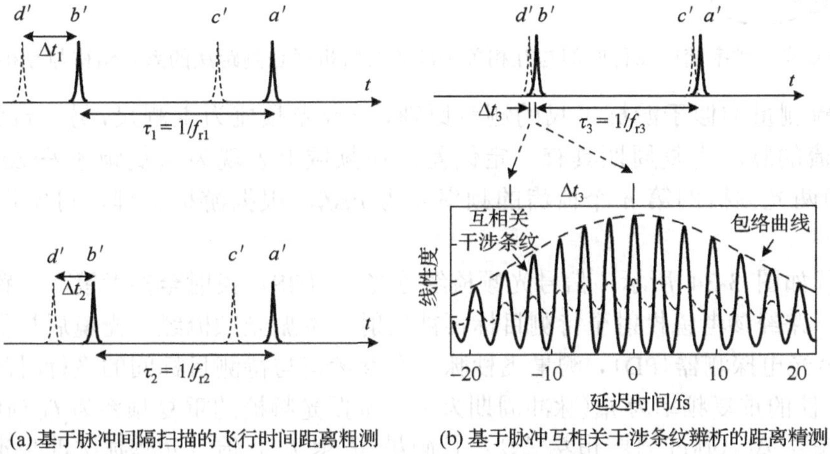

(a) 基于脉冲间隔扫描的飞行时间距离粗测　　(b) 基于脉冲互相关干涉条纹辨析的距离精测

图 3-32　脉冲飞行时间与互相关干涉联合测距法原理简图

非相干时间飞行法和相干条纹辨析相结合的测量方法为绝对距离测量开启了新思路，可以测量从几米到超过 10^6m 的任意光学距离，并具有亚波长精确度，对以后的飞秒脉冲激光器绝对距离测量的研究具有十分重要的指导意义。但是，该方案的也有相应的缺点，主要不足在于要求对频率梳激光的重复频率进行高精度连续扫描，延长了测量时间，降低了数据更新率。在进行短距离测量时，更要求对重复频率进行大范围的调节。另外，该方案要求频率梳重复频率的相对稳定度达到 3×10^{-13}，要求偏置频率的相位误差小于 0.2rad。而光学频率梳两项频率参数的任何微小变化都将直接降低脉冲干涉信号的强度，进而影响测量精度。最后，该方案并未考虑空气折射率的影响，未考虑激光脉冲在空气中传播的色散与脉冲展宽问题，空气环境测量精度难以保证。

3.5.4 双光学频率梳的飞行时间与互相关干涉条纹辨析测距法

基于双光学频率梳的飞行时间与互相关干涉条纹辨析测距法，即利用两台重复频率有微小差别且具有相干性的飞秒光频梳组成外差光频梳系统，其中一台光频梳直接进入测距干涉仪，另一台光频梳用于测量经干涉仪光频梳的相移，可实现快速、大量程和高精度的绝对距离测量。2009 年美国国家标准与技术研究院的科学家 I. Coddington 等在 *Nature Photonics* 上首次提出了该方法，其系统结构与脉冲互相关干涉条纹如图 3-33 所示。

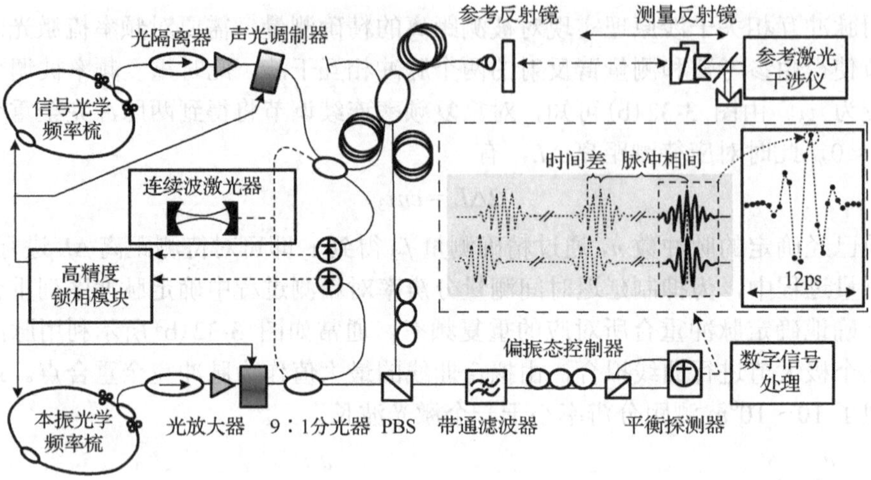

图 3-33 基于双光学频率梳的飞行时间与互相关干涉条纹辨析联合测距法的系统结构与互相关干涉条纹图

双光频梳测量类似于游标卡尺的测量原理，一台光频梳为主测尺，另一台为游标测尺，因两台光频梳的脉冲重复周期具有一定偏差，在频域上表现为重复频率差 Δf_r，其频率间隔为 Δf_r，即两光频梳的第 n 个梳齿的频率差为 $n\Delta f_r$。根据游标原理，可实现小数位的精确测量。

测量过程如图 3-34 所示，信号光频梳经分光镜（BS）投射至参考镜，一路由参考镜直接反射，另一路经参考镜投射至待测目标再被反射，本振光频梳经分光镜后与信号光频梳合光，并入射至光电探测器(PD)，测量飞秒脉冲在参考镜与待测目标间的飞行时间可得待测距离。信号光频梳的重复频率为 f_{rs}(脉冲周期为 τ_s)，本振光频梳的重复频率为 f_{rlo}(脉冲周期 τ_{lo})，其重复频率相差 Δf_{rs}(脉冲周期相差 $\Delta\tau$)，且满足 $\Delta f_r \ll f_{rs}$。信号光频梳脉冲与本振光频梳脉冲在时间上周期性重合，且其重合时间周期 $T_{per} \approx \tau_{lo}^2 / \Delta\tau$。

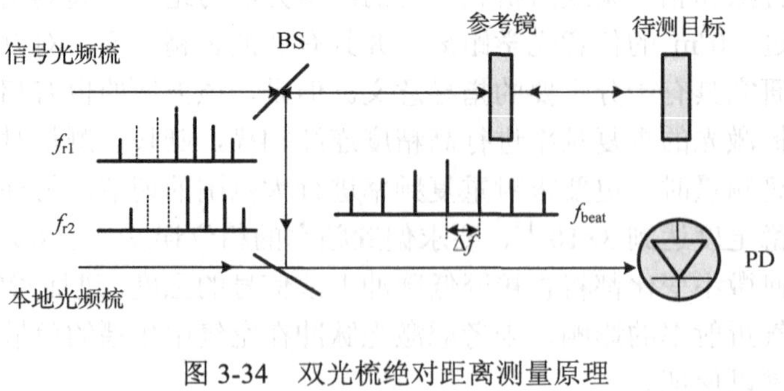

图 3-34 双光梳绝对距离测量原理

本振光频梳脉冲和信号光频梳脉冲的电场分量可分别表示为 $\sum\exp(in\varphi_{lo})E_{lo}(t-n\tau_{lo})$ 和 $\sum\exp(in\varphi_s)E_s(t-n\tau_s)$，其中 E_{lo} 和 E_s 分别为本振和信号光频梳脉冲的电场强度，φ_{lo} 和 φ_s 分别为各自载波与包络的相位差，n 为脉冲级次。对于第 n 级脉冲，探测器得到的电压正比于本振脉冲与延迟信号脉冲在时域上的重叠量，可表示为

$$V(t_{eff})=\int E_{lo}^*(t)[E_s(t+t_{eff}-t_r)+\exp(i\phi)E_s(t+t_{eff}-t_r)]dt \tag{3-87}$$

式中，有效时间 $t_{eff}=n\Delta\tau$；ϕ 为信号光频梳脉冲被参考镜反射引起的半波所示；t_r 为参考镜引起的时间延迟。设 t_t 为信号经过待测目标引起的信号脉冲延时，则要求得被测距离只要求得两者之间的时间延迟 $\Delta t=t_r-t_t$ 即可。先利用窗函数将式中的 t_r 和 t_t 分离，再对电压函数进行傅里叶变换得到相对谱相位 $\varphi(\nu)=2\pi\Delta t\nu$，用待测距离 L 代替 Δt 并考虑飞秒脉冲在空气中传播的色散现象后可得

$$\varphi(\nu)=4\pi\frac{L}{\lambda_c}+4\pi\frac{L}{\nu_g}(\nu-\nu_c) \tag{3-88}$$

式中，为 ν_c、λ_c 和 ν_g 分别为光频梳载波频率、波长和群速度。利用 $\varphi=a+b(\nu-\nu_c)$ 对相对谱相位进行线性拟合，得到 a 和 b。其中 b 包含了脉冲时间间隔 τ 的信息，而 $\tau=L/\nu_g$，因此得到距离长度公式：

$$L=B\frac{\nu_g}{4\pi} \tag{3-89}$$

根据干涉信号相位分析测得的长度可表示为

$$L=(a+2\pi m)\frac{\lambda_c}{4\pi} \tag{3-90}$$

式中，m 为相位周期整数。首先由式(3-89)求得距离 L 的粗略值，然后代入式(3-90)得到整数 m，从而得到距离 L 的精确值。

上述双光学频率梳的应用为飞行时间与互相关干涉条纹辨析测距法带来了重要改进，这主要体现在数据更新速度地大幅提升。利用两个重复频率稍有不同的光学频率梳，光学脉冲的间隔会发生周期性变化，测距系统不再需要进行任何机械或者电学扫描，一次距离测量的时间被压缩至 200μs。但是需要注意的是，该系统的测距相位提取过程基于 Fourier 频谱分析方法，该方法需要对干涉信号全频谱进行处理，而无法对特定信号频谱进行分析计算，对干涉信号的信噪比提出了极高的要求。另外，该系统最初的模糊范围只有 1.5 m，为了扩大模糊范围到 30km，必须交换两个飞秒激光器信号源和本地振荡源的角色重新测量距离，测量过程较为烦琐。

3.5.5 频率梳光谱分辨干涉测距法

韩国科学技术院(KAIST)的科学家 K. N. Joo 和 S. W. Kim 等于 2006 年提出了频率梳光谱分辨干涉测距法(Spectrally ResolvedInterferometry，SRI)。该方法如图 3-35 所示，距离测量的基本光路采用最基本的迈克耳孙干涉仪形式。

在信号处理环节，针对间距过密难以分辨的光学频率梳多梳齿频谱，首先利用 F-P 滤波腔进行光学滤波。能够透射的光学频率梳只包含频率为滤波腔自由光谱范围(Free Spectral Range，FSR)整数倍的梳齿，极大地增大了光学频率梳剩余梳齿的间距。再利用光栅将滤波后频率梳激光中的各频率分量进行空间分离，调整会聚透镜与线阵电荷耦合元件

(Charge-Coupled Device，CCD)的位置，使每一个频率分量分别对应线阵 CCD 的一个像素点，由此实现对光学频率梳特定梳齿对应测距信息的零差干涉探测。当测量距离 L 不超过光源的相干长度时，测量臂与参考臂返回的脉冲在光谱仪 CCD 上将产生稳定的频域干涉条纹，可将接收到的干涉条纹的光谱功率密度表示为

$$g(\nu)=s(\nu)[1+\cos\phi(\nu)] \tag{3-91}$$

式中，ν 为飞秒脉冲光谱中的纵模频率；$s(\nu)$ 为光源的光谱功率密度；$\phi(\nu)=2\pi\nu a_{\rm d}$ 是由距离 L 引入的测量脉冲与参考脉冲之间的频域相位差；$a_{\rm d}$ 是测量延时，其值为 $a_{\rm d}=2n_{\rm air}(\nu)L/c$；$n_{\rm air}(\nu)$ 为空气折射率。为了精确测量延时值，采用带通滤波器对 $\alpha_{\rm d}$ 附近的峰值进行滤波处理后，再用傅里叶反变换将其变换到频域，经过反正切和解包处理后可以得到 $\phi(\nu)$ 的绝对数值。最后距离 L 可以表示为

$$L=\frac{c}{4\pi n_{\rm air}}\times\frac{{\rm d}\phi}{{\rm d}\nu} \tag{3-92}$$

在利用已获得信息对距离进行解算的过程中，分析了参考光与测量光干涉的频谱功率密度信号，通过对其进行快速傅里叶变换及滤波实现频谱中的测距相位信息的分离，再由逆变换将此相位信息彻底提取，最终计算得到被测距离。其可以测量的最小不模糊长度为 1.46mm，而测距分辨率可达 7nm。2011 年，华中科技大学、中国科学院光技术电研究院和江西理工大学联合发表了基于该方法的研究成果。使用如图 3-35 所示的测量装置，将不模糊范围扩展到 5.75mm，测量分辨率达到 100nm，最小可测距离为 9nm。

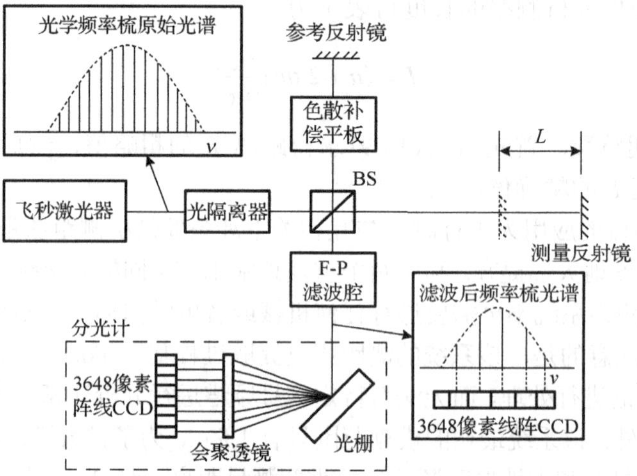

图 3-35　频率梳光谱分辨干涉测距法原理图

3.5.6　飞行时间法、多波长干涉与光谱分辨干涉法组合测量方法

飞行时间法(Time of Flight，TOF) 测量范围大，可达数十甚至数百千米，但测量精度相对较低。光谱分辨干涉法测量范围小，一般在毫米量级，但测量精度高。多波长干涉法(Multi-Wavelength Interferometry，MWI)介于这两者之间。2008 年韩国 KAIST 的 K. N. Joo 等将这三种具有互补性质的测量方法融合进了一个基于飞秒激光频率梳的测量系统中。图 3-36 为整个组合测量系统的光学结构图。将频率稳定的飞秒光学频率梳作为测量光源，从飞秒脉冲激光器发出的光经过偏振分光棱镜 PBS_1 分成参考光束与测量光束两束，分别由参考镜和测

量镜反射后，重新在 PBS_1 处结合，并且穿过分光棱镜 BS。由 BS 反射的光束，经过偏振分光棱镜 PBS_2 分开 MWI 和 TOF 单元的参考光束和测量光束，并通过光电探测器 PD_R 和 PD_M 探测。与此同时，透过 BS 的光束，穿过 45° 偏振片 P 和法布里-珀罗标准具 FPE 后产生的色散干涉由光栅和线阵 CCD 组成的光谱仪测量。

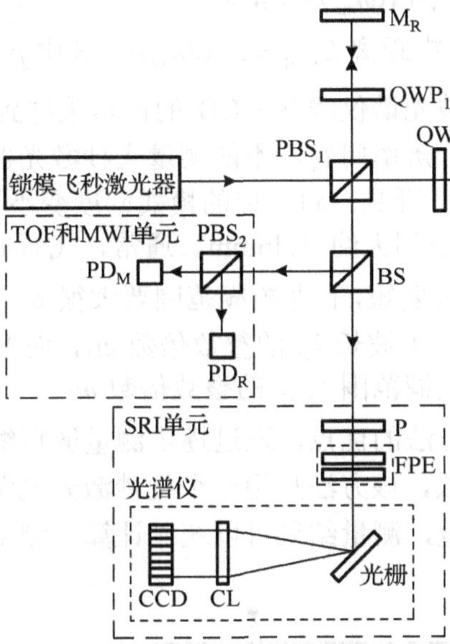

图 3-36　飞行时间法、多波长干涉法与光谱分辨干涉法组合测量方法

首先，利用飞行时间法通过具有皮秒量级的时间分辨力的两个脉冲之间的时间间隔 t，从而确定 L_{TOF}：

$$L_{TOF} = ct/2 \tag{3-93}$$

然后，利用 f_{rep} 及其高阶谐波作为波长 λ_{eq} 进行多波长干涉测量，由多波长干涉技术得到被测距离 L_{MWI}：

$$L_{MWI} = \frac{m_1 \lambda_{eq}}{2} + L_{syn} \tag{3-94}$$

式中，m_1 为整数部分，由 L_{TOF} 确定，L_{syn} 为小于 $\lambda_{eq}/2$ 的距离部分。假设飞秒激光器发射的激光束的重复频率 f_{rep} 及其 q 阶谐波成正弦波变化，其频率 $\nu = qf_{rep}$，则距离 L_{syn} 为

$$L_{syn} = \frac{c}{2\nu} \times \frac{\Delta\varphi}{2\pi} = \frac{\lambda_{eq}}{2} \times \frac{\Delta\varphi}{2\pi} \tag{3-95}$$

其中，$\Delta\varphi$ 为由测量距离变化引起的相位差变化，则波长为 $\lambda_{eq} = c/(qf_{rep})$。所选的谐波阶次越高，测量分辨力就越高。在实际系统中可使用电子滤波器来选择合适的高阶谐波作为波长。

最后，利用光谱分辨干涉法，测量得到最终的测量距离 L_{SRI}，根据原理可得

$$L_{SRI} = \begin{cases} m_2 \times L_{NAR} + \delta_L & \text{为偶数} \\ (m_2 - 1) \times L_{NAR} - \delta_L & \end{cases} \tag{3-96}$$

其中，整数部分 m_2 由 L_{MWI} 确定，由于光谱分辨干涉法得到的相位 $\phi(\nu)$ 随频率 ν 变化，并且傅里叶变换分析允许测量关于 ν 的相位变化，所以可知非模糊距离 L_{NAR} 的小数部分 δ_L 由下

式可得

$$\delta_{\mathrm{L}}=\left(\frac{c}{4\pi n_{\mathrm{g}}}\right)\frac{\mathrm{d}\phi}{\mathrm{d}\nu} \tag{3-97}$$

式中，n_{g}为空气群折射率，有$n_{\mathrm{g}}=n_{\mathrm{air}}+(\mathrm{d}n_{\mathrm{air}}/\mathrm{d}\nu)\nu$。

由于奈奎斯特定理的限制，非模糊距离$L_{\mathrm{NAR}}=c/(8n_{\mathrm{g}}p)$，其中$p$表示光谱仪的采样周期，如果光学频率梳的所有模式都可以被光谱仪线阵 CCD 的像素采样到，那么p等于光学频率梳的模式间隔。由于现有光谱仪的分辨率问题，不能测量飞秒激光器的整个光学频率梳光学模式，在此通过前面加法布里-珀罗标准具，将光梳的模式密度变小，从而p等于法布里-珀罗标准具的自由光谱范围，L_{NAR}减小到大约 1.46mm。通常，飞行时间法原理(TOF)的测量分辨力比多波长干涉法(MWI)的波长要短，且非模糊范围要大很多。因此，飞行时间法(TOF)常用于确定在合多波长干涉法(MWI)中波长λ_{eq}的整数倍数m_1，而多波长干涉法(MWI)在补偿光谱分辨干涉原理中用于确定非模糊范围L_{NAR}的整数倍数m_2。

这个组合方法融合了各个测量方法的优点，通过逐步测量解算缩短非模糊范围，提高测量精度(图 3-37)。相对于双光梳方法，该方法只用一个飞秒激光光源，其光学结构简单，此外所用到的三种方法可同时进行测量，测量结果可以统一计算，测量的实时性高。

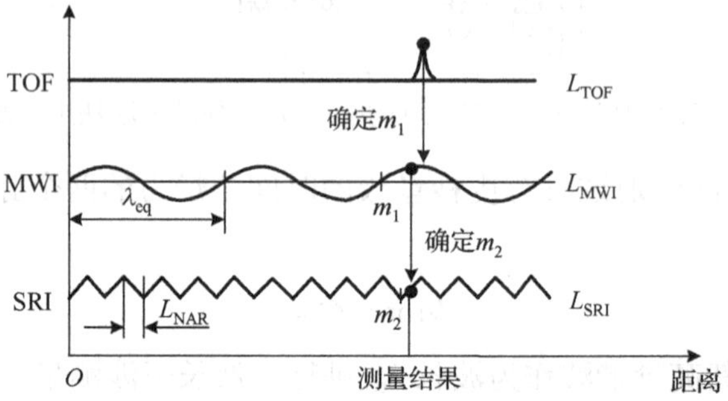

图 3-37　飞行时间法、多波长干涉与光谱分辨干涉法组合测量分析图

3.5.7　参考光学频率梳的多波长干涉测距法

2006 年，参考光学频率梳的多波长干涉测距法由德国科学家 Nicolas Schuhler 和瑞士科学家 Yves Salvade 等联合实现，其测量的原理如图 3-38 所示。

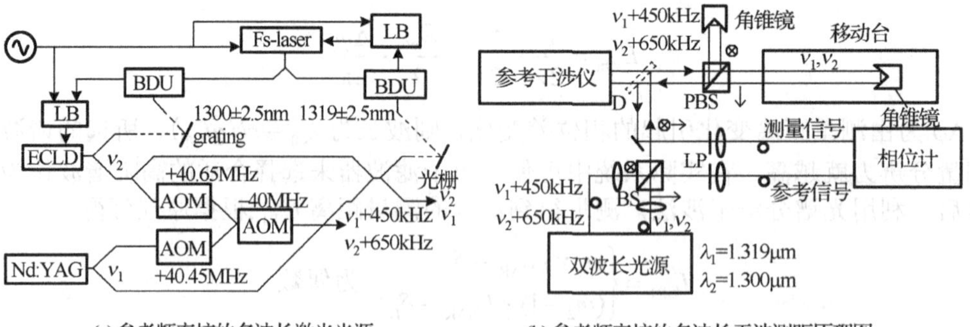

图 3-38　参考频率梳的多波长激光光源结构与多波长干涉测距原理图

在真空中，合成波长由两个激光器之间的频率差 $\Delta\nu$ 给出：

$$\Lambda=\frac{c}{\Delta\nu}=\frac{c}{Nf_{\text{rep}}} \tag{3-98}$$

该方法以光学频率梳作为频率基准，将用于测量的两个激光器分别对其进行偏频锁定，由锁定在不同的梳齿的两测量光生成不同的合成波长，从而实现对待测距离的测量。所用的两个激光器由波长为 1.319μm 的 Nd: YAG 激光器和波长为 1.3μm 的外腔半导体激光器(External-CavityLaser Diode，ECLD)和锁模光纤激光器组成。激光器的共同稳定概念如图 3-38(a)所示，锁模光纤激光器的一个光梳模式锁定到 Nd: YAG 激光器，而 ECLD 依次锁定到锁模光纤激光器的另一个光梳模式。该方法由多个声光移频器(AOM)对激光频率进行偏移，外差干涉探测信号由拍频探测单元(Beat Detection Unit，BDU)进行信号接收和转换，进而求得不同波长所对应的待测距离相位，这在很大程度上抑制了强度噪声对测量结果的影响。为验证绝对距离测量的精度，一套激光干涉仪被用于提供参考位移。

如图 3-39 所示具体使用的频率梳重复频率 f_{rep} 为 100MHz，两台测量激光器以 20MHz 偏频值锁定于相应的频率梳齿，经光谱仪测量发现其频率差约为 $\Delta\nu$ = 3.3THz。由上述两测量激光生成的合成波长计算约为 90μm。通过使用图 3-38(b)所示干涉测距光路与参考干涉仪进行位移比对测量后，证明上述合成波长对应的测距精度小于光学波长的四分之一，即应用此合成波长可以对光学波长进行解算，从而使得绝对距离测量精度达到纳米量级。

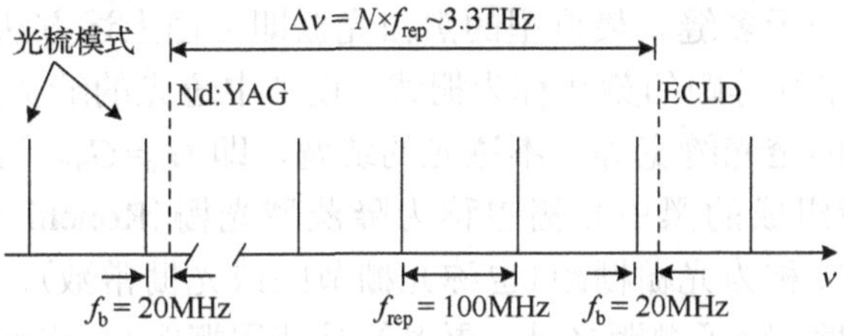

图 3-39 参考频率梳激光的多波长激光频率关系示意图

2012 年，清华大学李岩教授课题组用该方法进行了台阶高度测量研究。使用一台可调谐半导体激光器以光学频率梳为波长参考进行了 5000s 的连续锁定实验，频率锁定稳定度达到 1.8×10^{-12}，理论测量不确定度达到 7.9nm。

2014 年，国防科技大学的研究人员对参考光学频率梳多波长干涉测距的波长选择及不模糊范围进行了研究。提出了二次合成波长的方法，扩展了不模糊范围并加大了多波长调制的波长间隔。最终仿真验证了五波长干涉系统达到几百毫米的不模糊范围，相对距离分辨力的动态量程达到 10^9 量级。

该参考光学频率梳的多波长干涉测距法与传统的多波长干涉测距方法相比，不再以原子或分子的饱和吸收峰作为基准，整个测量系统的结构更加简单，更为重要的是，光学频率梳在参考时间基准进行高精度稳频控制后不再受环境因素影响，其频率稳定性和复现性远高于现有原子或分子饱和吸收频率基准，这对距离测量的持续可复现和高精度溯源具有重要意义。但该测距方法难以同步获取合成波长链，为获取多个不同的合成波长需要对测量激光器进行大范围调频或使用多台激光器，这对测量过程和结果带来了其他未知因素。

第4章　激光光栅测量技术与系统

4.1　黑白光栅测量原理及关键技术

4.1.1　光栅测量的基本原理和概念

在长度测量和计量领域，利用两块光栅叠合时所形成的莫尔条纹实现长度或位移测量，是光栅式测量最传统和最经典的方式之一。下面先介绍光栅与莫尔条纹的基本概念。

1. 光栅

光栅(Grating)也称光栅尺，是由大量等宽等间距的平行刻线构成的光学器件。光栅或光栅尺的核心特征是其尺面上刻有规则排列的和规则形状的刻线。这些刻线可以是透光的、不透光的、全部透光的、对光反射的和不反射的，因此光栅有很多类型。一般常用的光栅是在玻璃片上刻出大量平行刻痕制成，刻痕为不透光部分，两刻痕之间的光滑部分透光，相当于一个狭缝，因此光栅相当于多缝。最典型的黑白光栅即可由上述方法制作。图 4-1 为黑白长光栅示意图，光栅尺上平行等距的刻线称为栅线，设其中透光的缝宽为 G_m，不透光的缝宽为 G_n。一般情况下，光栅的透光缝宽等于不透光的缝宽，即 $G_m=G_n$。这种一系列平行等距的透光狭缝和不透光狭缝所组成的黑白光栅也称为隆茨型光栅(Ronchi Grating，也称为朗奇光栅)。图 4-1 中 $d_g=G_m+G_n$ 称为光栅栅距(也称光栅节距或光栅常数)。光栅栅距是光栅的一个重要参数。对于圆光栅盘，除了栅距之外，更多的是使用栅距角(也称节距角)作为重要参数，栅距角是指圆光栅盘上相邻两刻线所夹的角。

图 4-1　黑白长光栅

2. 莫尔条纹

把两块黑白长光栅尺刻线面相对并且叠合，当两块光栅尺的栅线方向之间具有很小的夹角 θ 时，在近于与栅线垂直的方向上出现明暗相间的条纹，如图 4-2 所示。其中 I 为透光的亮条纹，II 为不透光的暗条纹。这种亮暗相间的条纹被称为莫尔条纹(Moire 条纹)。一般，只要具有规则周期的图案，在重叠时，都会产生莫尔条纹。莫尔条纹的两亮条纹(或两暗条纹)之间的距离称为莫尔条纹的宽度，或称莫尔条纹间距，在图 4-2 中条纹距以 W 表示。

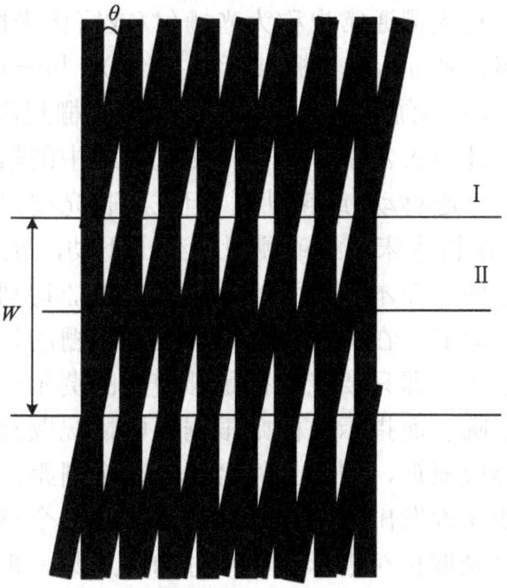

图 4-2　莫尔条纹的形成

3. 莫尔条纹测量的基本原理

当两块刻线面相对并叠合的长光栅尺，沿垂直于栅线方向做相对运动时，莫尔条纹便沿着与栅线方向近似相同的方向相应移动。由于光栅尺具有周期性刻线，两块光栅尺相对移动一个栅距，莫尔条纹随之移动一个条纹间距。如果不考虑光栅的衍射作用和摩擦，且假设两块光栅接触叠合，它们的栅距相等，透光缝宽和不透光缝宽也相等，则根据遮光原理，在图 4-2 的位置Ⅰ处，两块光栅的栅线彼此不遮光，透光量最大，在位置Ⅱ处，两块光栅的栅线彼此完全遮光，透光量最小，则光透过两块光栅后的光能量分布将是一个三角波形式，如图 4-3(a)所示。但实际中，为了达到高测量精度，光栅线条较细，衍射作用不可忽略，而且两光栅尺之间必须有适当的缝隙，以避免两光栅尺在做相对运动时的擦碰，此外，照明光源有一定宽度且存在照明不均匀问题，光栅尺的透光缝宽和不透光缝宽由于制作误差等也不完全相等，在上述诸多因素作用下，实际的光能量分布将是一个近似的正弦波，如图 4-3(b)所示。根据上述光能量的分布情况，显然，如果在两块光栅的背面设置一个光栏，并用光电探测元件接收透过两块光栅的光能量，则光电探测元件的输出信号将随着两块光栅尺处于不同的相对位置而有强弱的变化。并且，光电元件输出信号的周期数必然与两块光栅尺相对移动过的栅距数相同。即两块光栅尺相对移一个栅距，莫尔条纹移一个条纹间距，光电元件送出一个电信号。

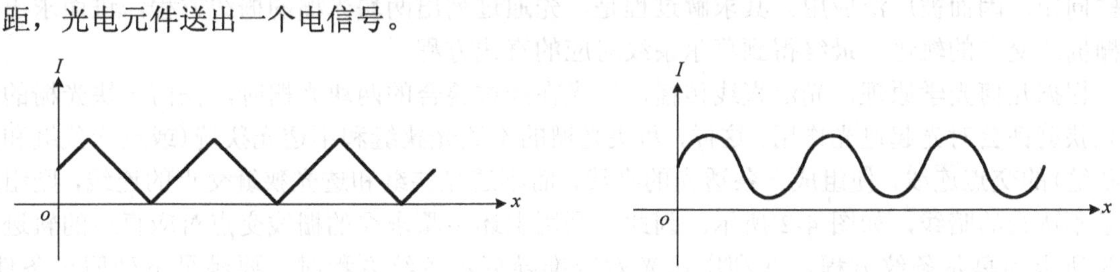

(a) 理想光能量分布　　(b) 实际光能量分布

图 4-3　光透过两块光栅的光能量分布

上述形成莫尔条纹的一对光栅通常也称为光栅付(或写作光栅副)，在一对光栅付中，其中一块光栅尺作测量基准用，称为标尺光栅(或称主光栅)，另一块光栅尺则称指示光栅(或称扫描掩膜)。在实际光栅式测量系统中，光栅付中的一个光栅尺固定不动，另一个光栅尺随测量工作台一起移动。在一些计量仪器中，光栅式测量系统中的指示光栅一般固定不动，标尺光栅随测量工作台(或主轴)一起移动(或转动)。但在用长光栅尺的数控机床和一些精密加工装备中，标尺光栅往往固定在机床床身上或测量框架上不动，而指示光栅随读数头一起移动，实现测量。为了叙述上的方便，在本章后面的行文中，除非特别说明，都把标尺光栅看作移动的，而指示光栅是固定不动的。在测长系统中，标尺光栅的长度一般由测量范围来定，而指示光栅一般只需做成一小块，即只要能获得足够使用的莫尔条纹区域即可。在圆分度测量系统中，圆标尺光栅做成整圆，而指示光栅则根据不同情况取整圆或取一小块圆弧。

根据上述莫尔条纹的形成原理，测量工作台每移一个栅距，即标尺光栅和指示光栅每相对移动一个栅距，光电探测元件发出一个信号，计数器计一个整数。这样，根据计数器计的信号总数，便推算得知标尺光栅相对指示光栅移过的栅距数，也测得了测量工作台移过的位移量。这就是光栅式测量系统进行长度测量或位移测量的基本原理。为了提高光栅式测量系统的分辨率和精度，在光栅式测量装置中，还配有各种细分电路，以读出两块光栅尺相对位移为栅距小数部分的数值。对光栅式圆分度测量来说，其原理与测长相同，利用一对圆光栅栅线面相对且叠合形成莫尔条纹。其中一个圆光栅固定不动，另一个随主轴一起转动。主轴每转过一个栅距角，两圆光栅形成的莫尔条纹移过一个间距，光电探测元件发出一个信号，相应计数器计一个数，根据计数器的总计数，便得知可动圆光栅转过的栅距角数值，实现角度的测量。

4.1.2 莫尔条纹的几何光学原理

光栅式测量的基础是利用两块光栅叠合时所形成的莫尔条纹。因而，深入分析莫尔条纹的形成原理，研究光栅付结构参数和莫尔条纹几何图案之间的关系，是设计光栅式测量装置的基础。莫尔条纹的形成，可以从几何光学和衍射光学两个角度进行解释。

莫尔条纹的形成，实质是光在通过光栅付时衍射和干涉共同作用的结果。但是当光栅是栅距较大的黑白光栅时，可以按照光是直线传播的几何光学原理，利用光栅栅线的遮光效应，来解释莫尔条纹的形成，并推导光栅付结构参数和莫尔条纹几何图案之间的关系，求得莫尔条纹方程。

用几何光学原理来讨论莫尔条纹的形成比较直观易懂，而且能够解决实际应用中遇到的一些问题，因而被广泛应用。其求解过程是，先通过列出两块光栅的栅线方程，进而求出两光栅栅线交点的轨迹，最终得到莫尔条纹对应的直线方程。

根据几何光学原理，光沿直线传播，当光在经过叠合的两块光栅时，任何一块光栅的不透光狭缝都会对光起遮光作用。这样，两块光栅的不透光狭缝和不透光狭缝(或透光狭缝和透光狭缝)的交点连线，便组成一条透光的亮线，而不透光狭缝和透光狭缝交点的连线，则组成一条不透光的暗线，如图 4-2 所示。因此，利用上述步骤求得的栅线交点对应直线的轨迹，即为所求的莫尔条纹方程。在利用遮光效应推导莫尔条纹方程时，要满足下列假设条件：①两光栅叠合时，光栅刻线面之间间隙较小；②光源出射的光经准直系统成平行光后对光栅平面垂直入射。

下面以长黑白光栅为例，推导莫尔条纹方程。设两块黑白长光栅栅面相互平行放置，光

栅常数分别为 d_{g1} 及 d_{g2}，两光栅栅线方向夹角为 θ，如图 4-4 所示。取光栅常数为 d_{g1} 的光栅的任一栅线为 y 轴，与其垂直的方向取为 x 轴，建立直角坐标系。令 n 与 m 分别为两光栅的栅线序数，则两光栅的栅线方程式分别为

$$x = nd_{g1} \tag{4-1}$$

$$y = \left(x - \frac{md_{g2}}{\cos\theta} \right)\cot\theta \tag{4-2}$$

由图 4-4 看出，两光栅栅线交点的轨迹是由两个光栅栅线的序列数 $(n,\ m)$ 给定。例如，图 4-4 中交点连线Ⅰ由 $(n,\ m=n)$ 序列给定，交点连线Ⅱ由 $(n,\ m=n-1)$ 序列给定，交点连线Ⅲ由 $(n,\ m=n-2)$ 序列给定。作为一般情况，交点连线由 $(n,\ m=n+k)$ 序列给定，其中 $k=0$，$k=\pm1$，$k=\pm2$，…。按照遮光效应，交点连线Ⅰ、Ⅱ、Ⅲ就是莫尔条纹的亮条纹。由公式(4-1)得 $n=x/d_{g1}$，同时将 $m=n+k$ 代入式(4-2)解得莫尔条纹方程的一般表达式为

$$y = x\left(1 - \frac{d_{g2}}{d_{g1}\cos\theta} \right)\cot\theta - \frac{kd_{g2}}{\sin\theta} \tag{4-3}$$

显然，公式(4-3)表示一直线方程簇，每一个 k 值对应一条莫尔条纹的亮条纹，且各条纹的斜率为

$$\tan\beta = \left(1 - \frac{d_{g2}}{d_{g1}\cos\theta} \right)\cot\theta \tag{4-4}$$

条纹的间距 W 为式(4-3)中相邻两个 k 值所代表的两直线之间的距离，可表示为

$$W = \frac{d_{g2}}{\sqrt{\sin^2\theta + \left(\cos\theta - \dfrac{d_{g2}}{d_{g1}} \right)^2}} = \frac{d_{g1}d_{g2}}{\sqrt{d_{g1}^2 + d_{g2}^2 - 2d_{g1}d_{g2}\cos\theta}} \tag{4-5}$$

由上述分析可见，图 4-4 所示两块光栅叠合时所形成的莫尔条纹是由条纹斜率为 $\tan\beta$、条纹间距为 W 的平行线簇所组成。根据式(4-4)和式(4-5)，当不同的 d_{g1}、d_{g2}、θ 值组合时，会出现不同的莫尔条纹花样，其中最典型的是横向莫尔条纹和光闸莫尔条纹。

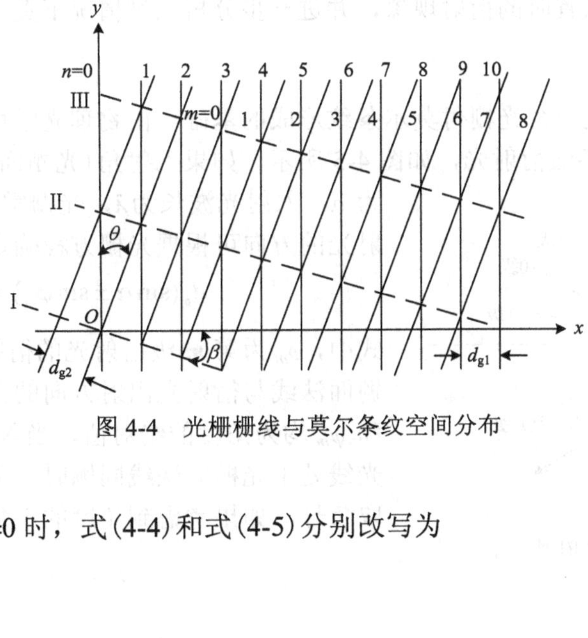

图 4-4　光栅栅线与莫尔条纹空间分布

1) 横向莫尔条纹

当 $d_{g1}=d_{g2}=d_g$，$\theta\neq0$ 时，式(4-4)和式(4-5)分别改写为

$$\tan\beta = -\tan\frac{\theta}{2} \tag{4-6}$$

$$W = \frac{d_g}{2\sin\frac{\theta}{2}} \tag{4-7}$$

当 θ 角很小时，由式(4-6)得 $\beta\approx-\theta/2$，这表示莫尔条纹的方向在光栅付栅线交角外角(补角)的角平分线方向上。且因 θ 角很小，条纹则大致与光栅栅线方向垂直，因此称这种条纹为横向莫尔条纹。此外，θ 角很小时，式(4-7)可简化为 $W\approx d_g/\theta$，由于 $\theta<<1$，故 $W>>d_g$，即莫尔条纹间距对光栅栅距有放大作用。当两光栅沿 x 轴方向相对移过一个栅距时，横向莫尔条纹就近似沿 y 轴方向(即栅线方向)移一个条纹宽度。

2)光闸莫尔条纹

当 $d_{g1}=d_{g2}=d_g$，$\theta=0$ 时，由式(4-5)可知，条纹宽度趋于无穷大。此时，当两块光栅相对移动时，光栅付对入射光就像闸门一样不断开启和关闭，像闸门一样，在光栅付后观察时，视场上不断明暗变化，故这种条纹称为光闸莫尔条纹。两块光栅相对移动一个栅距，视场上亮度明暗变化一次。

4.1.3 莫尔条纹的衍射原理

基于几何光学原理和光的直线传播特性，利用栅线遮光作用，可以用来方便地讨论长光栅及圆光栅所形成的莫尔条纹及其有关问题。几何光学原理直观易懂，然而也有其局限性。首先，几何光学原理本身是波动光学理论在某些条件下的近似，单纯利用几何光学原理，不能完全说明光栅用于测量时所出现的各种现象；其次，用于产生莫尔条纹的光栅不全是黑白光栅，也有处处透光的相位型光栅，这样的两块相位型光栅重叠时也能出现莫尔条纹，但难以用栅线的遮光作用解释；再次，当光栅栅距较小时，通常认为栅距小于 40μm 时，衍射现象很显著，两块光栅叠合时，衍射对莫尔条纹的形成起重要作用。

因此，为了深入讨论莫尔条纹的形成原理和设计光栅式测量系统，必须研究光栅的衍射现象。作为最常用和最典型的情况，本章仅讨论光栅常数相差很小、光栅刻线交角 θ 也很小时的两块长光栅平行放置时的衍射现象，并进一步分析该种情况下莫尔条纹的形成。

1. 单光栅的衍射

单光栅衍射现象是研究光栅付莫尔条纹形成的基础。由物理光学可知，单色平行光入射到光栅 G 上，将产生各级衍射光，如图 4-5 所示。如果入射角(光栅面法线与入射光的夹角)为 α，入射光波长为 λ，光栅常数为 d_g，则第 m 级衍射光的方向可根据光栅方程确定：

$$d_g(\sin\alpha \pm \sin\varphi_m) = m\lambda \tag{4-8}$$

式中，φ_m 为第 m 级衍射光的衍射角，衍射角定义为光栅面法线与衍射光出射方向的夹角，且式(4-8)中的 α 和 φ_m 均为角度的绝对值，当入射光线和第 m 级衍射光线处于光栅面法线同侧时，式(4-8)取正号，异侧时取负号。如果考虑到角度的正负，规定由光线通过锐

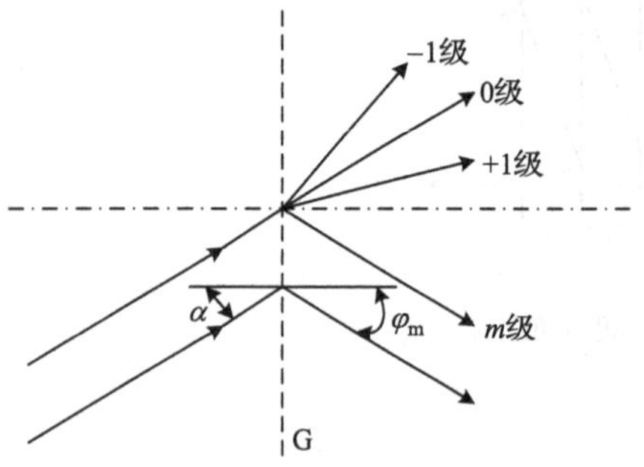

图 4-5 单光栅衍射

角转到法线时，逆时针为正，顺时针为负，则光栅方程可表示如下：

$$d_g(\sin\varphi_m - \sin\alpha) = m\lambda \tag{4-9}$$

光栅方程式(4-8)和式(4-9)适用于透射光栅，也适用于反射光栅。由于 α 和 φ_m 的变化范围为±90°，相应地，$(\sin\varphi_m - \sin\alpha)$ 的变化范围为±2，由此限制，可得能够观察到的最高衍射级 $m_{max}=2d_g/\lambda$，它只与入射光的波长 λ 和光栅常数 d_g 有关，对同一入射光波长 λ，光栅常数 d_g 越大，可观察的衍射级次就越多，衍射光线就越密集，对应确定的入射角，显然 d_g 越大，相邻级次的衍射角差别越小。

2. 光栅常数相同、刻线方向平行的两平行光栅的衍射

单色平行光照明光栅付时，即入射光栅常数相同、刻线方向平行的两光栅平行放置叠合时，照明光首先入射到第一光栅上，并产生衍射；假设两光栅平面间间隔很小，光栅尺寸很大，第二光栅能接收来自第一光栅的全部衍射；则第一光栅产生的各级衍射光入射到第二光栅上，再次发生衍射，产生不同级次的衍射光束。光栅付出射的每一衍射光束，可以由它在两个光栅上衍射的级次序列表示，如图 4-6 所示。

如果单色平行光对第一光栅 G_1 的入射角为 α，从 G_1 产生的第 p 级衍射光经 G_2 后产生第 q 级衍射光，则从光栅付出射的这一衍射光的级次就可表示为 (p, q)。如果入射光经第一光栅衍射后，共产生 m 级衍射光，其中每一级衍射光经第二光栅后又产生 m 级衍射光，则从光栅付出射的光束数目应是 m^2 个。下面讨论这 m^2 个出射的衍射光束的方向。

如图 4-7 所示，对于由光栅组合出射的等级序列为 $(m, m+1)$ 级和 $(m+1, m)$ 级的两出射衍射光，由光栅方程式(4-9)可知，对 $(m, m+1)$ 级出射衍射光，由第一光栅产生的 m 级衍射光的出射方向由下式确定：

$$\sin\varphi_m = \sin\alpha + \frac{m\lambda}{d_g} \tag{4-10}$$

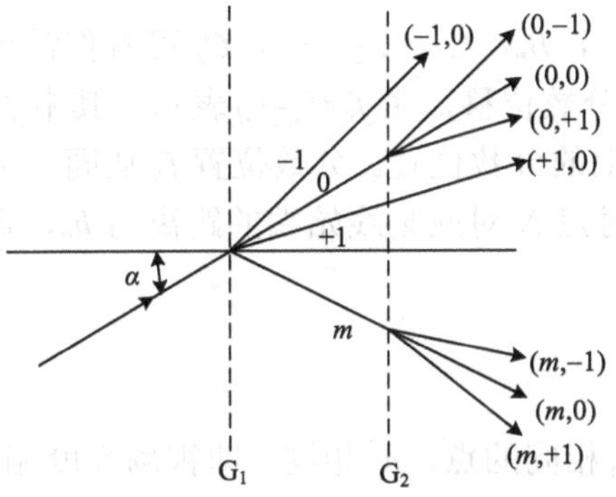

图 4-6　双光栅衍射

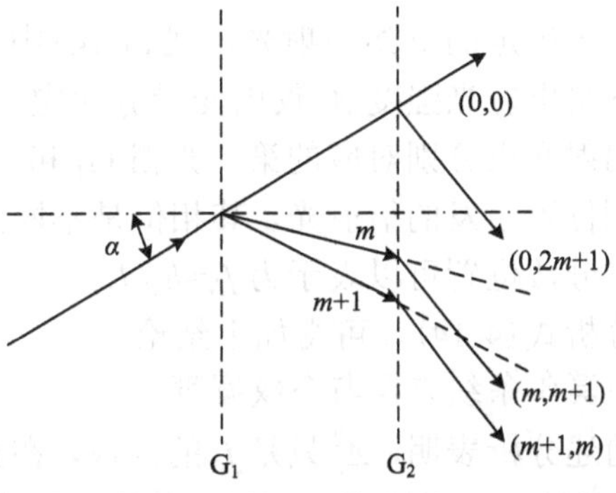

图 4-7　$(m, m+1)$ 级和 $(m+1, m)$ 级传播方向关系

因为两光栅是平行安置，显然，式(4-10)中的 φ_m 就是第 m 级衍射光射向第二光栅的入射角，经第二光栅后产生的第 $m+1$ 级衍射光的方向将是

$$\sin\varphi_{(m,m+1)} = \sin\varphi_m + \frac{(m+1)\lambda}{d_g} \tag{4-11}$$

式中，$\varphi_{(m, m+1)}$ 表示第二光栅的衍射角。将 $\sin\varphi_m$ 的表达式(4-10)代入式(4-11)，则有

$$\sin\varphi_{(m,m+1)}=\sin\alpha+\frac{\lambda}{d_{\mathrm{g}}}\left[m+(m+1)\right] \tag{4-12}$$

同理，对$(m+1, m)$级衍射光，可得

$$\sin\varphi_{(m+1,m)}=\sin\alpha+\frac{\lambda}{d_{\mathrm{g}}}\left[(m+1)+m\right] \tag{4-13}$$

比较式(4-12)和式(4-13)，$\sin\varphi_{(m,\ m+1)}=\sin\varphi_{(m+1,\ m)}$，说明从光栅付出射的$(m, m+1)$级和$(m+1, m)$级的衍射光方向相同。显然这也是光栅付两光栅平行放置、栅线平行、光栅常数相等得出的必然结果。由此进一步分析，不难得出下列结论：从光栅付出射的两束衍射光，如果它们各自在两个光栅上衍射的衍射级次之和相等，即$p_1+q_1=p_2+q_2=r$，那么它们将以相同方向出射。而且由式(4-12)和式(4-13)可以看出，这一方向相当于单光栅的第$p+q=r$级的衍射方向。因此，仅就入射光束和出射光束方向而论，光栅常数相同、刻线平行的两个平行光栅相当于一个具有同一光栅常数的单光栅。

由此可知，虽然平行光入射光栅付出射的光束有n^2个，但出射的方向仅有n个，分别与单光栅的n个衍射方向相同，每个出射方向上包含有n个衍射光束，这n个衍射光束虽然出射方向相同，但它们的强度和相位不同，因为它们分别是两个光栅的不同级次的衍射构成的，在两光栅间通过的路程是不同的。所以，相当于单光栅的第r级方向的出射光的强度将由此方向上n个分光束的干涉结果决定。

3. 莫尔条纹方程

假定光栅付两光栅的光栅常数相差很小，分别为d_{g}和$d_{\mathrm{g}}(1+\varDelta)$，$\varDelta$表示两光栅常数相对差值，当$\varDelta$与两光栅栅线夹角$\theta$都十分微小时，经过光栅付衍射的$r$组出射光中的$n$个分光束近似以相同方向出射，并形成干涉。根据多光束干涉原理，用振幅矢量叠加的方法，可求出n个出射光束叠加的合振幅为

$$A^2=B_0+B_1\cos(C_1-2\pi f_{\rho})+B_2\cos(C_2-4\pi f_{\rho})+\cdots+B_{n-1}\cos[C_{n-1}-2(n-1)\pi f_{\rho}] \tag{4-14}$$

对于确定的r组出射光，式(4-14)中，B_0，B_1，…，B_n，C_1，C_2，…，C_n可看作常数，因此r组出射光强度A^2仅由变量f_{ρ}决定。f_{ρ}为出射点分数位移，由$f_{\rho}=f_N-f_M$表示，其中f_N和f_M为出射光束分别对应的第一光栅G_1和第二光栅G_2上的分数位置。分数位置f_N从同一刻线上不同位置出发的衍射光，其相位是不同的，如果出射点N对应刻线始端的距离为h_{g}，则出射点的分数位置可以表示为$f_N=h_{\mathrm{g}}/d_{\mathrm{g}}$。

分析式(4-14)，可得如下结论。

1)莫尔条纹方向与条纹宽度

前述分析表明，A^2只是f_{ρ}的函数，在光栅面上，f_{ρ}相同的点，A^2相同，即视场亮度相同；f_{ρ}不同的地方，视场亮度不同。分数位移为$f_{\rho}=f_N-f_M$，由于光栅的周期性特点，f_N及f_M的值只能在0～1变化，所以，分数位移f_{ρ}的值也只能在[−1,+1]变化，并在光栅面上周期性出现。对于某个f_{ρ}值，A^2将有最大值，对于另一个f_{ρ}值，A^2将具有最小值。理论推导表明，f_{ρ}值相同的点的轨迹是一些彼此平行的直线，那么，这些A^2的最大值将形成一条亮线，而A^2的最小值将形成一条暗线。这样，在光栅面上呈现出一些明暗相间的条纹，这就是莫尔条纹。理论推导表明，莫尔条纹的方向基本沿着光栅付两光栅栅线夹角外交的角分线方向，这与几何原理推导的结论相同。相邻的f_{ρ}值相同的直线之间的距离，即莫尔条纹宽度W可表示为

$$W = d_g(1+\Delta)\left\{\left(\Delta\cos\frac{1}{2}\theta\right)^2 + \left[(2+\Delta)\sin\frac{1}{2}\theta\right]^2\right\}^{-\frac{1}{2}} \tag{4-15}$$

① 当$\Delta=0$，$\theta\neq0$且θ较小时，条纹大致与栅线垂直，故为横向莫尔条纹，此时条纹的宽度由式(4-15)得

$$W = \frac{d_g}{2\sin\frac{1}{2}\theta} \tag{4-16}$$

当θ角很小时，则有

$$W \approx \frac{d_g}{\theta} \tag{4-17}$$

② 当$\Delta=0$，$\theta=0$，两光栅在一定的相对位移时，在光栅面的视场范围内，分数位移f_ρ处处相同。因此，当两光栅作相对位移时，整个视场亮度作明暗变化，为光闸莫尔条纹。

当光栅付中一个光栅的位置固定，另一个光栅沿垂直于栅线的方向移动时，并不影响莫尔条纹的方向或宽度，但莫尔条纹将沿着与条纹垂直的方向移动。这是因为当每一光栅刻线占据相邻另一条光栅刻线以前占据的位置时，分数位移f_ρ的分布情况不变，即明暗条纹将在相同的位置出现，但光栅已经移过一个栅距，莫尔条纹就相应移过一个条纹宽度。对视场中某一点来说，该点亮度变化一个循环。

以上分析可见，就莫尔条纹的方向和宽度而论，用衍射原理分析得到的结果，与用几何光学原理分析得到的结果完全相同。

2)基波与谐波

由式(4-14)可见，A^2是f_ρ的一系列余弦函数之和。在A^2中，除含有直流分量和f_ρ的基波之外，还含有f_ρ的高次谐波。通常基波是很强的，但如果高次谐波项也具有较大强度的话，那么A^2将是f_ρ的较为复杂的周期函数，使得莫尔条纹的强度变化不是纯粹的正弦或余弦函数，在其基波周期的极大值和极小值之间出现次极大值和次极小值，即在主条纹之间出现高频谐周期条纹。谐条纹会影响莫尔条纹信号电子细分，在光栅式测量装置中，必要时可采用空间频率滤波器，滤掉莫尔条纹强度变化中的高次谐波成分。高频谐周期条纹采用几何学原理是难以分析得到的。

3)莫尔条纹与衍射光的选取

上述结果是对从光栅付出射的r组出射光的分析得到的。由r组出射光的分量光波之间相互干涉的结果形成了一组莫尔条纹，以此类推，光栅付出射的不同r组的光束将形成各自的莫尔条纹，显然，这些莫尔条纹的强度分布是不同的，例如，从单光栅衍射考虑，相邻刻线上对应点对一级衍射光的相位差为2π，但对p级衍射光，其相位差为$2p\pi$，相位差不同，必然影响各光波分量干涉叠加形成的条纹强度分布。因此实际光栅测量系统中，需根据实际情况选取合适方向的衍射光，以便形成所需的莫尔条纹。

4.2 基于莫尔条纹的光栅光学系统

为把光栅的位移转换为光电探测元件的输出信号，需要光栅光学系统。一般而言，光栅光学系统是指形成莫尔条纹的光学系统，通常也包括接收莫尔条纹光强信号的光电探测元件。光栅光学系统是光栅式测量装置/光栅传感器中的最重要部分，在设计时一般要考虑满足如下

原则：结构简单，便于装调；莫尔条纹受系统结构参数影响小，抗干扰能力强；输出多相信号，便于后期细分处理和鉴向；输出高光学倍频信号，实现高分辨率测量。高倍频信号的好处还包括：能减小电学细分倍数因而降低电学细分难度，或者可采用大周期光栅，降低光栅加工成本。根据实际情况，上述原则可部分满足即可。光栅光学系统有很多类型，本书仅从形成莫尔条纹起作用的光栅数量方面简单介绍几种常用的单光栅、双光栅和三光栅光学系统。

4.2.1 单光栅光学系统

单光栅光学系统是指在光栅系统中，为了形成莫尔条纹，起作用的光栅尺只有一根。形成莫尔条纹的单光栅光学系统实际类型不多，下面介绍单根闪耀光栅的光学系统。

单根闪耀光栅光学系统如图 4-8 所示，光源 1 经准直透镜 2 后发出平行光，平行光入射至分光镜 3，分光镜 3 具有半反半透作用，将入射平行光分成两路，反射部分和透射部分，分别入射到闪耀光栅 4 的 A、B 处。闪耀光栅 4 具有等腰三角形的刻槽，当光栅在自准直状态下工作，即入射光垂直入射于刻槽面时，由物理光学可知，入射光的反射方向上具有最大强度的衍射光，即最大强度的衍射光将沿原路返回。这样，由 A、B 处返回的两路衍射光，A 路自分光镜 3 透过，B 路由分光镜 3 转向，它们都射向透镜 5。因这两束衍射光是相干的，故相遇后发生干涉，两干涉光经透镜 5 后被透镜 5 焦面上放置的光电探测元件 6 接收。通过控制刻线面与光栅平面的夹角 ϕ，可以使要求的光栅级次 m 发生在最大光强方向上，ϕ 角称为闪耀角。对于图 4-8 的单光栅光学系统，产生闪耀的条件为

$$m\lambda = 2d_g \sin\varphi \tag{4-18}$$

式中，m 要求具有最大光强的衍射级次；λ为入射光波长；d_g 为光栅栅距；ϕ 为闪耀角。

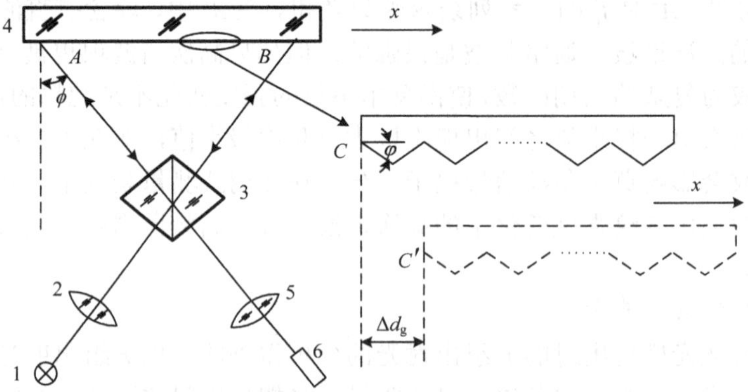

图 4-8 单根闪耀光栅光学系统、闪耀光栅面型及光程差变化

当闪耀光栅 4 沿 x 方向移动 Δd_g 时，从 A 和 B 返回的两束衍射光的相位差变化为

$$\Delta\phi = \frac{\Delta d_g}{d_g} 4m\pi \tag{4-19}$$

式(4-19)表明，显然该光栅系统具有 $2m$ 倍频作用，为提高光学系统灵敏度，在光栅常数 d_g 不变情况下，可采用大的衍射级次 m，即采用高级次衍射闪耀。然而，由式(4-18)可知，要增大 m 值，需要增大闪耀角ϕ，需要加深光栅刻槽，这会增加光栅加工难度。因此实际光栅光学系统中，要综合考虑分辨率与光栅加工的难度。

单根闪耀光栅光学系统采用小栅距的单根光栅，实现了光学倍频，具有较高的分辨率。

光栅加工精度和质量是确保光栅测量系统性能的关键，而在实际中，高精度小栅距光栅比一般黑白光栅加工难度大很多，成本较高。上述单根闪耀光栅也不能直接输出多相信号。从光学系统原理上讲，图 4-8 所示光栅测量系统也可以认为是单光栅干涉衍射测量系统，利用单光栅(主要是非闪耀光栅)衍射干涉原理实现位移测量，近年来发展了很多的实用光学系统，作为本章的重点内容，将在 4.3 节中详细介绍。

4.2.2 双光栅光学系统

基于黑白光栅莫尔条纹的光栅测量系统，主要采用双光栅形成莫尔条纹，应用最为广泛，对应的光学系统有直接接收式、影像式等。

1. 直接接收式光学系统

直接接收式光学系统也称为垂直入射式系统或直读式系统，其特点是结构简单、紧凑，调整使用方便，系统如图 4-9 所示。光源 1 发出的光经准直透镜 2 准直为平行光束，垂直入射标尺光栅 3，标尺光栅 3 和指示光栅 4 平行放置且光栅刻线方向具有很小的夹角，因此可形成莫尔条纹。指示光栅 4 与光电探测元件 5 固定在一起，标尺光栅 3 可沿着其栅线垂直的方向运动。光电探测元件 5 直接接收由标尺光栅 3 和指示光栅 4 所形成的莫尔条纹信号，由莫尔条纹形成原理可知，每当标尺光栅 3 移动一个光栅栅距，光电探测元件 5 通过后续计数电路就发出一个计数信号。

直接接收式光学系统适用于栅距较大的光栅，当光电接收元件 5 采用四级硅光电池时，该系统可直接接收四路在相位上相差 90° 的信号，实现可逆计数和鉴向等功能，该系统在长度和圆分度测量中具有广泛的应用。

由于图 4-9 的系统是透射式光学系统，光栅尺基片需要用玻璃做成，光透过光栅付时形成莫尔条纹。然而在有些场合，例如，在数控机床的检测系统中，无法应用透射式光学系统，可采用反射接收式光学系统。如图 4-10 所示，光源 5 发出的光经准直透镜 6 和物镜 3 后进入标尺光栅 1 和指示光栅 2，莫尔条纹由标尺光栅 1 反射回的光线与指示光栅 2 相互作用而形成，此条纹通过物镜 3、7 成像后，最后被光电探测元件 8 接收，系统中采用反射镜 4 用于光路转折。

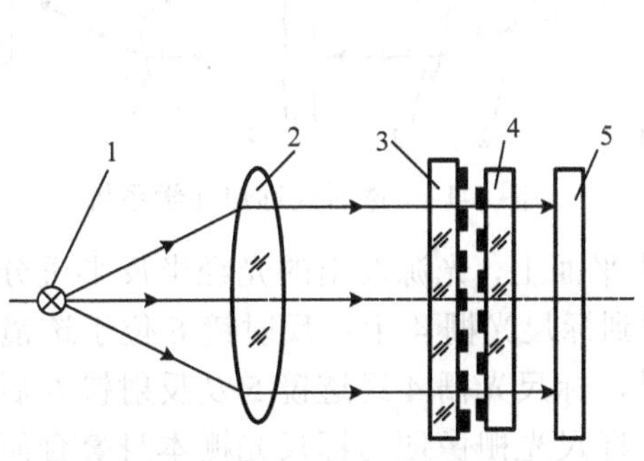

图 4-9 直接接收式光学系统

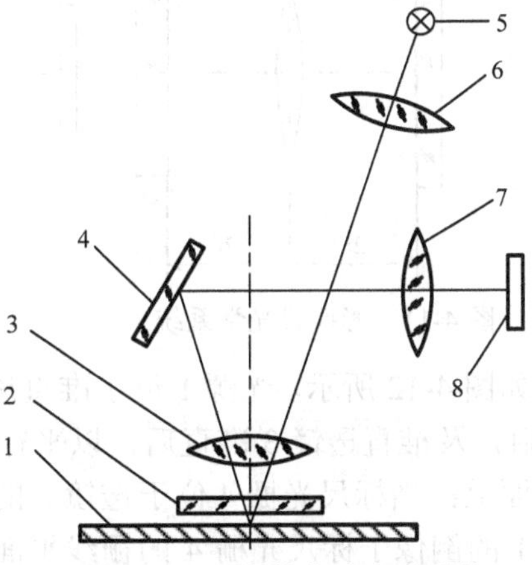

图 4-10 反射接收式光学系统

在反射接收式光学系统中，标尺光栅可用金属做成，用钢带或钢尺做基体，尺面经过抛光，然后涂上光刻胶，通过光刻法获得光栅栅线结构，也可采用机械刻划方式获得，近年来德国海德汉等专业光栅生产公司，开发了一些独有的专用工艺，制作的金属基片光栅性能更优良。在数控机床等设备中采用金属光栅尺的好处是，光栅尺不易碰碎，坚固耐用，抗污染能力强，且金属光栅尺线膨胀系数与机床基体线膨胀系数相近，有利于克服加工中引起的较大的温度波动对定位精度的影响，但在绝对位移测量中不适用。

一般而言，玻璃光栅的精度要优于金属光栅尺，但大尺寸的玻璃光栅较难加工。故计量仪器多数应用透射接收式光学系统，而反射接收式光学系统多数用于数控机床；长的光栅(大于 1m，甚至更长)多数用金属光栅，短的光栅用玻璃光栅。近年来，随着微电子加工技术的快速进步，在芯片加工的光刻机中，也采用了反射接收式光学系统。为了具有更小的芯片加工线宽和更高的套刻精度，对光刻机中位移检测核心设备的稳定性要求极高。此时，就不能采用以金属作用基底的光栅作为标尺光栅，而要采用以热膨胀系数极低的微晶玻璃作为基底加工标尺光栅，目前相关研究在快速发展中。

2. 影像式光学系统

影像式光学系统的原理是利用成像系统，使指示光栅的像和标尺光栅重叠，或使标尺光栅的像和指示光栅重叠，或使标尺光栅一部分栅线的像与同一根标尺光栅另一部分的栅线重叠，从而形成莫尔条纹。当然，在后一种情况时，系统中实际只有一块标尺光栅，但由于其形成莫尔条纹的原理与存在两块实际的光栅尺是一样的，故也算作双光栅光学系统。

最简单的影像式光学系统如图 4-11 所示。图中 1 为光源，标尺光栅 2 被投影物镜 3 以 1:1 成像于指示光栅 4 上。标尺光栅像与指示光栅叠合而形成莫尔条纹，然后被光电检测元件 5 接收，标尺光栅 2 与指示光栅 4 发生沿栅线平面且垂直栅线的相对移动时，莫尔条纹移动，实现位移的测量。影像式光学系统的优点是两块光栅尺之间可以有较大的工作间隙，但其缺点是轴向尺寸较大，而且，标尺光栅沿光轴方向位置的变化，会引起标尺光栅影像栅距变化而带来测量误差。

如图 4-12 所示为一种透射式远焦光学系统。这是一种光栅尺像与光栅尺本身叠合而形成莫尔条纹的光学系统。

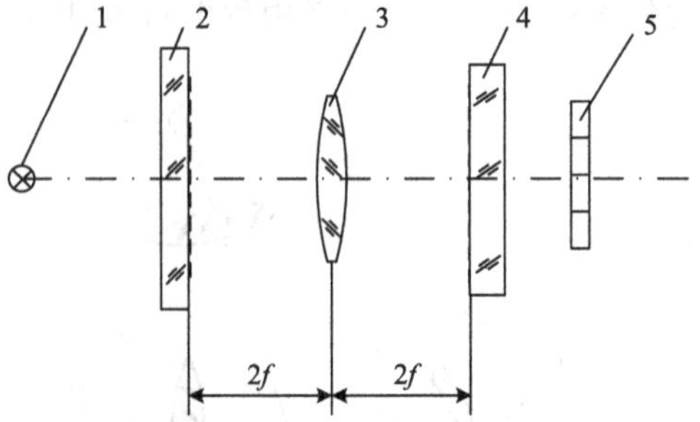

图 4-11　影像式光学系统

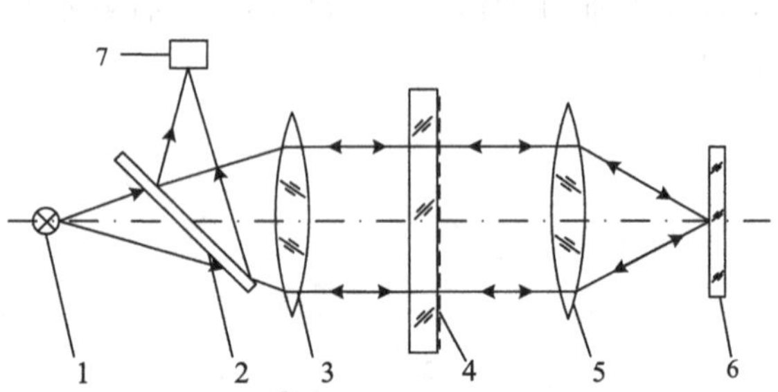

图 4-12　透射式远焦光学系统

如图 4-12 所示，光源 1 位于准直透镜 3 的前焦平面上，光源发出的光经半反半透分光镜 2 透射，及准直透镜 3 准直后，以平行光垂直入射到标尺光栅 4 上；反射镜 6 位于透镜 5 的后焦面上；当标尺光栅 4 位于透镜 5 的前焦面上时，标尺光栅 4 经透镜 5 及反射镜 6 后，将成 1:1 的倒像于标尺光栅 4 的栅线平面内。这样，标尺光栅像便与标尺光栅本身叠合而形成莫尔条纹。当标尺光栅 4 的像和标尺光栅 4 本身透光区和非透光区叠合，在光电探测元件 7 上将获得暗点；而当标尺光栅 4 移过 $d_g/4$，根据物象关系，标尺光栅 4 的像和标尺光栅 4 本身的透光区和透光区叠合，故在光电探测元件 7 上将获得亮点，因而这一系统实现了光学倍频，即标尺光栅 4 每移过一个栅距，光电元件 7 发出两个信号，分辨率提高一倍。该系统中只有一根光栅，因此不会发生在两根光栅尺做相对运动时可能擦坏栅线的问题，同时也避免了光栅付间可能卡入杂物的问题；但其缺点是轴向尺寸较大，另外标尺光栅沿光轴方向位置变化时，会引起标尺光栅像的栅距变化，从而带来测量误差。

4.2.3 三光栅光学系统

利用莫尔条纹实现长度和角度的测量，除了单光栅、双光栅光学系统之外，还可采用三光栅光学系统，三光栅系统具有以下特点：可以采用漫射光照明；对光栅间隙的变化不敏感；系统可以采用细栅距光栅，对光学、机械等部分要求比双光栅系统低；有光学倍频作用，灵敏度高。下面简要介绍三光栅光学系统的基本原理和光学系统。

1. 工作原理

图 4-13 为三光栅示意图，其中标尺光栅Ⅱ使指示光栅Ⅰ成像于平面Ⅲ内，指示光栅像与平面Ⅲ内第三块光栅相互叠合，得到相应的莫尔条纹。如果标尺光栅为反射光栅，则标尺光栅通过反射，可将指示光栅成像于指示光栅本身所在的平面内，即指示光栅像和指示光栅本身叠合而形成相应的莫尔条纹，这时系统中实际只存在两块光栅，但其作用与实际存在的三光栅相同，也称为三光栅光学系统。

三光栅系统的成像原理，也可以用几何光学原理和衍射原理两种情况来说明：对粗栅距光栅来说，衍射作用不明显，可看作几何成像，即用光线直线传播及针孔成像来解释，此时所成的像称为几何像；对于细栅距光栅，衍射起主要作用，衍射光互相干涉，此时所成的像称为衍射像。

如图 4-14 所示，当指示光栅被漫射光照射后，利用光线直线传播原理，标尺光栅使指示光栅在标尺光栅后面一定距离形成指示光栅像。设标尺光栅和指示光栅的空间频率分别为 f_1 和 f_2，则他们对应的栅距分别为 $d_{g1}=1/f_1$ 和 $d_{g2}=1/f_2$；指示光栅与标尺光栅之间的距离为 d_u，指示光栅像与标尺光栅像的距离为 d_v，指示光栅像的空间频率和栅距为 f_0 和 d_0。由光直线传播可得如下几何关系：

$$\frac{d_{g2}}{d_u+d_v}=\frac{d_{g1}}{d_v} \tag{4-20}$$

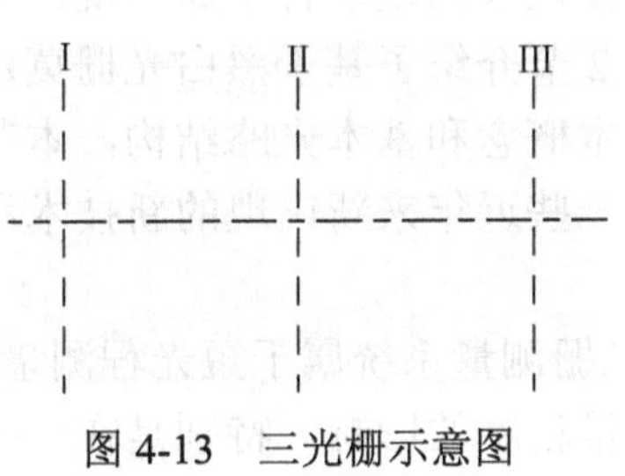

图 4-13　三光栅示意图

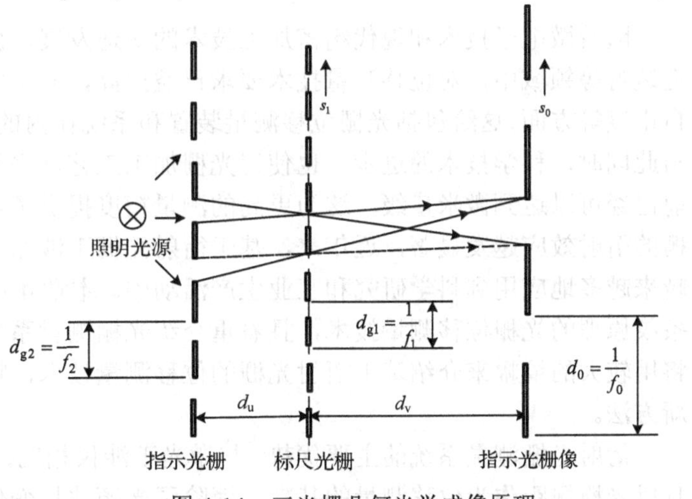

图 4-14　三光栅几何光学成像原理

$$\frac{d_0}{d_u + d_v} = \frac{d_{g1}}{d_u} \tag{4-21}$$

由式(4-20)及式(4-21)可得

$$\frac{f_2}{f_0} = \frac{d_0}{d_{g2}} = \frac{d_v}{d_u} \tag{4-22}$$

比值 d_0/d_{g2} 称为像放大率，此时如果标尺光栅位移 s_1，则指示光栅像移过的距离 s_0 为

$$s_0 = s_1\left(1 + \frac{d_v}{d_u}\right) \tag{4-23}$$

利用傅里叶光学原理，也可以推导得到三光栅系统成衍射像时的像放大率公式及位移放大率公式，分别与式(4-22)和式(4-23)相同。在衍射像的条件下，指示光栅和标尺光栅栅线平行且栅距相等，形成光闸莫尔条纹；两光栅栅距相等但栅线之间有一很小夹角，形成横向莫尔条纹，结果与两光栅系统完全一样。

2. 光学系统

如图 4-13 所示，放置 3 个实际光栅尺的透射式三光栅系统，在实际应用时会有一定问题。由式(4-20)可知，三光栅系统成像条件与 d_u 和 d_v 均有关，而在工作过程中，标尺光栅在移动中的直线性很难保证，这就会使 d_u 和 d_v 发生变化，从而使成像质量变坏，并且指示光栅像的栅距变化不稳定，影响测量结果。为避免上述问题，在三光栅系统中，标尺光栅一般是反射式的，其光学系统如图 4-15 所示，标尺光栅在移动过程中，因直线运动难以保证导致位置发生变化时，则 d_u 和 d_v 将随之发生相同的变化，成像质量的影响被显著减弱。

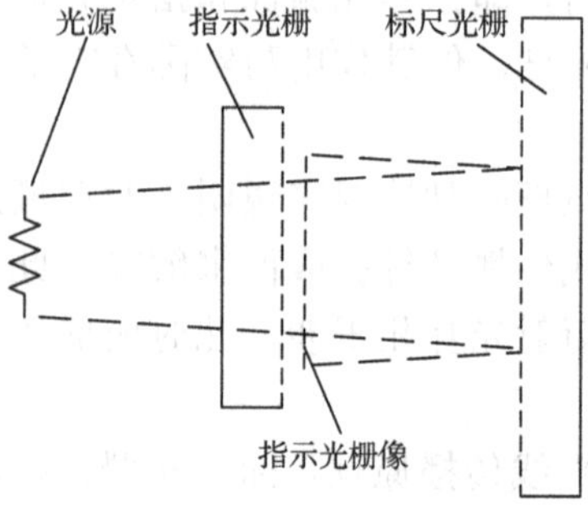

图 4-15　反射式三光栅成像系统

4.3　基于衍射光栅干涉原理的位移测量技术

随着微电子技术和现代精密加工技术的快速发展，微电子加工装备、精密机床、先进制造装备等领域中，对位移测量技术要求日益提高，并集中体现在大量程、快速、高精度、多自由度等方面，这给包括光栅位移测量装置和系统在内的位移测量技术提出了更严峻的挑战。与此同时，科学技术的进步，也使得光栅加工工艺水平不断提高，光栅的周期越来越小，目前已经可以达到微米量级，这为更高的测量精度提供了可能。光栅周期的不断缩小，使得光栅的衍射效应越发显著，近年来，基于衍射光栅干涉原理的光栅位移测量装置不断涌现，并越来越多地应用到科学研究和工业生产活动中。本章 4.1 节、4.2 节介绍了基于黑白光栅莫尔条纹原理的光栅位移测量技术，且着重介绍光栅测量系统的基本概念和基本光路结构，本节将用较大的篇幅来介绍基于衍射光栅的位移测量技术，特别是一些近年来新出现的新技术和新方法。

衍射光栅测量系统的主要优势：与激光干涉仪相比，衍射光栅测量系统属于短光程测量，且以光栅栅距作为位移测量的基准，消除了光源波长变化对测量精度的影响。特别是在一些

反射式测量系统中，当采用极低热膨胀系数的材料如微晶玻璃等加工标尺光栅时，环境中温度的变化对光栅栅距几乎没有影响，这使得光栅位移测量装置对环境温度稳定性的依赖较小，更为稳定可靠，大大减少了精密测量系统对环境控制和温度控制的要求；同时，与激光干涉仪相比，光栅位移测量装置不仅成本相对较低而且具有结构简单紧凑、系统体积小的特点，特别适合应用在系统本身结构紧凑的精密仪器和高端装备中。

衍射光栅测量的基本原理：将衍射光栅作为分光移相元件，即当光栅移动时，由于多普勒效应，其衍射光的频率发生变化，然后通过一系列光学器件，将光栅的衍射光进行叠加，发生干涉，将位移变化导致的频率变化转化为干涉条纹的移动，建立起光栅位移和干涉信号之间的关系来实现测量。衍射光栅测量技术的光路结构多种多样，按光传播方向可分为透射式和反射式，按光路结构原理不同可分为单光栅式、双平行光栅式和迈克耳孙干涉仪式，按测量自由度又可分为单自由度、两自由度和多自由度(包括 3 个线位移和 3 个角位移)。反射式衍射光栅测量方法是比较主流的测量方法，采用反射式衍射光栅的系统光路主要可分为单光栅和双光栅两种方式。

无论采用何种衍射光栅测量技术，对衍射光栅衍射特性的分析都是应用衍射光栅的基础，而光栅的多普勒效应又是构建衍射光栅系统的基础，因此，本节将首先对光栅衍射特性分析，并对光栅多普勒效应进行介绍，然后对一些典型的衍射光栅测量系统的基本原理进行介绍，最后对光栅测量系统的误差因素进行分析。

4.3.1 基于傅里叶光学的光栅衍射特性分析

在利用光栅搭建测量系统时，需要对光栅的衍射特性进行分析，以设计能够满足系统要求的光栅。本章 4.1 节从衍射角度简要介绍莫尔条纹的形成，并在分析黑白光栅莫尔条纹的形成中仅考虑了光栅周期这一参数。而实际中衍射光栅包含更多的结构参数，如周期、占空比、台阶高度和宽度、材料特性等。在基于衍射光栅的位移测量装置中，往往要考虑多种结构参数的影响。

光栅的衍射特性如衍射效率等由光栅的加工材料、光栅周期、台阶高度、占空比、光栅槽型等参数决定，其分析理论主要包括标量衍射理论和矢量衍射理论。其中标量衍射理论忽略了光的振动矢量特性，没有考虑电场矢量和磁场矢量之间的耦合关系，与矢量衍射理论相比具有数学计算简单、物理概念清晰直观等特点，是一种近似理论，适用于表面结构尺寸远大于光波波长的光栅结构。当采用的光栅周期较小(一般来说，光栅周期 $\Lambda<5\lambda$)时，标量衍射理论的近似条件不再成立，需要使用矢量衍射理论进行分析。矢量衍射理论是一种严格的分析方法，能够给出衍射特性的精确解，矢量法包括模态法、严格耦合波法等。然而由于矢量衍射理论较为复杂，运算十分烦琐，在满足近似条件的情况下，一般多采用标量衍射理论进行分析。

本节以一维透射矩形光栅为例，采用标量衍射理论中的傅里叶分析方法对其衍射特性进行分析，这样能够对光栅的衍射特性有更加直观的认识。如图 4-16 所示为光束以 θ 角入射到一维透射矩形光栅的示意图，ε 为折射角，光栅矢量方向为 x 向，其中 Λ 为光栅周期，τ 为台阶宽度，占空比 $\rho_g=\tau/\Lambda$，h_s 为台阶高度，H 为基底厚度，光栅材料折射率为 n_g，空气折射率为 1。当认为光栅的长度无限长时，光栅的透射函数 $t(x)$ 为标准的周期函数。而实际中，由于光栅周期较小，入射光的光斑覆盖的光栅周期可达到数百至上千个，可以近似认为光栅具有无限多的周期，则透射函数 $t(x)$ 可以表示为

$$t(x)=t(x+l\Lambda),\quad l=0,\pm1,\pm2,\cdots \tag{4-24}$$

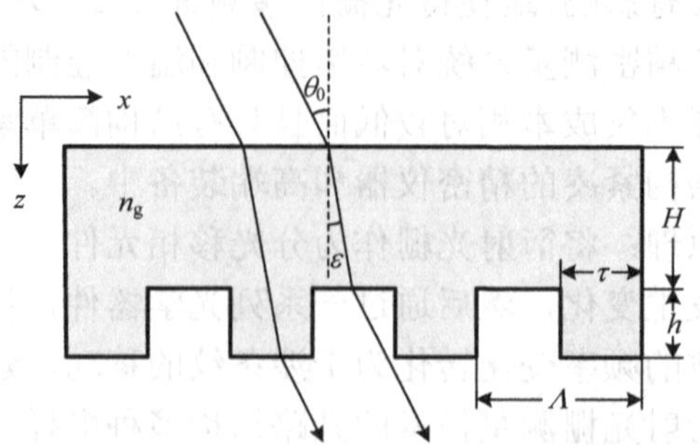

图 4-16 光束入射一维透射矩形光栅示意图

根据光线入射到台阶处或者凹槽处，透射函数 $t(x)$ 可以进一步表示为

$$t(x)=\begin{cases}e^{i\phi_1}, & l\Lambda\leqslant x\leqslant l\Lambda+\tau\\ e^{i\phi_2}, & l\Lambda+\tau\leqslant x\leqslant(l+1)\Lambda\end{cases} \tag{4-25}$$

式中，ϕ_1、ϕ_2 分别为光束透过台阶和凹槽的相位延迟，可分别表示为

$$\phi_1=\frac{2\pi}{\lambda}(H+h)\left(\frac{n_g}{\cos\varepsilon}-\frac{1}{\cos\theta_0}\right) \tag{4-26}$$

$$\phi_2=\frac{2\pi}{\lambda}H\left(\frac{n_g}{\cos\varepsilon}-\frac{1}{\cos\theta_0}\right) \tag{4-27}$$

将透射函数式(4-25)进行傅里叶级数展开，可以表示为

$$t(x)=\sum_{m=-\infty}^{\infty}c_m e^{imKx} \tag{4-28}$$

式中，$K=2\pi/\Lambda$ 为光栅矢量，$m=0,\pm1,\pm2,\pm3,\cdots$ 为光栅衍射级次，其对应的傅里叶展开系数为

$$c_m=\frac{1}{\Lambda}\int_0^{\Lambda}t(x)e^{-imKx}dx \tag{4-29}$$

单色平面波以 θ 角入射到光栅上，其照明函数 $E_0(x)$ 可以表示为

$$E_0(x)=E_0 e^{i\frac{2\pi}{\lambda}x\sin\theta_0} \tag{4-30}$$

式中，E_0 为入射光振幅。则根据傅里叶光学原理，光栅出射光波的复振幅分布可表示为

$$E(x)=E_0(x)t(x)=E_0\sum_{m=-\infty}^{\infty}c_m e^{i2\pi\left(\frac{\sin\theta_0}{\lambda}+\frac{m}{\Lambda}\right)x} \tag{4-31}$$

对式(4-31)进行傅里叶变换，并将 $u=x/\lambda f=\sin\theta_m/\lambda$ 代入，则可以得到观察屏上的光栅衍射场复振幅分布为

$$U(f_x)=F[E(x)]=E_0\sum_{m=-\infty}^{\infty}c_m\delta\left(\frac{\sin\theta_m}{\lambda}-\frac{\sin\theta_0}{\lambda}-\frac{m}{\Lambda}\right) \tag{4-32}$$

其中，各级衍射光的传播方向由式(4-32)中 $\delta\left(\frac{\sin\theta_m}{\lambda}-\frac{\sin\theta_0}{\lambda}-\frac{m}{\Lambda}\right)$ 项决定，根据 δ 函数的性质，可得各级衍射光方向满足：

$$\Lambda(\sin\theta_m-\sin\theta_0)=m\lambda \tag{4-33}$$

式(4-33)就是光栅方程。由式(4-32)可得到各级衍射光的光强表达式及衍射效率表达式：

$$I_m=\left|E_0c_m\right|^2 \tag{4-34}$$

$$\eta_m=\frac{I_m}{\left|E_0\right|^2}=\left|c_m\right|^2 \tag{4-35}$$

同理，可根据标量衍射理论求解反射式一维矩形光栅、透射和反射式二维矩形光栅以及其他槽型光栅的衍射特性。各级衍射光的传播方向、衍射光强分布和衍射效率是衍射光栅测量系统设计的重要指标。根据这些指标，可通过求解，最终实现满足系统要求的光栅结构参数设计。

4.3.2 光栅的多普勒频移

1842 年，奥地利科学家多普勒发现任何形式的波在传播过程中，当波源与接收器发生相对运动时，接收频率都会发生变化，多普勒频移理论因此得名。由于基于多普勒效应的位移测量方法精度高、线性好、反应速度快，所以被广泛应用于激光干涉测量技术中，多普勒效应也可以用于光栅位移测量技术中。

频率为 f_0 的光源 S 以速度 v 运动，S 运动方向与光源 S 和观察者 Q 的连线方向成 θ_{sq} 角，如图 4-17(a)所示。由多普勒效应，观测者 Q 接收的光频率 f_1 可以表示如下：

$$f_1=f_0\left(1-\frac{v^2}{c^2}\right)^{\frac{1}{2}}\Bigg/\left(1-\frac{v}{c}\cos\theta_{sq}\right)\approx f_0\left(1+\frac{v}{c}\cos\theta_{sq}\right) \tag{4-36}$$

式中，c 为光在介质中的传播速度。

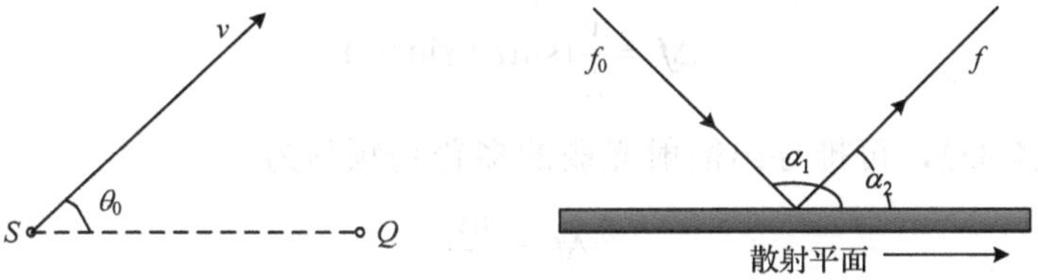

(a) 多普勒频移　　(b) 双重多普勒频移

图 4-17　多普勒频移示意图

在激光测量中，光源和观测者相对静止，测量的是运动物体散射光的频率变化。这种情况下，需要进行双重多普勒频移处理，即分两段研究，先考虑光从光源到达运动物体，再考虑从运动物体到观测者的频移。如图 4-17(b)所示，当光入射到运动物体时，发生第一次频移，经运动物体散射后发生第二次频移，频率变为

$$\begin{aligned}f&=f_0\left(1+\frac{v\cos\alpha_1}{c}\right)\left(1+\frac{v\cos\alpha_2}{c}\right)\\&=f_0\left[1+\frac{v}{c}(\cos\alpha_1+\cos\alpha_2)+\frac{v^2}{c^2}\cos\alpha_1\cos\alpha_2\right]\end{aligned} \tag{4-37}$$

式中，α_1 为入射光方向与运动物体移动方向夹角；α_2 为散射光方向与运动物体移动方向夹角。

因为 $v \ll c$，所以高次项可以忽略，则频移 Δf 可以表示为

$$\Delta f = f_0 \frac{v}{c}(\cos\alpha_1 + \cos\alpha_2) \tag{4-38}$$

在光栅位移测量系统中，将衍射光栅作为上述的运动物体，光栅面作为运动物体的散射面。如图 4-18 所示，激光照在光栅上产生衍射光，当光栅移动时，就会产生多普勒效应，且各个级次的衍射光由于衍射角不同而产生不同的频移。

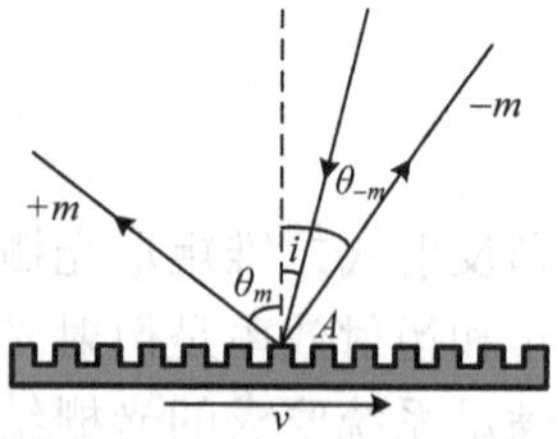

图 4-18　光栅衍射光的多普勒频移

当激光以入射角 i 入射到运动速度为 v 的光栅时，相当于光源以 $v\sin i$ 的速度远离光栅。依据多普勒效应，此时在光栅表面 A 处观测到的光频率变为

$$f_A = f_0\left(1 + \frac{v\sin i}{c}\right) \tag{4-39}$$

衍射光从光栅表面出射时，相当于光源沿出射方向以 $v\sin\theta_{sq}$ 的速度靠近光栅，各级次衍射光对应的频率为

$$f = f_A\left(1 + \frac{v\sin\theta_m}{c}\right) \tag{4-40}$$

式中，m 为衍射光级次，θ_m 为第 m 次衍射光的衍射角。由式(4-39)和式(4-40)可以得

$$f = f_0\left(1 + \frac{v\sin i}{c}\right)\left(1 + \frac{v\sin\theta_m}{c}\right) = f_0\left[1 + \frac{v}{c}(\sin i + \sin\theta_m) + \frac{v^2}{c^2}\sin i \sin\theta_m\right] \tag{4-41}$$

忽略高次项，将 $v = \lambda f$ 代入，可得

$$\Delta f = \frac{v}{\lambda}(\sin i + \sin\theta_m) \tag{4-42}$$

代入光栅方程式(4-33)，可推导出衍射光栅的多普勒频移为

$$\Delta f = \frac{mv}{\Lambda} \tag{4-43}$$

由式(4-43)，可得出结论，衍射光栅的多普勒频移与光栅的运动速度以及光的衍射级次成正比，与光栅常数成反比，与入射角和入射光的波长无关，这也说明，光栅测量系统若要保持精度或达到高精度，必须保持光栅常数的稳定。

4.3.3　单衍射光栅位移测量技术

反射式单衍射光栅位移测量系统的基本构成如图 4-19 所示，半导体激光器 LD 发出的激光垂直入射到衍射光栅 G 上发生衍射，得到多束衍射光，将其中级次对称的两束衍射光(通常为±1 级)，分别通过反射镜 M_1 和 M_2 反射，并通过半透半反的分光棱镜 BS 使两束衍射光沿相同方向出射并叠加，最终在光电探测器 PD 上得到干涉条纹，通过光电探测器 PD 接收干涉条纹并进行光电转换，并由后续电路进行进一步的处理。

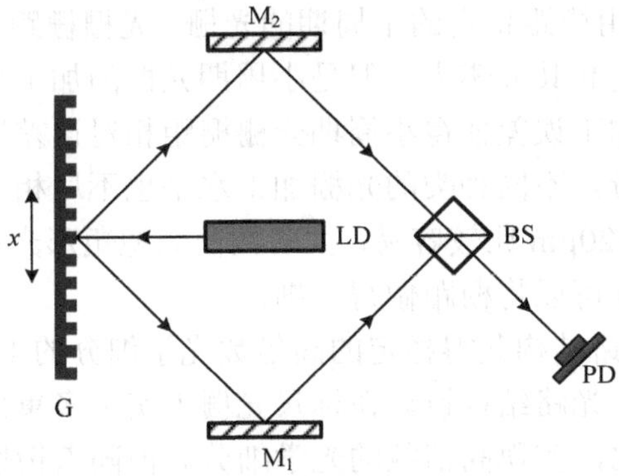

图 4-19　单光栅反射式测量系统基本结构示意图

图 4-19 所示单衍射光栅位移测量系统与图 4-8 所示系统不同，后者利用闪耀光栅实现回光，需要透镜进行光束准直和聚焦，而图 4-19 所示系统不需要用闪耀光栅，采用相位型衍射光栅和全息反射光栅均可，并通过结构参数设计使需要的对称衍射级次光强尽可能大即可，也不需要透镜进行光束准直聚焦。

1. 测量基本原理

当光栅沿栅线所在平面并垂直栅线方向移动时，根据多普勒频移理论可知，对称的±m级次衍射光的频率分别为

$$f_{-m} = f_0 - m\frac{v}{\Lambda}, \qquad f_{+m} = f_0 + m\frac{v}{\Lambda} \tag{4-44}$$

式中，Λ 为光栅周期，则两束衍射光的频率差可以表示为

$$\Delta f = f_{+m} - f_{-m} = 2m\frac{v}{\Lambda} \tag{4-45}$$

对应的角频率为 $\Delta\omega = 4m\pi\frac{v}{\Lambda}$，可以得到两束衍射光之间的相位差为

$$\Delta\phi = \int_0^t 2\pi\Delta f\mathrm{d}t = \int_0^t \Delta\omega\mathrm{d}t = \int_0^t 4m\pi\frac{v}{\Lambda}\mathrm{d}t = 4m\pi\frac{\Delta x}{\Lambda} \tag{4-46}$$

从而根据双光束干涉原理，可以得到干涉信号的光强为

$$I = I_{-m} + I_{+m} + 2\sqrt{I_{-m}I_{+m}}\cos(\Delta\phi) = 2I_0 + 2I_0\cos\left(4m\pi\frac{\Delta x}{\Lambda}\right) \tag{4-47}$$

可见，光栅发生位移 Δx 导致干涉光强 I 发生变化，从而检测干涉光强 I 的变化，即可获得光栅发生的位移 Δx。

2. 提高测量分辨力的措施

深入分析式(4-47)，干涉信号的移动速度正比于衍射光栅的移动速度，且每当光栅发生位移：

$$\Delta x = \frac{\Lambda}{2m} \tag{4-48}$$

干涉条纹变化一个周期，即干涉信号移动一个周期对应光栅移动了 $\Lambda/(2m)$，显然，实现了对光栅栅距 Λ 的光学 $2m$ 倍细分。

由此可见，为了提高光栅测量系统的测量精度和分辨力，可以采用的措施包括：

(1)减小光栅栅距，使用栅距稳定的小周期的光栅。光栅栅距是光栅位移测量的基准，显然，使用小周期光栅可以提高其分辨力，但是小周期光栅的加工周期长，光栅难度高，相同工艺条件下，工艺造成的加工误差使得小周期光栅栅距相对误差增大，另外小周期光栅加工成品率低，价格也较为昂贵。不同种类的光栅加工水平也不尽相同，目前，采用光刻法加工一维矩形光栅的栅距在 2～20μm 比较容易，大多数商品型矩形光栅的栅距在此范围，全息型光栅和机械刻划的物理光栅可以将栅距做得更细。

(2)通过设计合理的光路结构获得稳定的高倍数光学细分的干涉信号。选择参加干涉的衍射级次为高级次，或者通过光路结构设计在标尺光栅上实现多重衍射，可以改变相位光栅周期与干涉信号周期的周期比，实现高倍数的光学细分。但随着衍射级次的增加，衍射强度迅速降低，实际上衍射级次一般限制在 $m \leqslant 3$。在标尺光栅上进行多重衍射，每重衍射获得的相移将增加，但需要增加光学器件，在一定程度上增加了光栅光学系统的体积。

(3)在后续的电学处理上采用高倍数的电学细分卡。这是常用的方法，一般电学细分可以达到 4000 倍，但是电学细分的进一步提高受限于处理芯片响应速率的提高，高响应速率芯片的成本也比较昂贵；此外，细分倍数和测速通常也存在矛盾，高的细分倍数往往以较低测速为代价。

3. 两种典型的光学细分方式

如图 4-20 所示为一种具有双重衍射的单光栅测量系统的结构示意图。半导体激光器 LD 发出激光经反射镜 M 反射后，垂直入射到衍射光栅 G 上发生衍射，两束对称级次的衍射光，分别入射角锥棱镜 R_1 和 R_2，经过 R_1 和 R_2 反射后，入射的衍射光沿入射反方向返回衍射光栅并再次衍射，垂直离开衍射光栅的两束衍射光会合后被光电探测器 PD 接收。该系统中，光束两次入射到光栅上发生衍射，增加了一次频移，因此光学细分倍数增加一。这种通过加入角锥棱镜实现了光束的两重衍射，是提高光栅测量系统光学细分倍数的常用方法。

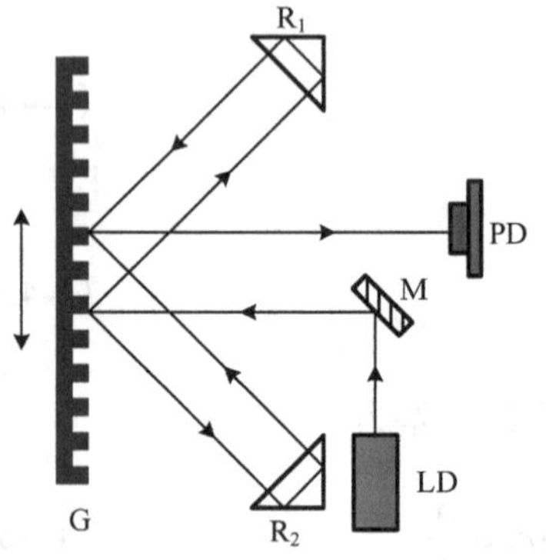

图 4-20 采用角锥棱镜实现双重衍射的单光栅测量系统示意图

另一种光学细分方式如图 4-21 所示。从激光器 LD 发出的一束线偏振光，首先经过光隔离器 I，防止回光对激光器产生影响。出射光隔离器的线偏振光经过偏振分光镜 PBS 分光，透射部分为 p 偏振光，反射部分为 s 偏振光，两路光分别由反射镜 M_1 和 M_2 反射，并入射到衍射光栅表面，发生第一次衍射。下面以+1 级衍射光为例说明这种光路结构实现光学细分的原理。当+1 级衍射光垂直光栅表面出射时，其入射角应该满足：

$$i = \arcsin\frac{\lambda}{\Lambda} \tag{4-49}$$

在实际光路中调整反射镜，使光束射入衍射光栅的入射角满足式(4-49)，则衍射光垂直光栅出射，而 1/4 波片 Q，反射镜 M_3 都处于垂直光线方向放置，可保证两束衍射光都能被完全反射回衍射光栅表面，并再次发生衍射。以其中分光棱镜 PBS 的透射部分的 p 偏振光的行程为例说明，p 偏振光经过光栅 G 衍射后，其出射的作为测量光束的+1 级衍射光仍为 p 偏振光，经过 1/4 波片 Q 后，变为右旋圆偏振光，右旋圆偏振光被反射镜 M_3 反射后，再次经过 1/4 波片 Q，变为 s 偏振光，s 偏振光经衍射光栅衍射后，+1 级衍射光沿原 p 偏振光入射方向返回至偏振分光镜 PBS，由于返回的光偏振态由原来的 p 偏振光变为 s 偏振光，故返回的 s 偏振光将被偏振分光镜 PBS 反射至光电探测部分。同理，原来经过偏振分光镜 PBS 反射的 s 偏振光将经过两次衍射后改变偏振态为 p 偏振并透过偏振分光镜 PBS 射向光电探测部分。这样两束测量衍射光在光电探测器 PD 会合并发生干涉，由于两束测量光都发生了两次衍射，故这种光路结构增加了一倍的光学细分。

需要注意的是，无论是图 4-20 所示光路，还是图 4-21 所示光路，两次衍射时都会产生多级次的衍射光，这些衍射光没有用来作为测量光束，因而降低了衍射光栅测量系统的能量利用率，而且成为系统中的杂散光并产生干扰。其解决措施一方面是通过合理的光栅结构设计，使得用于测量的衍射光能量尽可能的强，另一方面需要用光阑将多余的衍射光滤掉，以减少到达干涉场的杂散光。

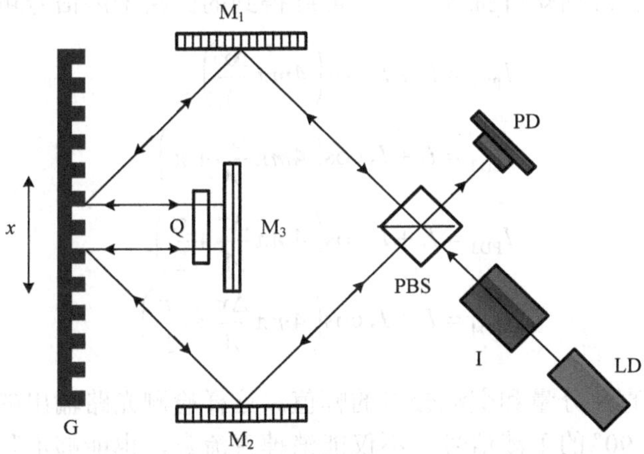

图 4-21　采用平面反射镜和波片实现双重衍射的单光栅测量系统示意图

4. 光栅干涉信号的四通道移相检测光路

在位移测量的过程中，为了消除环境扰动和光源波动对干涉条纹的影响，提高系统的适应性，以及为了满足对干涉信号的鉴向和进行后续电子细分的要求，需要对上述光路得到的干涉信号进行移相，得到相差为 90° 的四路信号。采用光学方法进行移相响应速度快，图 4-22(a)为广泛使用的四通道移相检测光路。

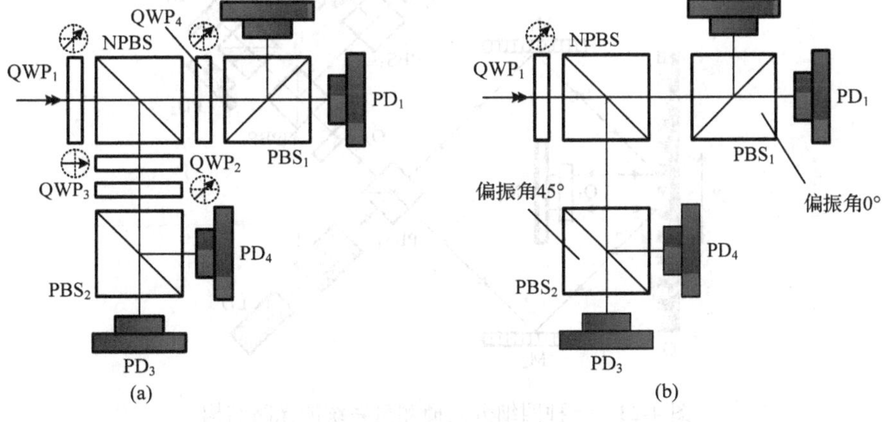

图 4-22　四通道检测光路

经过前端光路以后，包含光栅位移信息的对称级次衍射光平行出射，其偏振方向相互垂直。两束衍射光经过 1/4 波片 QWP_1(快轴与水平面夹角为 45°)后变为与旋转方向相反的两束圆偏振光，然后经过非偏振分光镜 NPBS 分光，透射部分经过 1/4 波片 QWP_4(快轴与水平面夹角为 45°)，成为与偏振方向垂直的两束线偏振光，入射偏振分光镜 PBS_1 后分裂成为透射和反射两部分，这两部分光各自振动方向相同，能在光电探测器 PD_1 和 PD_2 上形成干涉信号，但由于 PBS_1 的偏振分光作用，两部分得到的干涉信号具有 180° 的相差。同理，经过 NPBS 分光，前端光学信号反射部分经过 1/4 波片 QWP_3(快轴与水平面夹角为 45°)、偏振分光镜 PBS_2 后，在光电探测器 PD_3 和 PD_4 上形成具有 180° 的相差的两路干涉信号，且由于在 NPBS 和 QWP_3 之间放置 1/4 波片 QWP_2(快轴沿水平方向)，反射光形成的两路干涉信号较透射光的两路干涉信号具有 90° 的相差。这样，经过多次移相，并最终得到四路相差为 90° 的正弦信号，具体移相过程可由琼斯矩阵推导得出。最终得到的四路干涉信号可以表示为

$$
\begin{aligned}
I_{PD1} &= I_1 + I_2\cos\left(4m\pi\frac{\Delta x}{\Lambda}\right)\\
I_{PD2} &= I_1 + I_2\cos\left(4m\pi\frac{\Delta x}{\Lambda}+\pi\right)\\
I_{PD3} &= I_1 + I_2\cos\left(4m\pi\frac{\Delta x}{\Lambda}+\frac{\pi}{2}\right)\\
I_{PD4} &= I_1 + I_2\cos\left(4m\pi\frac{\Delta x}{\Lambda}+\frac{3\pi}{2}\right)
\end{aligned}
\tag{4-50}
$$

式中，I_1 和 I_2 分别是直流分量和交流分量的幅值。这样检测光路输出的四路信号经过和差运算能够得到两路相差 90° 的干涉信号，不仅能消掉直流量，也能够消除杂散光和光源波动的影响。图 4-22(b)为四通道移相检测光路的一种变体，省去了三个 1/4 波片 QWP_2、QWP_3、QWP_4，并使 PBS_3 的偏振方向旋转 45°，这样的结构布置更为紧凑，在小型四通道检测光路中有优势。

将图 4-21 所示基本光路与图 4-22(b)所示四通道移相检测光路结合，就可以得到单衍射光栅测量系统的光路结构，如图 4-23 所示。该光路采用±1 级衍射光，可实现光学四细分，输出四路相差 90° 的正弦信号，便于后续处理。

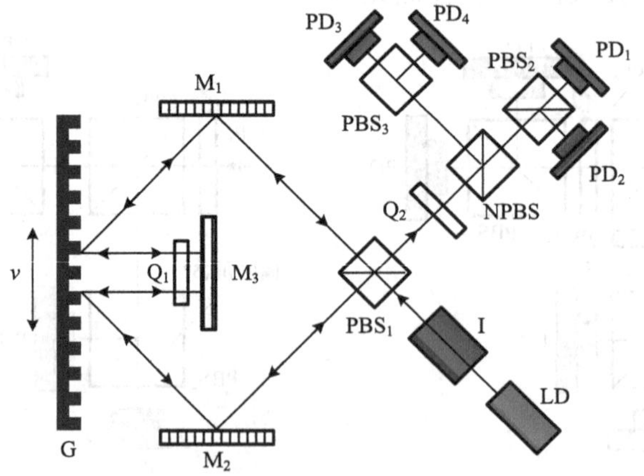

图 4-23　一种四细分光栅测量系统的光路结构

5. 单光栅二维位移测量系统

当单光栅测量系统中的衍射光栅由一维光栅换成二维光栅时，能够实现光栅平面内两个方向位移的同时测量。如图 4-24 所示，为采用二维光栅的单光栅二维位移测量系统光路结构，根据前述一维位移测量原理的解释，该二维测量系统的测量原理很易理解。

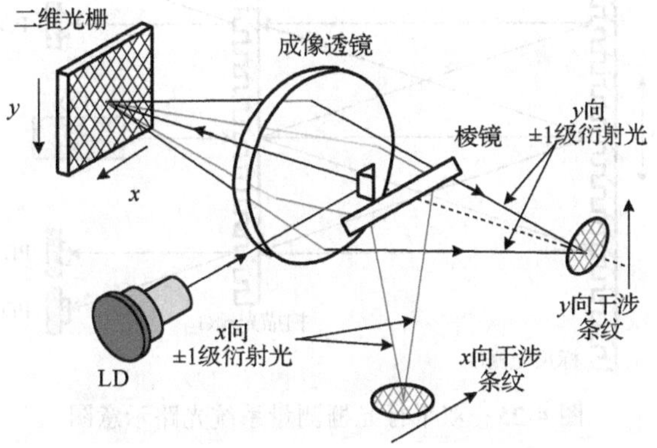

图 4-24　单光栅二维位移测量系统光路结构

需要注意的是，图 4-24 光路结构测量的二维位移分别垂直二维光栅的栅线方向，且与二维光栅栅线所在平面平行。若要测量的位移方向不仅有与栅线所在平面平行的，还要有与栅线所在平面垂直的，则需要其他的测量方法，将在后续章节中陆续介绍。

4.3.4　双平行光栅干涉式测量技术

本章 4.2.2 部分介绍了采用双平行光栅产生的莫尔条纹实现位移测量的方法，主要采用周期较大的黑白光栅实现。当采用两个小周期的衍射光栅平行放置，可以利用衍射光的干涉叠加，实现位移测量。

1. 双平行光栅干涉测量的基本原理

如图 4-25 所示为双平行光栅测量系统光路示意图，其中标尺光栅和扫描光栅的光栅周期相等，且在使用时它们的栅线方向平行放置。为了更好地利用光能量并降低衍射杂散光的干扰，该系统中要求光栅结构参数满足如下条件：①光束通过扫描光栅 G_2 后发生衍射，产生的三束光能量近似相等；②光束入射到标尺光栅 G_1 后没有 0 级衍射光而只有±1 级衍射光。

图 4-25 所示光路基本原理如下：激光器 LD 出射的光束入射到扫描光栅 G_1 上，产生光强近似相等的−1 级、0 级和+1 级三束衍射光；该三束衍射光经标尺光栅 G_2 反射衍射后，衍射分为[0，+1]、[0，−1]、[+1，−1]和[−1，+1]四束衍射光；该四束衍射光再次经过扫描光栅 G1 衍射后，得到了[0，+1，0]、[+1，−1，+1]、[0,+1,−1]、[+1，−1，0]、[0，−1，+1]、[−1，+1，0]、[0，−1，0]、[−1，+1，−1]八束衍射光。该八束衍射光两两平行分别入射到光电探测器 PD_1、PD_2、PD_3、PD_4 上形成四组干涉信号，对其进行处理后，可实现位移测量。

光栅干涉测量的核心问题是求解位移导致的相位变化。图 4-26 为双平行光栅测量系统中衍射光束的相对相位关系，根据光束的传播方向，对光栅进行了展开，扫描光栅 G_2 在入射和出射时使用了 2 次，故该光路有时也称为三光栅干涉系统。假设经过扫描光栅 G_2 产生的 0 级和 1 级衍射光之间的相对相位差为 ψ，由 G_1 和 G_2 的相对移动产生的 0 级和 1 级衍射光束之间的相对相位差为Ω。根据光栅方程，易知光束在通过 G_2～G_1～G_2 过程中，每束出射衍射光在空气中的光程相同，故在计算相位过程中只需考虑由于光栅导致的相位变化。

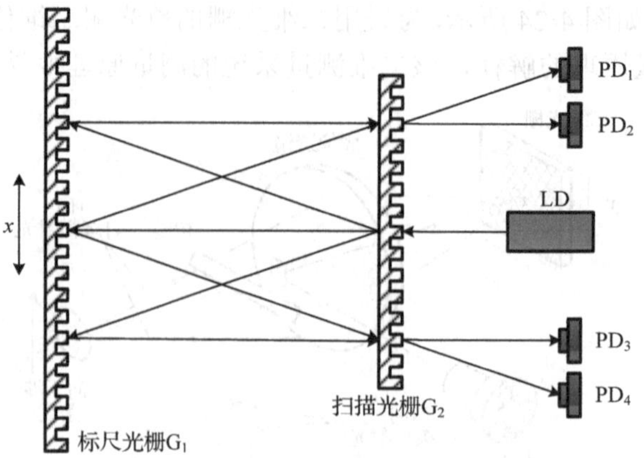

图 4-25　双平行光栅测量系统光路示意图

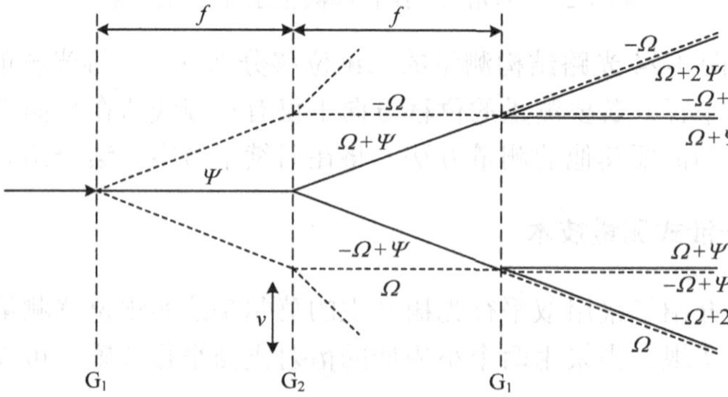

图 4-26　双平行光栅测量系统中衍射光束的相对相位关系

设光束通过扫描光栅 G_1 后，±1 级与 0 级光强之比为 m，若第[0，1，0]级光束光强为 I，易知[1，−1，1]级光强为 m^2I，[1，−1，0]级光强为 mI，[0，1，−1]级光强为 mI，[0，−1，1]级光强为 mI，[−1，1，0]级光强为 mI，[0，−1，0] 级光强为 I，[−1，1，−1]级光强为 m^2I，则由双光束干涉光强公式易得

$$\begin{cases} I_{\mathrm{PD1}} = I + m^2 I + 2mI\cos(2\Omega + 2\Psi) \\ I_{\mathrm{PD2}} = I_{\mathrm{PD3}} = 2mI + 2mI\cos(2\Omega) \\ I_{\mathrm{PD4}} = I + m^2 I + 2mI\cos(2\Omega - 2\Psi) \end{cases} \tag{4-51}$$

因为本系统要求各光栅出射的 0 级和 1 级衍射光光强相等，所以令 m=1，则式(4-51)可写为

$$\begin{cases} I_{\mathrm{PD1}} = 2I + 2I\cos(2\Omega + 2\Psi) \\ I_{\mathrm{PD2}} = I_{\mathrm{PD3}} = 2I + 2I\cos(2\Omega) \\ I_{\mathrm{PD4}} = 2I + 2I\cos(2\Omega - 2\Psi) \end{cases} \tag{4-52}$$

其中，相位 ψ 是由光栅本身的结构参数决定，通过光栅结构参数设计可以使得 $\Psi = k\pi \pm \pi/3$, k=0, ±1, …，根据式(4-52)，从而可以获得相位差为 120° 的三路干涉信号，对三路信号进行和差运算，可获得两路相差 90° 的干涉信号，能够满足后续鉴向和细分的要

求。式(4-52)中的Ω由多普勒频移决定：

$$\Omega = 2\pi \frac{\Delta x}{\Lambda} \tag{4-53}$$

显然，根据式(4-52)，Δx变化$\Lambda/2$，干涉信号变化一个周期，即图 4-25 所示光路能实现光学二细分。

2. 双平行光栅干涉式测量的垂向测量

在有些测量场合，不仅要测量光栅沿栅线所在平面的位移，还需要测量光栅沿栅面垂直方向的位移。众所周知，迈克耳孙干涉仪可以测量互相垂直的两个反射镜之间的相对位移，据此，在图 4-25 所示原理测量x向位移的基础上，通过对标尺光栅和扫描光栅进行结构设计，使之能够返回零级衍射光，即除了衍射分光作用外，标尺光栅G_1还起到反射镜的作用，就可以结合迈克耳孙干涉仪原理，实现z向位移的同时测量，其原理如图 4-27 所示。

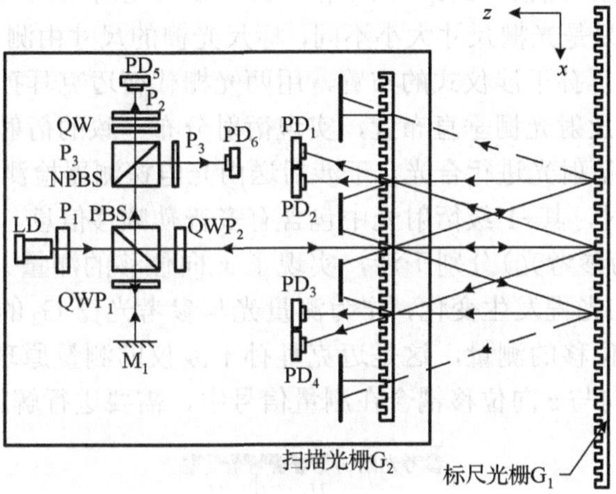

图 4-27 双平行光栅测量系统两自由度测量原理

图 4-27 中，激光器 LD 出射的激光透过偏振片P_1入射到偏振分光棱镜 PBS 后分为参考光(s 偏振光)和测量光(p 偏振光)，参考光透过 1/4 波片QWP_1，并由反射镜M_1反射后，再次透过 1/4 波片QWP_1改变偏振态，继而透过偏振分光棱镜 PBS 入射到非偏振分光棱镜 NPBS 用作z向探测参考光；激光器 LD 出射的激光透过偏振片P_1和偏振分光棱镜 PBS 的测量光(p 偏振光)，透过 1/4 波片QWP_2后沿z方向入射到扫描光栅G_2，经扫描光栅G_2衍射后衍射光束入射到标尺光栅G_1并发生反向衍射，反向衍射光透过扫描光栅G_2衍射分光，得到九束测量光束与其他杂散光束；九束测量光束中，其中八束两两传播方向相同，入射到x向光电探测器PD_1、PD_2、PD_3、PD_4，形成四组干涉信号，通过信号处理单元解算后得到扫描光栅G_2相对于标尺光栅G_1在x向发生的位移；九束测量光束中的另一沿入射方向返回的测量光束透过 1/4 波片QWP_2改变偏振态为 s 偏振光，并由偏振分光棱镜 PBS 反射入射到非偏振分光棱镜 NPBS 用作z向探测测量光；入射的z向探测测量光与参考光相遇形成干涉信号，通过非偏振分光棱镜 NPBS、偏振片P_2、偏振片P_3、1/4 波片QWP_3组成的移相合光二通道光路，得到相位差为 90°的两路正弦信号，并分别被z向光电探测器PD_5、PD_6接收，通过信号处理单元解算后得到扫描光栅相对于标尺光栅在z向发生的位移。光路中偏振片P_1的作用是改变入射光的偏振方向，使得测量光与参考光的能量匹配。

图 4-27 中所示光路结合了两平行光栅位移测量和迈克耳孙干涉测量的优点，实现了互相

垂直的两自由度(x, z)测量，z向测量采用了零级后向衍射光，光栅发生x向运动时，零级衍射光中没有多普勒频移信息，光栅z向运动时，也不会在x向探测器引入z向多普勒频移信息，因此两个自由度不存在耦合，给后续处理带来了方便。在此基础上，如果标尺光栅采用二维光栅，该系统还可以扩展为(x, y, z)三自由度测量。该系统的不足之处是光经过多次衍射，光能利用效率降低，且会产生衍射杂散光，因此系统中需要采用光阑进行隔离。

4.3.5 两垂直光栅——迈克耳孙式光栅干涉测量技术

4.3.4 节介绍了两平行光栅构成的光栅测量系统，当采用两光栅垂直放置时，可构成类似迈克耳孙干涉仪的光栅干涉系统，如图 4-28 所示。迈克耳孙式光栅干涉测量系统，包括一个一维反射型标尺光栅 G_1 和一个光学读数头(图 4-28 虚线框内部分)，其中光学读数头包括一个激光器 LD、一个偏振分光棱镜 BS、四个直角棱镜、一个一维反射型参考光栅 G_2 和一个探测单元(包括两个光电探测器 PD_{x-1}，PD_{x+1})。其中参考光栅 G_2 和标尺光栅 G_1 的光栅周期等结构参数完全相同，只是光栅尺寸大小不同，标尺光栅的尺寸由测量范围决定，通常较大。该测量系统采用了迈克耳孙干涉仪式的布置，用两光栅代替迈克耳孙干涉仪的两个反射镜，利用结构参数相同的两反射光栅垂直布置，实现衍射分布一致的衍射分光，结合直角棱镜的折光作用，将两光栅的衍射光进行合光，干涉后送由光电探测器检测。由图 4-28 易知，当标尺光栅 G_1 沿 x 向运动时，其±1 级衍射光中包含有多普勒频移信息，作为测量光与参考光栅 G_2 的±1 级衍射光(作为参考光)分别干涉，实现了 x 向位移的测量。当标尺光栅 G_1 沿 z 向运动时，±1 级衍射光的光程发生变化，作为测量光与参考光栅 G_2 的±1 级衍射光(作为参考光)干涉，实现了 z 向位移的测量，这是迈克耳孙干涉仪的测量原理。需要注意的是，x 向与 z 向同时运动时，x 向与 z 向位移耦合在测量信号中，需要进行解耦。

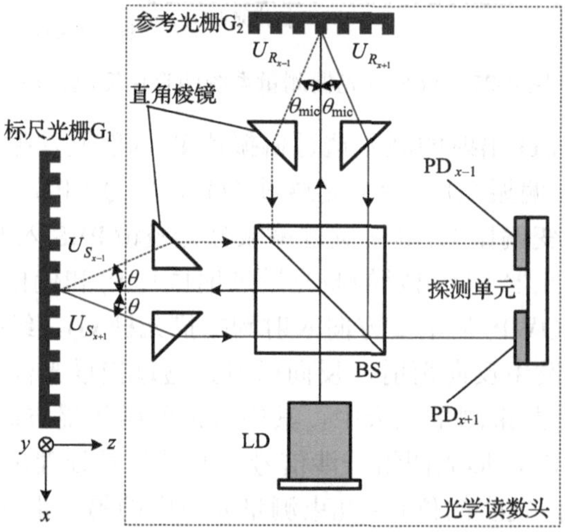

图 4-28　两垂直光栅——迈克耳孙式光栅干涉测量光路

如图 4-29 所示，当标尺光栅 G_1 仅发生 x 向位移 Δx 时，可以看出 x 向位移不会引起干涉区域大小的变化，根据多普勒定理，可以得到此时标尺光栅 G_1 的±1 级衍射光的波前函数的附加相位$\varOmega$为

$$\varOmega=\frac{2\pi}{\varLambda}\Delta x \tag{4-54}$$

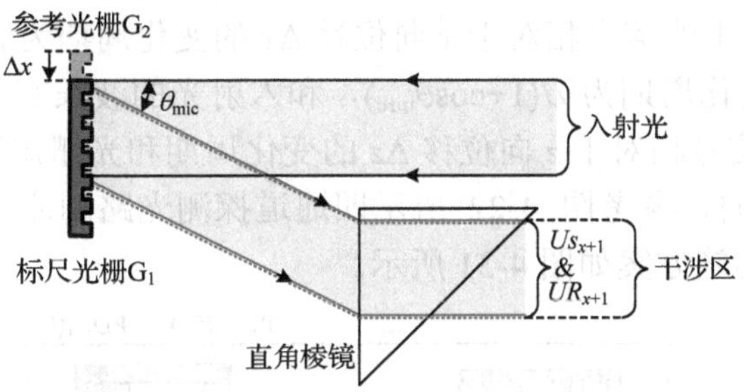

图 4-29　标尺光栅 G_1 发生 x 向位移时光程和干涉区域的变化

如图 4-30 所示为标尺光栅 G_1 发生 z 向位移 Δz 时光程和干涉区域的变化，可以看出 z 向位移会引起干涉区域大小的变化。同样，可以得到此时标尺光栅 G_1 的±1 级衍射光的波前函数的附加相位 $\phi_{\pm1}$ 为

$$\phi_{\pm1}=(1+\cos\theta_{\mathrm{mic}})\frac{2\pi}{\lambda}\Delta z \tag{4-55}$$

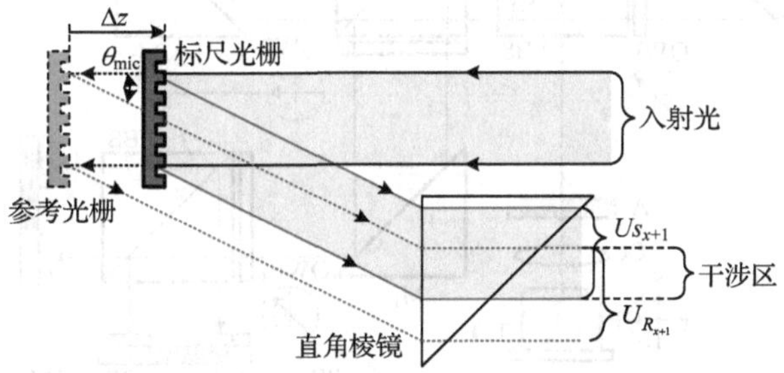

图 4-30　标尺光栅发生 z 向位移时光程和干涉区域的变化

两种情况下，因参考光栅 G_2 未动，因而没有附加相位的产生。根据上述分析，当标尺光栅同时发生 Δx 和 Δz 位移时，可以得到标尺光栅 G_1 和扫描光栅 G_2 的±1 级光的波前函数 $U_{S_{x\pm1}}$ 和 $U_{R_{x\pm1}}$：

$$\begin{aligned}
U_{S_{x+1}}&=U_0\exp(\mathrm{i}\Omega)\exp(\mathrm{i}\phi_{\pm1})\\
U_{R_{x+1}}&=U_0\\
U_{S_{x-1}}&=U_0\exp(-\mathrm{i}\Omega)\exp(\mathrm{i}\phi_{\pm1})\\
U_{R_{x-1}}&=U_0
\end{aligned} \tag{4-56}$$

式中，U_0 为标尺光栅 G_1 和参考光栅 G_2 的±1 级衍射光的振幅幅值。当标尺光栅 G_1 和参考光栅 G_2 的±1 级衍射光分别在探测单元 PD_{x-1} 和 PD_{x+1} 进行叠加干涉时，可以得到叠加后的波前函数 U_{x+1} 和 U_{x-1} 为

$$\begin{aligned}
U_{x+1}&=U_{S_{x+1}}+U_{R_{x+1}}\\
U_{x-1}&=U_{S_{x-1}}+U_{R_{x-1}}
\end{aligned} \tag{4-57}$$

进而可以得到干涉信号的光强 I_{x+1} 和 I_{x-1} 为

$$\begin{aligned}
I_{x+1}&=U_{x+1}\cdot U_{x+1}^{*}=2U_0^2\left[1+\cos\left\{2\pi\left(\frac{\Delta x}{\Lambda}+\frac{1+\cos\theta_{\mathrm{mic}}}{\lambda}\Delta z\right)\right\}\right]\\
I_{x-1}&=U_{x-1}\cdot U_{x-1}^{*}=2U_0^2\left[1+\cos\left\{2\pi\left(-\frac{\Delta x}{\Lambda}+\frac{1+\cos\theta_{\mathrm{mic}}}{\lambda}\Delta z\right)\right\}\right]
\end{aligned} \tag{4-58}$$

由(4-58)可以看出，干涉信号相对于 x 向位移 Δx 的变化周期为 Λ，即为选用光栅的周期；相对于 z 向位移 Δz 的变化周期为 $\lambda/(1+\cos\theta_{mic})$，和入射光的波长有关，由于衍射角 θ_{mic} 与光栅周期有关，因此干涉信号相对于 z 向位移 Δz 的变化周期和光栅周期也有关。为了消除光源扰动的影响以及进行鉴向，参考图 4-22 所示四通道探测光路的原理，可获得四路相位差为 90°的干涉信号，具体实施方案如图 4-31 所示。

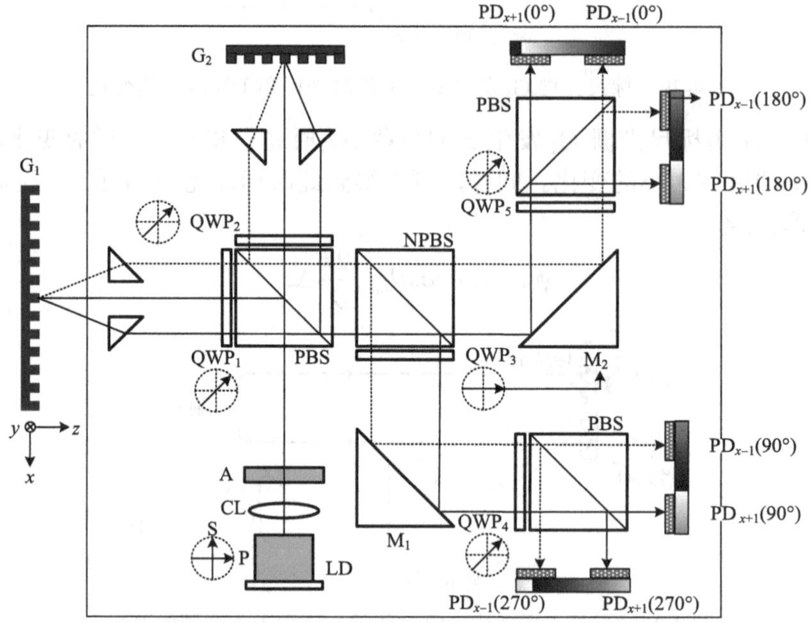

图 4-31 迈克耳孙式光栅干涉测量系统详细光路

如图 4-31 所示，激光器 LD 发出的激光经准直透镜 CL 入射孔径光阑 A，经过光阑 A 截取的均匀激光入射偏振分光镜 PBS 后分成透射光和反射光；反射光经 1/4 波片 QWP_1 入射标尺光栅 G_1，反射衍射后经直角棱镜折光，再次经过 1/4 波片 QWP_1 改变偏振态，透射偏振分光镜 PBS 后入射非偏振分光镜 NPBS，作为测量光束进入四通道探测光路部分；同理，透射光经 1/4 波片 QWP_2 入射参考光栅 G_2，反射衍射后经直角棱镜折光，再次经过 1/4 波片 QWP_2 改变偏振态，经偏振分光镜 PBS 反射后入射非偏振分光镜 NPBS，作为参考光束进入四通道探测光路部分。进入四通道探测光路部分的测量光和参考光，其传输过程参考图 4-22，这里不再赘述。注意图 4-31 中，M_1 与 M_2 为反射镜。标尺光栅和参考光栅都取±1 级衍射时，反射的±1 级衍射光经四通道探测光路部分移相合光后形成八路测量信号，通过运算可以得到正交干涉信号 S_α 与 S'_α（$\alpha = x+1,\ x-1$）

$$
\begin{aligned}
S_{x+1} &= \frac{I_{x+1}(0^\circ) - I_{x+1}(180^\circ)}{I_{x+1}(0^\circ) + I_{x+1}(180^\circ)} = \sin(\Omega + \phi_{\pm 1}) \\
S'_{x+1} &= \frac{I_{x+1}(90^\circ) - I_{x+1}(270^\circ)}{I_{x+1}(90^\circ) + I_{x+1}(270^\circ)} = \cos(\Omega + \phi_{\pm 1}) \\
S_{x-1} &= \frac{I_{x-1}(0^\circ) - I_{x-1}(180^\circ)}{I_{x-1}(0^\circ) + I_{x-1}(180^\circ)} = \sin(-\Omega + \phi_{\pm 1}) \\
S'_{x-1} &= \frac{I_{x-1}(90^\circ) - I_{x-1}(270^\circ)}{I_{x-1}(90^\circ) + I_{x-1}(270^\circ)} = \cos(-\Omega + \phi_{\pm 1})
\end{aligned} \tag{4-59}
$$

可见该光路在消除了光源 U_0 波动的影响之外，还能够利用正交信号辨别运动方向。从式(4-59)可以求解出附加相位：

$$
\begin{aligned}
\Omega+\phi_{\pm 1}&=\arctan\left(\frac{S_{x+1}}{S'_{x+1}}\right)\\
-\Omega+\phi_{\pm 1}&=\arctan\left(\frac{S_{x-1}}{S'_{x-1}}\right)
\end{aligned}
\tag{4-60}
$$

进而能够求解出标尺光栅在 x 向和 z 向的位移：

$$
\Delta x=\frac{1}{2}\cdot\frac{\Lambda}{2\pi}\cdot\left\{\arctan\left(\frac{S_{x+1}}{S'_{x+1}}\right)-\arctan\left(\frac{S_{x-1}}{S'_{x-1}}\right)\right\}
\tag{4-61}
$$

$$
\Delta z=\frac{1}{2}\cdot\frac{1}{1+\cos\theta}\cdot\frac{\lambda}{2\pi}\cdot\left\{\arctan\left(\frac{S_{x+1}}{S'_{x+1}}\right)+\arctan\left(\frac{S_{x-1}}{S'_{x-1}}\right)\right\}
\tag{4-62}
$$

当所采用的参考光栅和标尺光栅换成二维光栅时，能够实现三个维度的位移测量，其光路系统如图 4-32 所示。其中 LD 为激光器，NPBS 为非偏振分光镜，PBS_i $(i=1,2,3)$ 为偏振分光镜，Q_i $(i=1,2,3,4,5)$ 为 1/4 波片，PD_i $(i=1,2,3,4)$ 为光电探测器(0°，90°，180°，270°表示相位差)，透明一维光栅起折光作用。图 4-32 所示系统可以实现$(x，y，z)$三自由度的测量，当光栅周期为 1μm 时，配合细分电路，可实现纳米级位移测量分辨力。

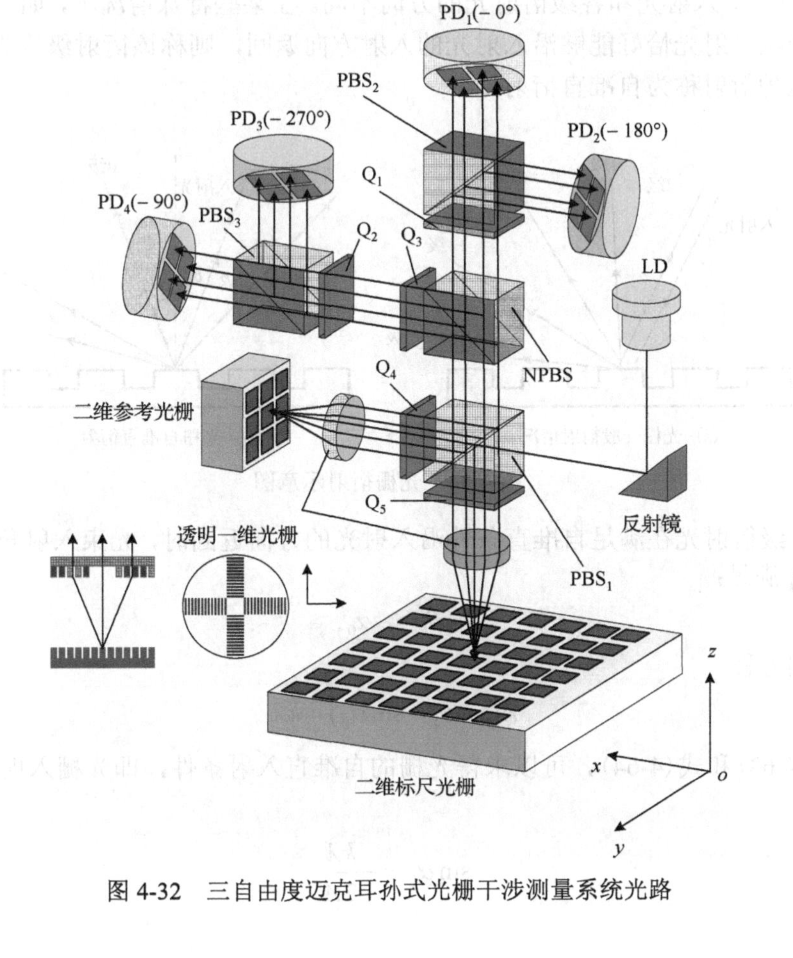

图 4-32　三自由度迈克耳孙式光栅干涉测量系统光路

4.3.6 可增大垂向测量范围的光栅自准直技术

分析图 4-19 所示单光栅干涉测量原理可知，当光栅在 z 向(垂直栅线所在平面的方向)发生扰动时，会导致干涉条纹的位置发生变化，从而引起测量误差，如图 4-33 所示。同样根据图 4-30 所示，迈克耳孙式光栅干涉测量系统在 z 向发生位移时，会导致干涉区域减小，不利于 z 向测量要求较大的应用场合。而光栅自准直衍射能够解决上述问题。

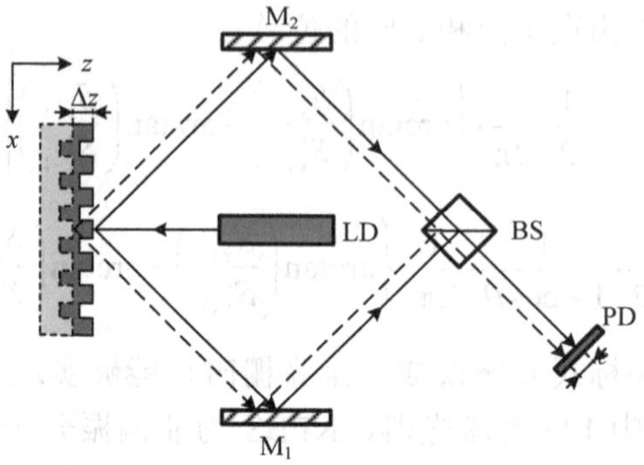

图 4-33 单光栅干涉测量 z 向扰动示意图

根据光栅衍射原理可知，光栅不同级次的衍射光会出射到不同的方向，其一般衍射情况如图 4-34(a)所示，入射光和各级衍射光的方向不同。在某些特殊情况下，如图 4-34(b)所示，当光栅的 k 级次衍射光恰好能够沿入射光的入射方向返回，则称该衍射级次为光栅的自准直衍射级次，这种衍射称为自准直衍射。

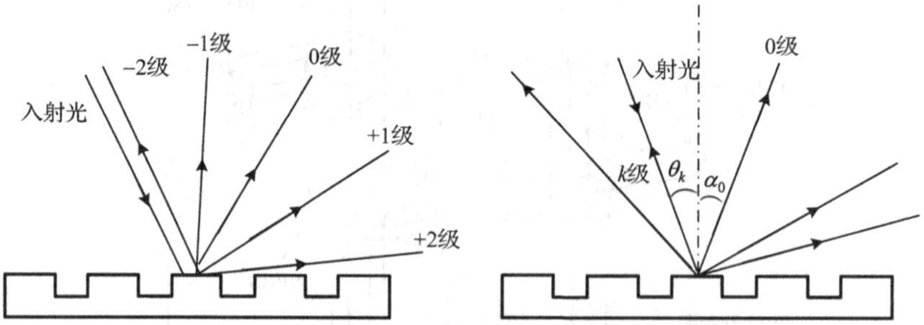

(a) 光栅一般衍射情况　　(b) 光栅自准直衍射

图 4-34 光栅衍射示意图

光栅的 k 级衍射光在满足自准直条件沿入射光的方向返回时，光束入射角 α_0 和 k 级衍射光的衍射角 θ_k 满足：

$$\theta_k = -\alpha_0 \tag{4-63}$$

同时满足光栅方程

$$\Lambda(\sin\theta_k - \sin\alpha_0) = k\lambda \tag{4-64}$$

联立式(4-63)和式(4-64)，可以求得光栅的自准直入射条件，即光栅入射角 α_0 满足的条件为

$$\sin\alpha_0 = -\frac{k\lambda}{2\Lambda} \tag{4-65}$$

当入射光的入射角满足式(4-65)的自准直入射条件时，则光栅的 k 级衍射光能够沿入射光的方向返回。此时采用光栅的第 k 级衍射光作为测量光束，如图 4-35 所示，可以看出当 z 向发生位移时，衍射光束沿入射方向返回，不会造成干涉区域的变化，但会显著增加 z 向的测量范围；此外，干涉条纹的位置也没有发生偏移，不会造成条纹位移导致的测量误差，但是，需要注意的是，两光栅 z 向距离变化，导致光在标尺光栅上入射点发生变化，会使得 x 向与 z 向位移耦合，需要进行解耦处理。

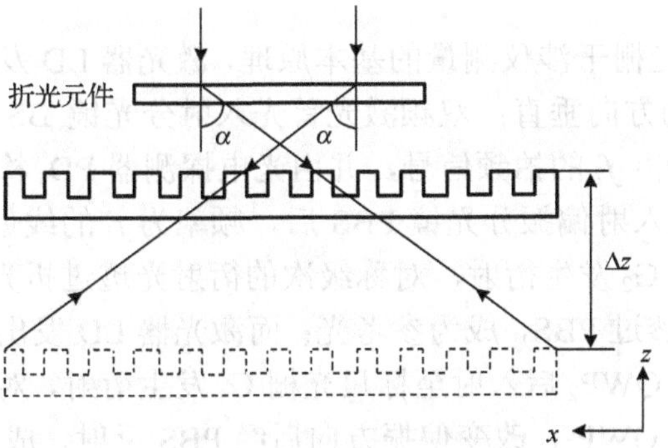

图 4-35　自准直测量原理

图 4-36 是两种典型的采用光栅自准直原理实现的单光栅测量系统，能够有效消除光栅在 z 向扰动所引起的干涉条纹移动误差。采用光栅自准直原理，设计合适的自准直折光元件，可以使图 4-31 和图 4-32 迈克耳孙式光栅测量系统满足光栅自准直条件，显著增加 z 向测量范围。光栅自准直原理实现位移测量的主要不足之处是，满足自准直条件的衍射光一般为高级次衍射光，相对衍射效率较低，激光能量利用效率降低。

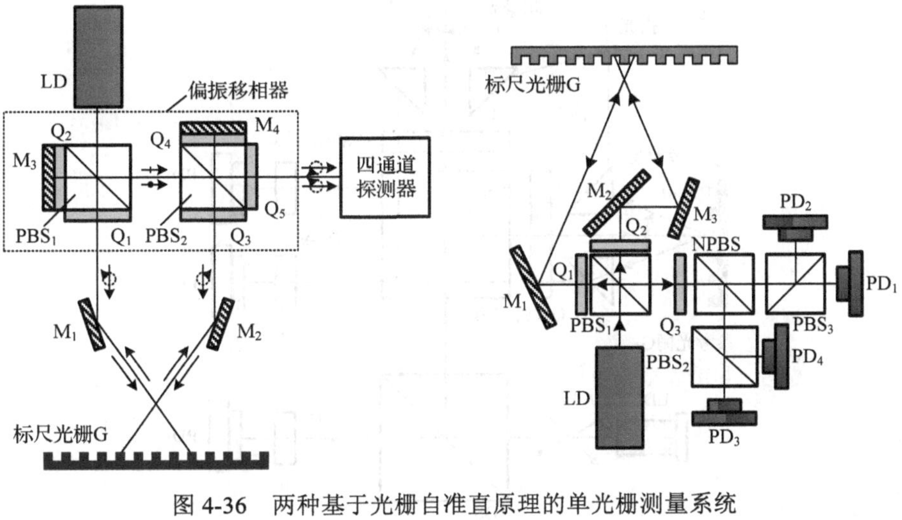

图 4-36　两种基于光栅自准直原理的单光栅测量系统

4.3.7　双频激光光栅干涉测量技术

基于黑白光栅莫尔条纹实现位移测量的系统，主要原理是测量位移导致的莫尔条纹移动，因此一般对光源的相干性要求不高。然而，基于衍射光栅的位移测量系统，通常要使相关衍射级次叠加形成干涉条纹实现位移测量，因此对光源的相干性有一定的要求，特别是在实现光栅栅线平面垂向位移测量时，零级衍射光强不包含光栅周期信息，则波长为垂向测量的基准，在高分辨力测量时，对激光的频率稳定性要求更高。本节前述各种典型衍射光栅测量光路中，主要用单频激光作为光源。相比单频激光测量技术，双频激光干涉测量技术具有抗环境干扰能力强等优势，在环境不理想、需要大测量范围和高精度的场合获得了更广泛的应用。近年来，已经出现将双频激光用于光栅测量的技术，并且发展很快。

1. 测量原理

图 4-37 所示为双频光栅干涉仪测量的基本原理，激光器 LD 发出频率为 f_1 和 f_2 的双频激光，均为线偏振光且振动方向垂直；双频激光首先入射分光镜 BS 分成两束，透射部分经过检偏器 P_1 后形成频率为 $f_1- f_2$ 的拍频信号，并由光电探测器 PD_1 检测成为双频干涉测量的参考信号。经 BS 反射光束入射偏振分光镜 PBS 后，频率为 f_1 的线偏振光反射，透过 1/4 波片 QWP_1 后入射至参考光栅 G_2 发生衍射，对称级次的衍射光透过折光元件后再次透光 1/4 波片 QWP_1，改变偏振方向后透过 PBS，成为参考光；而激光器 LD 发出的频率为 f_2 的线偏振光经 PBS 透射，透过 1/4 波片 QWP_2 后入射至标尺光栅 G_1 发生衍射，对称级次的衍射光透过折光元件后再次透光 1/4 波片 QWP_2，改变偏振方向后经 PBS 反射，成为测量光，当标尺光栅 G_1 沿 x 移动时，测量光中包含有多普勒频移信息$\pm\Delta f_2$；两束测量光和两束参考光分别合光出射，经检偏器 P_2 和 P_3 后形成光拍信号，并分别被光电探测器 PD_2 和 PD_3 接收。PD_2 和 PD_3 接收的均为双频干涉信号，通过与 PD_1 接收的参考信号作减法处理，可获得多普勒频移，再经后续电路处理，可测得光栅沿 x 向的位移信息。

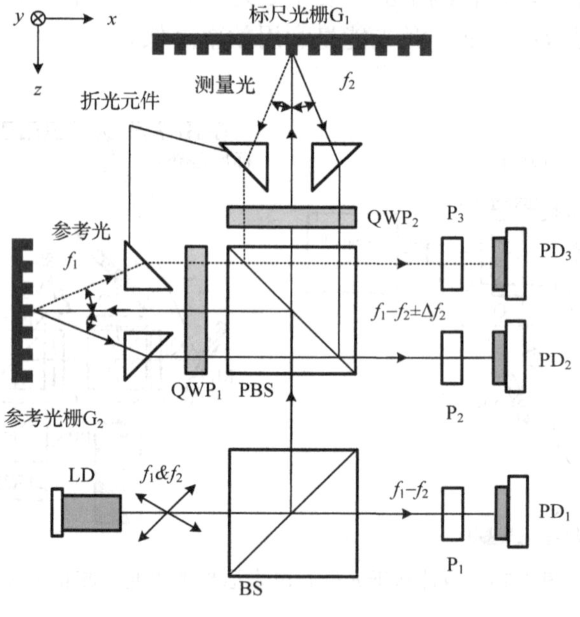

图 4-37　双频光栅干涉仪测量基本原理

以上分析可见，图 4-37 双频光栅干涉仪测量基本原理，与双频激光干涉仪的原理极为类似，因此具有双频干涉抗环境干扰能力强等优点，而且，双频激光干涉仪所采用的光电探测、信号细分等技术都可被借用，技术上较为成熟。

当标尺光栅 G_1 仅发生 x 向的位移时，图 4-37 中 PD_3 和 PD_2 仅用一路即可和 PD_1 信号做差，获得 x 向多普勒频移信息，进而通过后续电路处理得到对应的相位信息。例如，以+1 级衍射光为例，其对应的相位信息如下：

$$\varphi_{x+1} = 2\pi \frac{\Delta x}{\Lambda} \tag{4-66}$$

除此之外，还可以同时利用 PD_3 和 PD_2 两路信号，分别得到光电探测器光强信号如下：

$$\begin{aligned} I_{x+1} &= U_{x+1} \cdot U_{x+1}^* = 2U_0^2 \left[1 + \cos\left\{ 2\pi \left[(f_1 - f_2)t + \frac{\Delta x}{\Lambda} \right] \right\} \right] \\ I_{x-1} &= U_{x-1} \cdot U_{x-1}^* = 2U_0^2 \left[1 + \cos\left\{ 2\pi \left[(f_1 - f_2)t - \frac{\Delta x}{\Lambda} \right] \right\} \right] \end{aligned} \tag{4-67}$$

式中，U_0 为标尺光栅 G_1 和参考光栅 G_2 的±1 级衍射光的振幅幅值，对式(4-67)中两式对应的光强信号分别作电学处理，得到的相位信息并作差，即可得到 x 向的位移信息如下：

$$\Delta x = (\varphi_{x+1} - \varphi_{x-1})\Lambda / (4\pi) \tag{4-68}$$

PD_3 和 PD_2 两路信号都用的好处是，一方面省去了双频干涉的参考信号，即图 4-37 中 BS、P_1、PD_1 均可去掉，简化光路结构，降低系统成本，另一方面也有利于减小环境扰动的影响。式(4-68)还表明，该系统能实现光学二细分。

当标尺光栅 G_1 同时发生 z 向运动和 x 向运动时，z 向多普勒频移信息与 x 向位移多普勒频移信息均存在测量衍射光中，共同被光电探测器探测，PD_3 和 PD_2 接收到的光强信号表示为

$$\begin{aligned} I_{x+1} &= U_{x+1} \cdot U_{x+1}^* = 2U_0^2 \left\{ 1 + \cos\left[2\pi \left((f_1 - f_2)t + \frac{\Delta x}{\Lambda} + \frac{1 + \cos\theta_{\text{mic}}}{\lambda} \Delta z \right) \right] \right\} \\ I_{x-1} &= U_{x-1} \cdot U_{x-1}^* = 2U_0^2 \left\{ 1 + \cos\left[2\pi \left((f_1 - f_2)t - \frac{\Delta x}{\Lambda} + \frac{1 + \cos\theta_{\text{mic}}}{\lambda} \Delta z \right) \right] \right\} \end{aligned} \tag{4-69}$$

可见，z 向多普勒频移信息与 x 向位移多普勒频移信息存在耦合，因此单独用 PD_3 或 PD_2 接收的光强信号无法完成解耦。对式(4-69)二路信号提取相位信息，通过运算，即可实现位移 Δx 与 Δz 的求解。

图 4-37 中，仅用到光栅的±1 级衍射，因此光栅设计时，针对特定波长，将标尺光栅 G_1 和参考光栅 G_2 设计成消零光栅，即没有零级衍射光，最大程度地利用光能，且减小杂散光的干扰。然而在某些场合，对 Δz 的测量，还可以采用另外一种方式，即将光栅设计为非消零光栅，其零级衍射包含 z 向位移信息，通过传统双频激光干涉测量的方式实现测量，其测量原理如图 4-38 所示，其中 z 向信息由 PD_1 和 PD_4 测量信号共同求得，不用和 x 向信息耦合，求解精度高。

当图 4-38 所示结构中参考光栅和标尺光栅均使用二维光栅时，还可实现(x，y，z)三自由度的测量，当然还需在光路中增加对应光学元件和探测器的数量。

2. 抗混叠双频光栅干涉测量技术

众所周知，双频激光干涉测量系统的非线性误差大多由光学混叠造成，由于激光光源的

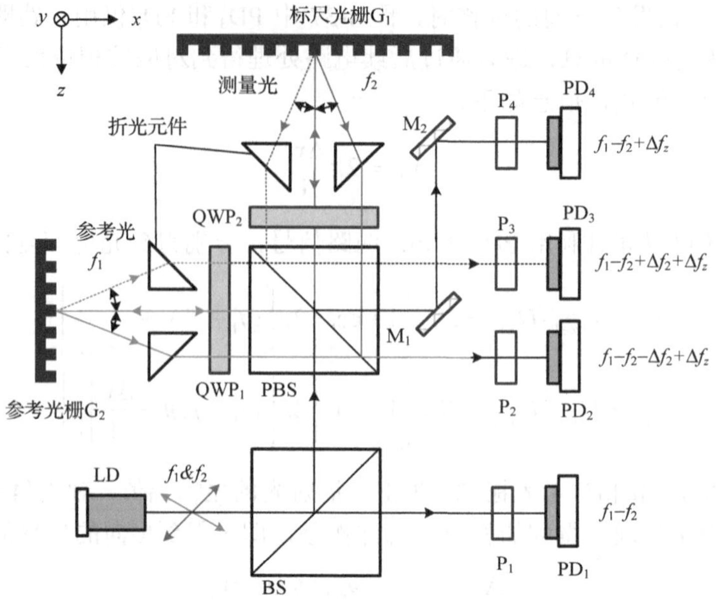

图 4-38　双频光栅干涉仪测量基本原理

偏振椭圆极化和偏振非正交化、偏振分光镜分光特性非理想化、光学元件位置误差以及激光在光学元件中传输引起的偏振态退化等因素，造成频率混叠，使某一频率的光混入到了另一个频率分量中，无法再分开，从而导致了周期非线性误差。虽然有一些方法可以进行补偿，但大多比较复杂且效果不是十分理想。双频光栅干涉测量技术基于双频激光干涉测量技术的原理，因此不可避免地也存在频率混叠问题。

非线性误差产生的根本原因是光学混叠，如果能从根本上消除光学混叠，就能极大地减小非线性误差。近年来，在激光干涉测量中提出了分光路分频方法，即使用分光路入射的方式使两个频率的激光在空间分开入射，在测量的过程中，两束激光之间不发生重叠，只在最终干涉前才进行重合，这样就从原理上消除了光学混叠，改善了系统的非线性误差。

基于这一思想，可以设计抗混叠双频光栅干涉仪，以改善其非线性误差的问题，其光路结构如图 4-39 所示。激光器产生两束具有固定频差的单频激光，频率分别为 f_1 和 f_2，其中频率为 f_1 的单频激光为参考光，频率为 f_2 的单频激光为测量光。测量光和参考光在空间上分开并平行入射到偏振分光镜，参考光经分光镜反射，透射 1/4 波片后再入射到参考光栅，由参考光栅衍射形成不同级次的三束参考衍射光束，参考衍射光束经折光元件转变为平行光，再次经过 1/4 波片后改变偏振态，从偏振分光镜透射；测量光经偏振分光镜透射，再透过 1/4 波片后入射到测量光栅，由测量光栅衍射形成不同级次的三束测量衍射光束，测量衍射光束经折光元件转变为平行光，再次经过 1/4 波片后改变偏振态，从偏振分光镜反射。通过选择合适的衍射级次，使参考衍射光束和测量衍射光束不同级次的衍射光之间错位传输，在空间互不干涉，相干级次最终在出射偏振分光镜后相遇，经过检偏器后，产生干涉，形成三路测量信号，被光电探测器 PD(0,−1,+1) 接收，经过信号处理卡解算，得到被测物体的二自由度 (x, z) 的位移信息。为了简便起见，图 4-39 中未画出参考信号 f_1–f_2 光路，可参考图 4-38 及相关说明。

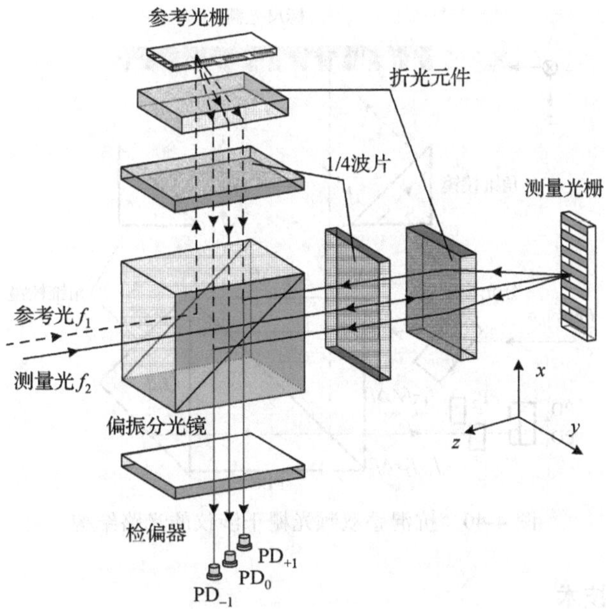

图 4-39　抗混叠双频光栅干涉仪的光路结构

3. 宽角度适应的双频光栅干涉测量技术

实际光栅测量系统中，由于安装误差，运动直线度差等因素的影响，标尺光栅或参考光栅的相对位置发生变化，常使相干光产生角度分离，重叠区域变小，影响干涉信号的强度，降低测量精度。采用角锥棱镜构建宽角度适应双频光栅干涉系统，可解决该问题。如图 4-40 所示，双频激光经过分光棱镜分光，出射两束平行光入射到偏振分光镜 PBS 上，两束光空间分离，但传播方向相同，以第一束透射光为例说明。第一束透射光经 PBS 分光，频率为 f_1 的单频激光透射，经过角锥棱镜折返，作为参考光束返回到 PBS，透过 PBS 后入射到检偏器 P_1，频率为 f_2 的单频激光被 PBS 反射，入射到标尺光栅上产生衍射，x 方向的+1 级衍射光被角锥棱镜折返，重新入射到标尺光栅上产生二次衍射，二次衍射所产生的+1 级衍射光进入 PBS 并反射，与参考光束重合，入射到检偏器 P_1，产生干涉，干涉光被光电探测器 PD_1 探测。同理，另一束光经 PBS 分光、光栅衍射、角锥棱镜反射，最终汇聚到光电探测器 PD_2 得到另一组干涉信号。对两组干涉信号处理，可得到 x 向的位移信息。参照本节前述内容，当标尺光栅有 z 向位移时，该系统还可测量 z 向位移信息。当标尺光栅为二维光栅时，该系统还可实现(x，y，z)三自由度的位移测量。

如图 4-40 所示，双频光栅干涉测量系统的特点是利用角锥棱镜的平行返回特性，把衍射光折返，使其在光栅上产生二次衍射，增加一倍的光学细分；另一方面，由于角锥的折返光与第一次入射产生的衍射光平行，所以二次衍射所产生的 1 级衍射光的方向与入射光的方向保持平行。这样的结构设计，使得即使标尺光栅产生角度偏转导致各个衍射光的角度变化，返回衍射光的方向仍能够与入射光的方向保持平行，但只会产生空间位置的平移，不会有角度偏转。这样就消除了标尺光栅偏转所造成的参考光和测量光的角度分离，从而大大地减小了标尺光栅偏转对干涉信号强度的影响，从而提高了系统的角度容差，提高了测量精度，减小了安装难度和标尺光栅的姿态控制要求。

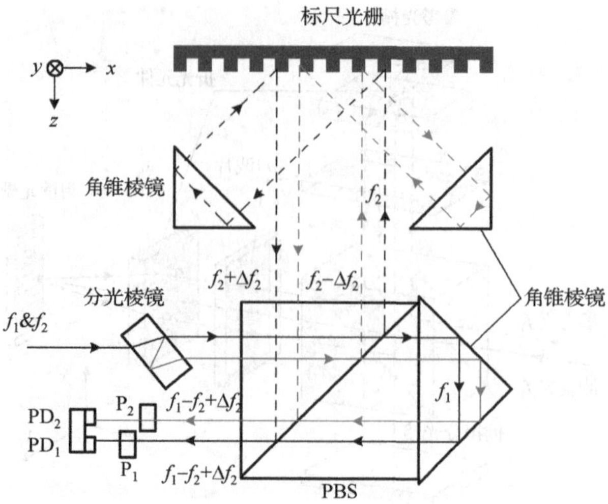

图 4-40　抗混叠双频光栅干涉仪的光路结构

4.3.8　多自由度测量技术

前述给出的基于光栅的位移测量系统，主要介绍了单自由度测量方式，在此基础上，介绍了一些扩展位移测量自由度的方法。实际的光电测量系统中，不仅有多线位移(自由度)测量需要，有时候还需测量角位移(自由度)，即实现多自由度同时测量。光栅测量系统的一大优势就是，采用同一标尺光栅，可以实现多自由度的同时测量。增加测量自由度，一般可以采用的方法有如下几种：

(1)使用二维光栅代替一维光栅，能够增加光栅位移测量系统在光栅平面内的测量维度，即测量栅线平面内两个栅线垂线方向的自由度；

(2)结合迈克耳孙干涉仪原理，迈克耳孙干涉仪原理能够实现垂直于被测平面方向的位移测量，而光栅干涉仪能够实现被测平面内的位移，结合迈克耳孙干涉仪原理，能够增加系统的测量维度；

(3)引入位置敏感器件，包括位置敏感器(Position Sensitive Detector，PSD)和四象限探测器(Quadrant Photodiodes，QPD)。通过多个 PSD 或 QPD 探测衍射光束的位置变化，便于测量衍射光束的角位移，因而能够增加系统的测量维度，但系统的分辨力受限于 PSD 的精度，测量范围受限于 PSD 或 QPD 的尺寸。

前两种方法在本章前述部分已经介绍，下面主要对引入 PSD 和 QPD 的方法进行介绍。

1. 采用 QPD 的六自由度光栅测量系统

如图 4-41 所示为在图 4-32 的三维位移测量系统的基础上引入了四象限探测器 QPD，通过 QPD 探测衍射光光斑位置的变化来实现对标尺光栅绕 x 轴、y 轴及 z 轴转角的测量，从而实现了六自由度的测量。图 4-41 中，激光器 LD 发出的单频光经分光镜 BS_1、BS_2 分光，经标尺光栅 G_1 和参考光栅 G_2 衍射，x 向和 y 向±1 级的测量衍射光和参考衍射光分别合光，并最终汇聚到光电探测器 $PD_{x\pm1}$，$PD_{y\pm1}$，经过电学及信号处理可获得(x，y，z)三个线位移自由度。而由标尺光栅 G_1 返回的 x−1 级衍射光和 0 级衍射光，先透过分光镜 BS_2，透射部分在分光镜 BS_1 发生反射，反射光束分别经过准直聚焦透镜 CL_{-1} 和 CL_0 汇聚到四象限探测器 QPD_{-1} 和 QPD_0。四象限探测器 QPD_{-1} 和 QPD_0 上光斑分布如图 4-42 所示，x−1 级衍射光和 0 级衍

射光聚焦光斑在 QPD_{-1} 和 QPD_0 上光斑中心位置分别为$(\Delta h_{-1}, \Delta p_{-1})$和$(\Delta h_0, \Delta p_0)$，当准直聚焦透镜 CL_{-1} 和 CL_0 的焦距为 f_o 时，标尺光栅沿三个轴的旋转角度可分别表示为

$$\theta_x = \frac{\Delta h_0}{2f_o} \tag{4-70}$$

$$\theta_y = \frac{\Delta p_0}{2f_o} \tag{4-71}$$

$$\theta_z = \frac{\Lambda}{f_o \lambda} \Delta h_{-1} \tag{4-72}$$

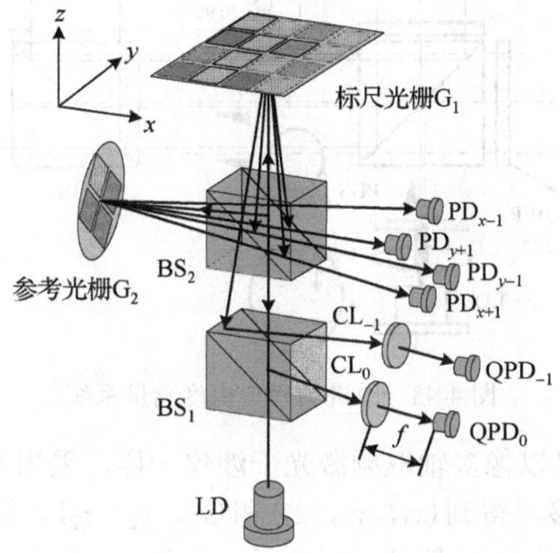

图 4-41　六自由度测量系统

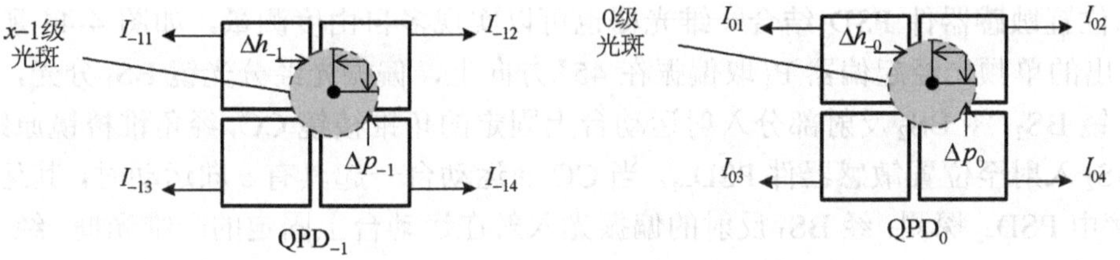

图 4-42　QPD 上光斑位置示意图

由以上分析可见，采用二维光栅，可实现三个线自由度和三个角自由度的测量，线自由度的测量基准是光栅周期，其测量精度由光栅周期稳定性和后续电学处理性能决定，角自由度的测量精度则主要依赖于四象限探测器的位置敏感精度。图 4-43 所示为该六自由度测量系统的具体实施方案，与图 4-41 相比，改进之处在于：①使用偏振分光镜 PBS、1/4 波片 QWP_1 和 QWP_2、8 个折光棱镜(平面视图显示 4 个，两个二维光栅，分别需要 4 个折光棱镜)实现光学分光和衍射合光，与分光镜分光相比，减少了能量损失；②将 4 个 PD 探测单元改为 2 个 QPD 组件 A(0°)和 B(90°)，分别探测四路干涉信号，但有 90°的相位差，可实现线位移和测量和鉴向；③用反射镜实现 x−1 级和 0 级衍射光分开，避免光学元件位置干涉问题。

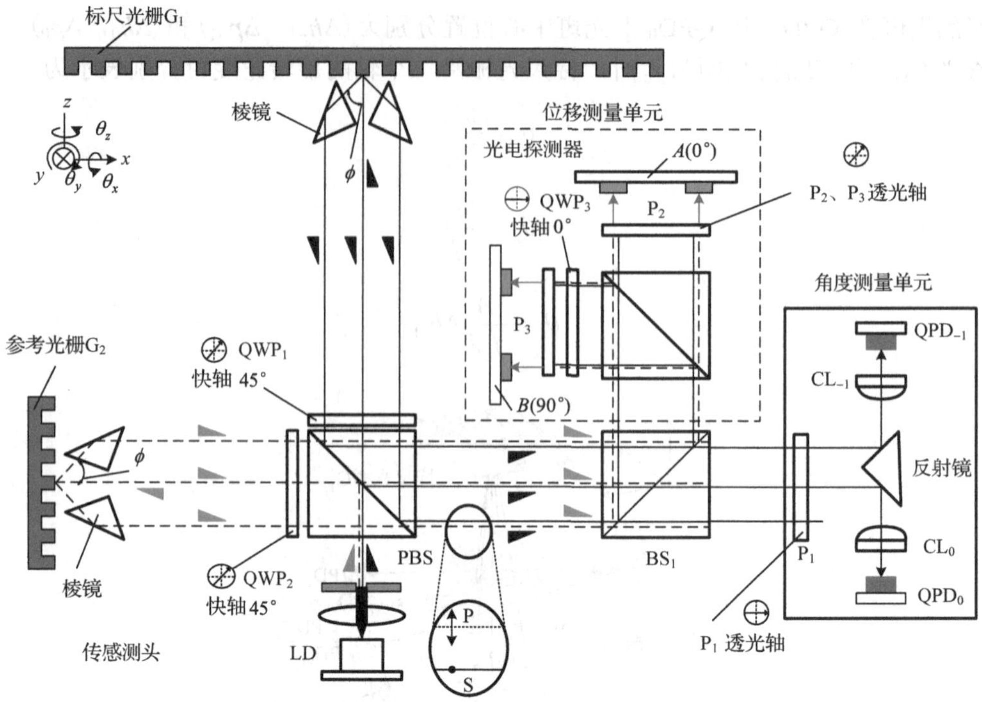

图 4-43　改进的六自由度测量系统

对角位移的测量，也可以像多轴双频激光干涉仪一样，采用双测头布置，同时测得标尺光栅两个不同位置的线位移，得到(x_1，y_1，z_1)和(x_2，y_2，z_2)，通过换算得到三个相应角位移信息，这样可提高角位移的测量精度，但多了一个测头，增加了系统的体积和成本。

2. 采用 PSD 的六自由度光栅测量系统

采用位置敏感器件 PSD 结合一维光栅也可以实现多自由度测量，如图 4-44 所示，激光器 LD 发出的单频光经起偏器 P_1 取偏振在 45° 方向上，偏振光经分光镜 BS_1 分光，透射部分入射分光镜 BS_2，经 BS_2 反射部分入射运动台上固定的角锥棱镜 CC，经角锥棱镜原路返回后，又透过 BS_2 入射至位置敏感器件 PSD_{-z}，当 CC 随运动台一起具有 z 向运动时，其运动位移量 Δz 可直接由 PSD_{-z} 探测；经 BS_1 反射的偏振光入射在运动台上固定的一维光栅，经光栅衍射，0 级衍射光透射 BS_1 并入射位置敏感器件 PSD_0，±1 衍射光分别入射分光镜 BS_3 和 BS_4，透射部分入射位置敏感器件 PSD_{+1} 和 PSD_{-1}，经过对三个 PSD(0，+1，−1)信号的处理和解算，可测量运动台的 y 向运动位移量 Δy 和运动台的三个转角信息 θ_x，θ_y，θ_z；±1 衍射光分别入射分光镜 BS_3 和 BS_4 后的反射部分，入射偏振分光镜 PBS_1 并被分成 s 波和 p 波，经过 PBS_1 反射和透射的部分都含有±1 衍射光分量(包含运动台 x 向位移信息)，经过 1/4 波片 QWP_1 和 QWP_2 后，变为圆偏振光，分别入射至 PBS_2、PD_1(180°)、PD_2(0°)组合单元和 PBS_3、PD_3(90°)、PD_4(270°)组合单元，两个组合单元共同构成四通道探测器，能够去除干涉信号中的直流信号，测得的信号经过解算，可得到运动台的 x 向位移信息。至此，运动台的六自由度均已获得，且中除 z 向位移外，均由光栅测量系统获得。该系统中 PSD 均采用二维器件。当采用稳频激光器作光源，一维光栅的线数为 1200 线/mm 时，该系统的角位移测量分辨力可小于 0.05″，x 向位移分辨力小于 1nm，y 向和 z 向分辨力小于 20nm。该装置这 5 个自由度的测量范围由 PSD 器件的测量范围决定，由于 PSD 器件的测量范围都不大，所以这 5 个自由度的测量范围也都不大，其实际测量范围为：y 和 z 向位移量程均为±400μm、沿三个坐标轴转角的测量范围均为±200″。这也说明，采用 PSD 器件，尽管可以实现六自由度测量，但测量分辨力不高，仅能实现数十纳米分辨力，测量范围也较有限；而 x 向测量的基准是光栅周期，且结合了四通道探测技术，用光电探测器 PD 实现测量，能够实现较高的分辨力，达到 1nm，测量范围由光栅长度确定，x 向位移量程为 40mm、相对较大。

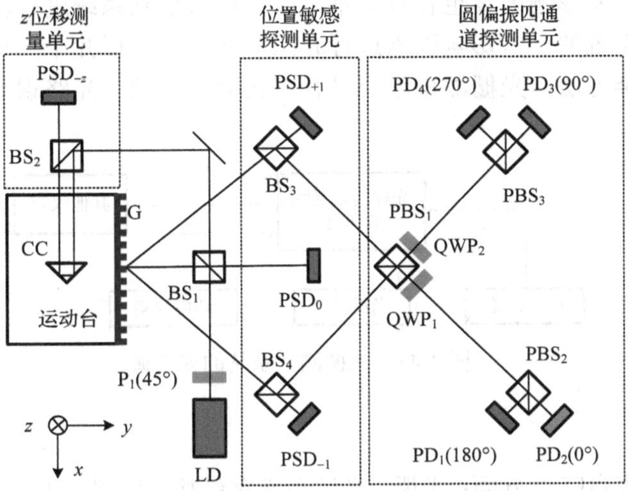

图 4-44 采用 PSD 的六自由度光栅测量系统

总体而言，本节列举了近年来出现的一些衍射光栅测量系统的典型测量光路，在设计光栅测量系统时有一定的参考价值。在实际应用中，设计基于衍射光栅的位移测量结构时，要根据测量要求，包括测量的自由度数量，各自由度的测量范围和精度，系统体积，应用环境，成本等因素综合考虑，选取典型光路结构，或对其优化组合，又或在其基础上创新，以实现满足特定要求的测量光路结构。

4.4 光栅测量系统的误差分析

4.4.1 光栅测量系统的光电转换与电学细分技术

本章 4.1 节～4.3 节主要介绍光栅测量系统的一些基本概念、基本光路原理，实际上要实现高精度的光栅测量系统，光电转换和信号的电学细分必不可少。科学技术的发展，使得技术的通用性越来越好。光栅测量系统中需要的光电转换器件，如光电探测器 PD、位置敏感器件 PSD、四象限探测器 QPD 等与其他光电测量技术都可以共享，特别是激光干涉技术，几乎可以通用。而光电转换电路和电学细分方面，由于光栅测量技术，特别是衍射光栅测量技术，尽管获取干涉信号的方式不同，但干涉信号的本身并没有不同，因此光栅测量技术的光电转换电路和电学细分技术，完全可以借鉴单频激光干涉仪和双频激光干涉仪的相关技术。为了达到高分辨力、高速度、大测量范围和高精度等指标，激光干涉测量技术发展了很多实用的核心技术单元，这在本书前面章节都有介绍，由于这些核心技术单元可直接为光栅测量系统借用，所以本章在光电转换和电学细分方面不再详细介绍。

4.4.2 光栅测量系统主要误差源

由于各种非理想因素的存在，光栅干涉系统和其他的光学测量系统一样，测量精度会受到大量因素的影响。由于光栅测量系统本身的一些特点，对一些影响精度的因素不是那么敏感，而对另外一些因素可能要求严格。事实上，基于光栅的位移/角度测量系统，原理不尽相同，因此所考虑的误差影响因素也各有侧重，应该针对个别系统进行具体分析。本节主要从宏观上对光栅测量系统的一些影响因素进行介绍，并重点分析几个主要影响因素。根据测量系统常用的误差分类方法，光栅测量系统具有三大类误差源：光路误差、电路误差和环境误差，如图 4-45 所示。

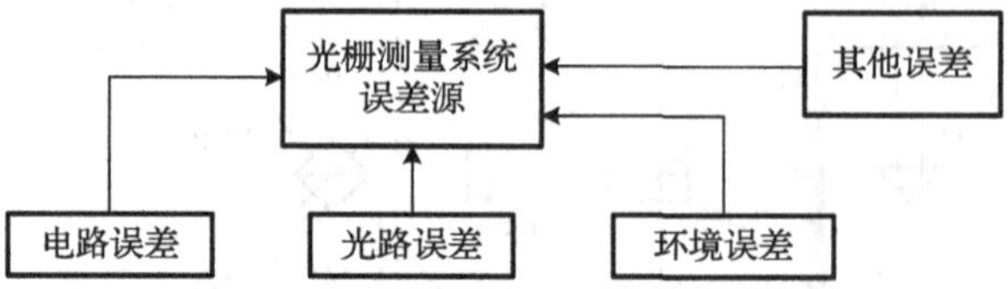

图 4-45　光栅测量系统的误差源

1．光路误差

光路误差主要来自三大方面：光栅、光源和光路结构，如图 4-46 所示。光栅测量系统中，光栅常数是测量基准，而且还起到衍射分光的作用，因此是不可忽视的误差因素。光栅的影响包括光栅周期误差、热变形和表面质量。光栅周期误差主要反映的是采用机械刻划、光刻或其他方法加工光栅时，造成实际光栅周期与理想光栅周期的偏差，这种偏差在短周期内。由于光栅周期在微米量级，而测量光斑的尺寸一般在数毫米，所以一个测量光斑范围内，包含上千个刻线，在平均效应作用下，栅线周期的少许偏离对测量精度的影响不大；然而，由于机械刻划或者光栅掩膜制备过程中造成的光栅累积误差，其影响尺度远超一个光斑大小时，就不可忽略，应该严格控制累积误差的程度，或者对测量系统进行必要的补偿和校准。此外，光栅的表面质量会影响衍射波前，光栅平面的平面度也影响衍射波前，最终都会影响衍射光斑干涉得到的干涉信号，因此光栅表面质量也应严格控制；光栅材料的不同，也会受温度的影响，例如，金属光栅受温度影响较大，会出现热变形，高精度绝对测量场合就不可用，目前已经探索在零膨胀微晶玻璃上加工光栅，使得热变形影响很小，在微电子加工装备领域很有应用前景。

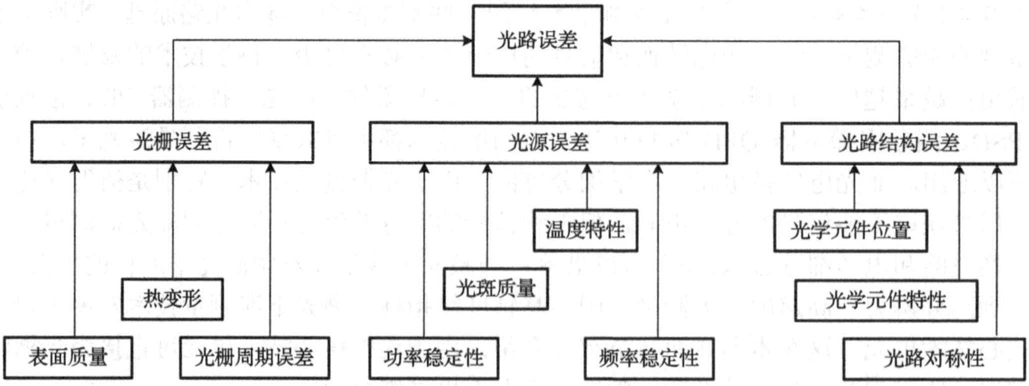

图 4-46　光栅测量系统的主要光路误差

光源误差因光源不同而差别很大，总体上影响因素包括光源功率稳定性、频率稳定性、光斑质量和温度特性等。功率稳定性决定光斑能量的高低，其波动会对光电转换器件产生影响，影响干涉信号的质量；光斑质量包括光斑的形状和能量分布均匀性等，光斑形状规整且能量分布均匀有利于提高干涉条纹质量；尽管在光栅测量系统中，一般用光栅周期作为测量基准，但光源频率稳定性还是有影响的，频率稳定性影响相干性，进而影响条纹质量；在一些测量系统中，采用半导体激光器作为测量光源，降低成本的同时但失去性能稳定和相干性，同时易受环境温度和驱动电流的影响；在高精度测量系统中，尽量采用高频率稳定性的 He-Ne 激光器作为光源。

光路结构误差主要包括光学元件本身性能误差和位置误差，光学元件性能误差主要指的光学元件特性不理想，例如，偏振分光镜漏光和分光不理想，波片存在相位差等，位置误差包括光栅安装误差、光学元件位置误差(如平移和旋转等)，这些因素都会影响干涉信号的质量，此外，光路误差还包括光路设计或摆放过程造成的光路不对称误差，用于干涉的两路信号光程差过大，则受环境因素的影响就越大，因此光路设计中优先考虑等光程设计和共光路设计。还有一类光路误差来自机械运动，例如，承载标尺光栅的运动台运动不理想，或者承载读数头的导轨运动不理想，都会造成光栅与读数头相对位置偏差，最后影响精度。

2. *电路误差*

电路误差主要是包括光电转换部分误差和细分计数误差，如图 4-47 所示。光栅测量系统中经由光栅的多次衍射，分光器件的多次分光，往往到达探测器的干涉信号十分微弱，需要进行放大，当存在很小的误差或干扰时，都会和有用的信号一起被放大，给后续处理带来了困难。光电转换部分的作用是通过光电探测器把干涉条纹信号转化为电信号。由于光电探测器的特性一般是非理想的，例如，光电转换器件存在固有噪声，由于并没有固定的规律，很难消除，所以在选择光电探测器件时注意关注噪声指标；光电探测器是有一定面积的，由于接收面上各点的灵敏度不完全相同，所以得到的干涉信号正弦波并不理想，而是存在着畸变，应该选择接收面面积较小的光电接收器；此外，光电探测器供电电流波动、探测器位置变化也会带来被探测的电信号误差。除了光电探测器件选择外，对于光电转换器件引入的误差，还可以考虑通过差动放大电路、四通道检测光路布置、选择四通道探测器等方式加以抑制。

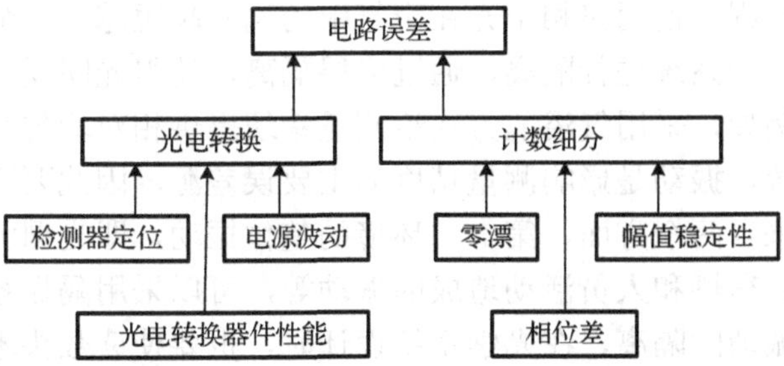

图 4-47　光栅测量系统的主要电路误差

细分计数误差主要包括计数误差和细分误差，计数误差主要来自零漂，是信号在过零点附近的波动导致的误计数，本质是信号幅度在计数阈值附近的波动引起的，多由光栅栅面质量造成。除了提高光栅质量外，采用合理的计数技术，可以降低计数误差。细分误差的来源主要有三个：一是光电探测器输出信号不完美，包括正弦波的幅值和相位存在误差，应尽可能提高幅值稳定性，并减小光电转换造成的附加相位差；二是 A/D 转换误差，多由 A/D 转换精度不高造成，尽量采用高速高精的 A/D 转换电路；三是细分方法误差，多因细分方法的不同而不同，在细分过程中，可以用余切代替正切，使整个细分区间都有较好的线性度。

与激光干涉仪相比，由于光电转换电路和细分电路十分相似，总体上光栅测量系统的电路误差可以参照激光干涉仪部分的电路误差分析。

3. 环境误差

任何测量系统，只要涉及精度，就必须考虑测量环境的影响，这在高精度测量系统中尤其重要。环境因素主要包括温度、湿度、气体流动、振动等，如图 4-48 所示。尽管相对于激光干涉仪，光栅测量系统因属于短光程测量，对环境中气流和温度变化的影响已经降低，但对于纳米级分辨力的精密测量系统而言，仍然要考虑环境的影响。

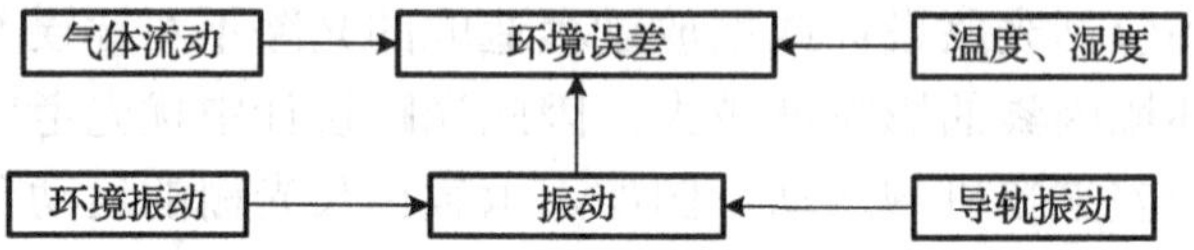

图 4-48　光栅测量系统的主要环境误差

温度是最大的环境影响因素，从光路角度看，温度变化会引起光栅栅距的变化，光学元件的膨胀或收缩以及光程差的变化；从电路角度看，温度变化会引起光电探测器、模数转换电路、计数细分电路中温度敏感元件的特性变化，最后产生误差。对温度影响的控制主要有三方面，第一，进行严格的温控，给测量系统提供固定的温度环境，将温度的变化控制在一定范围之内，例如，光刻机工作环境要求温度变化小于 0.1℃；第二，选择热膨胀系数小的材料和器件，例如，选择零膨胀微晶材料制作光栅，选择极低膨胀系数的优质石英玻璃制作分光镜，电学部分选用温度不敏感器件，光路设计时也尽量选择等光程设计方法，让相干两光路在光学器件中经过的路程相等；第三，进行温度补偿，即通过软件对测量结果进行温度补偿。湿度相比温度的影响要小得多，在湿度很大的场合，要做好防湿措施。

气流的影响体现在引起空气折射率变化和湍流，进而造成干涉条纹漂移，消除气流影响最好的方式是真空测量，但成本极其昂贵，一般无法采用。通常有空气的环境可采用的方式包括：尽可能地缩短光程，使两路相干光在空气中的光程越短越好，最好采用对称光路和共光路的设计方法；对测量系统进行隔离，通过多层隔离，使得光路受到的气流影响减小；提供良好的空气环境，例如，采用气浴的方式给测量系统提供相对均匀和稳定的空气环境。

对于光栅测量系统，振动是影响测量精度的主要误差源，因此要避免测量环境中的较大振动发生。振动主要来自两个方面，第一，环境的整体振动，即光栅测量系统整体受到的工作台振动、大地脉动、车辆和人员活动造成的振动等，可以采用隔振系统实现大地脉动、车辆和人员活动造成的振动的隔离，在光学系统设计时，也要使读数头本身的固有频率偏离主要环境振动，以免引起谐振。第二，来自于测量系统本身，如光栅导轨运动时，导轨的直线度交叉和运动速度不均等引起的光栅振动，这种振动包含很多的频率成分，可以通过滤波滤除一部分频率成分。

第 5 章　激光共焦测量技术与系统

5.1　激光共焦测量基本原理

共焦显微技术的概念是由 Minsky 在 20 世纪 50 年代首先提出来的，后来，随着激光技术的发展得到了重视并逐步发展为一个全新的光学显微成像与测量理论分支。通过 C.J.Sheppard、Tony Wilson、M. Gu 以及 J.B. Pawley 等众多学者的努力，激光共焦显微测量技术的理论体系得到了建立和完善，并逐步发展为一个重要的光学显微测量手段。凭借其独特的层析特性以及三维成像能力，共焦显微技术在工业、生物、医学等领域得到了较为广泛的应用。

共焦显微技术的基本思想是引入针孔滤波器形成点光源、点照明和点探测，且三者处于系统共轭位置。探测针孔的使用使系统具有抑制杂散光的特性，并产生轴向层析能力。当被测物表面位于共轭焦点位置时，点探测器探测到最大光强；而当物表面处于离焦点位置时，由于探测针孔的遮挡作用，点探测器探测到的光强迅速衰减，也就是通过判断最大光强位置，即可获得被测物表面轴向高度信息，从而结合横向扫描实现被测样品三维测量。

本节主要针对激光共焦显微测量的基本原理进行介绍。首先简要阐明了光学成像理论的分析工具，即菲涅耳衍射理论。其次基于单个薄透镜的成像理论分析，进一步对共焦显微成像理论进行分析介绍。

5.1.1　菲涅耳衍射理论

如图 5-1 所示，假设一束单色平面波入射到一个无穷大的不透明屏上，该屏上有一孔径 Σ，孔径平面记为 K，观察平面记为 E，二者相距 z，光在孔径平面上的振幅分布记为 $U_1(x_1,y_1)$，在观察平面上的振幅分布记为 $U(x, y)$，当采用傍轴近似时，菲涅耳衍射公式可表示为

$$U(x,y)=\frac{\mathrm{i}\exp(-\mathrm{i}kz)}{\lambda z}\times\iint_{-\infty}^{\infty}U_1(x_1,y_1)\exp\left\{-\frac{\mathrm{i}k}{2z}[(x-x_1)^2+(y-y_1)^2]\right\}\mathrm{d}x_1\mathrm{d}y_1 \tag{5-1}$$

通过菲涅耳衍射公式，可以计算得到距离衍射屏 z 距离处的光场分布。

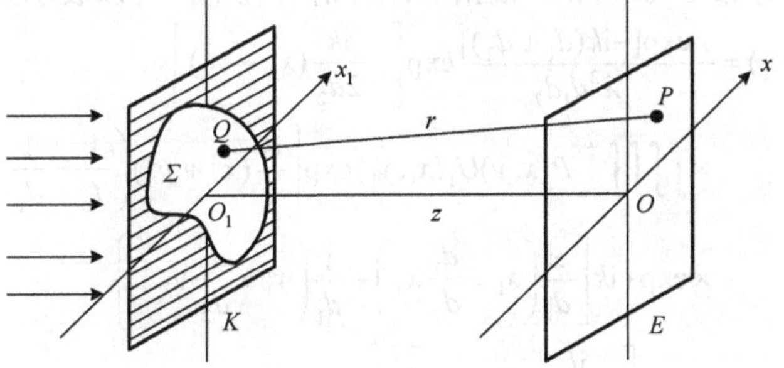

图 5-1　菲涅耳衍射模型

5.1.2 薄透镜的三维点扩散函数

当一束波长为λ的光通过一个透镜的时候，其相位、振幅会发生变化。为了研究这些效应，可以将透镜视为一个衍射屏。其透过率函数$t(x, y)$可写为

$$t(x,y)=P(x,y)\exp\left[\frac{\mathrm{i}k(x^2+y^2)}{2f_o}\right] \tag{5-2}$$

式中，$k=2\pi/\lambda$是入射光的波数。当焦距$f_o>0$时产生一个汇聚波，称为正透镜，当$f_o<0$时产生一个发散波，称为负透镜。$P(x,y)$称为透镜的瞳函数。对于半径尺寸为a的透镜：

$$P(x,y)=\begin{cases}1, & \sqrt{x^2+y^2}\leqslant a\\ 0, & \text{其他}\end{cases} \tag{5-3}$$

如图 5-2 所示为单个透镜的成像情况，物平面记为$x_1o_1y_1$，像平面记为$x_2o_2y_2$，透镜平面为xoy。假设一束单色平面波垂直入射，物面的振幅分布记为$U_1(x_1, y_1)$，则由菲涅耳衍射理论，在透镜前表面的光场振幅分布$U(x,y)$为

$$U(x,y)=\frac{\mathrm{i}\exp(-\mathrm{i}kd_1)}{\lambda d_1}\times\iint_{-\infty}^{\infty}U_1(x_1,y_1)\exp\left\{-\frac{\mathrm{i}k}{2d_1}[(x-x_1)^2+(y-y_1)^2]\right\}\mathrm{d}x_1\mathrm{d}y_1 \tag{5-4}$$

式中，$k=2\pi/\lambda$，表示入射光的波数。

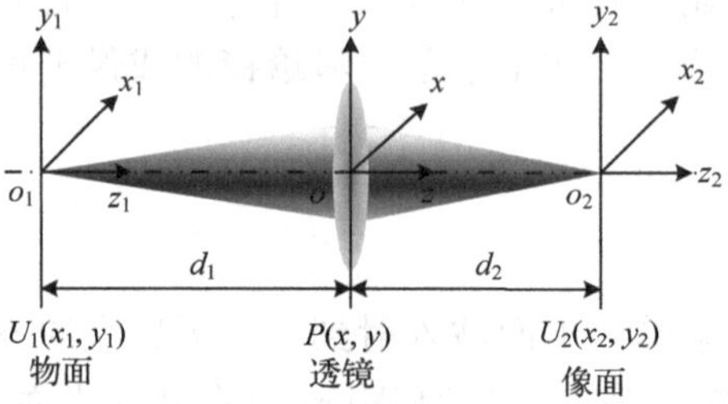

图 5-2　薄透镜成像原理图

由式(5-2)可得，光波在透镜后表面的振幅分布$U'(x, y)$为

$$U'(x,y)=\frac{\mathrm{i}\exp(-\mathrm{i}kd_1)}{\lambda d_1}P(x,y)\exp\left[\frac{\mathrm{i}k(x^2+y^2)}{2f_o}\right]\times\iint_{-\infty}^{\infty}U_1(x_1,y_1)\exp\left[-\frac{\mathrm{i}k}{2d_1}[(x-x_1)^2+(y-y_1)^2]\right]\mathrm{d}x_1\mathrm{d}y_1 \tag{5-5}$$

像面光场的振幅分布$U_2(x_2, y_2)$，根据菲涅耳衍射理论，可以表示为

$$\begin{aligned}U_2(x_2,y_2)=&-\frac{\exp[-\mathrm{i}k(d_1+d_2)]}{\lambda^2 d_1 d_2}\exp\left[-\frac{\mathrm{i}k}{2d_2}(x_2^2+y_2^2)\right]\\&\times\iiiint_{-\infty}^{\infty}P(x,y)U_1(x_1,y_1)\exp\left[\frac{\mathrm{i}k}{2}(x^2+y^2)\left(\frac{1}{f_o}-\frac{1}{d_1}-\frac{1}{d_2}\right)\right]\\&\times\exp\left\{\mathrm{i}k\left[\frac{x}{d_1}\left(x_1+\frac{d_1}{d_2}x_2\right)+\frac{y}{d_1}\left(y_1+\frac{d_1}{d_2}y_2\right)\right]\right\}\\&\times\exp\left[-\frac{\mathrm{i}k}{2d_1}(x_1^2+y_1^2)\right]\mathrm{d}x_1\mathrm{d}y_1\mathrm{d}x\mathrm{d}y\end{aligned} \tag{5-6}$$

对于一般成像情况，有高斯定理：

$$\frac{1}{d_1}+\frac{1}{d_2}-\frac{1}{f_o}=\frac{1}{d_0} \tag{5-7}$$

像面或者物面偏移产生 $1/d_0$ 项，因此 d_1 和 d_2 可定义为

$$\begin{cases} d_1 = d_{10} - z_1 \\ d_2 = d_{20} + z_2 \end{cases} \tag{5-8}$$

式中，z_1 和 z_2 表示物面和像面的离焦量，且根据高斯定律，d_{10} 和 d_{20} 满足：

$$\frac{1}{d_{10}}+\frac{1}{d_{20}}=\frac{1}{f_o} \tag{5-9}$$

根据透镜放大率系数的定义：

$$M_{AP}=\frac{d_{10}}{d_{20}} \tag{5-10}$$

则对于薄物体而言，其在像平面上的复振幅分布可表示为

$$\begin{aligned} U_2(x_2,y_2)=&\frac{-M_{AP}\exp[-ik(d_1+d_2)]}{\lambda^2 d_1^2}\exp\left[-\frac{ikM_{AP}}{2d_1}(x_2^2+y_2^2)(1+M_{AP})\right] \\ &\times\iiiint_{-\infty}^{\infty}P(x,y)U_1(x_1,y_1)\exp\left[\frac{-ik}{2d_{10}^2}(z_1-M_{AP}^2 z_2)(x^2+y^2)\right] \\ &\times\exp\left\{ik\left[\frac{x}{d_{10}}(x_1+M_{AP}x_2)+\frac{y}{d_{10}}(y_1+M_{AP}y_2)\right]\right\}dx_1dy_1dxdy \end{aligned} \tag{5-11}$$

对于有一定厚度的物体，即 $U_1(x_1, y_1, z_1)$，此时，根据叠加原理，该有限厚度物体成的像，是式(5-11)在 z_1 轴上的积分，也就是将像场 $U_2(x_2, y_2)$ 写成 z_2 的函数 $U_2(x_2, y_2, z_2)$：

$$\begin{aligned} U_2(x_2,y_2,z_2)=&\frac{-M_{AP}\exp[-ik(d_{10}+d_{20})]}{\lambda^2 d_1^2}\exp\left[-\frac{ikM_{AP}}{2d_{10}}(x_2^2+y_2^2)(1+M_{AP})\right] \\ &\times\iiiint_{-\infty}^{\infty}P(x,y)U_1(x_1,y_1,z_1) \\ &\times\exp[ik(z_1-z_2)]\exp\left[\frac{-ik}{2d_{10}^2}(z_1-M_{AP}^2 z_2)(x^2+y^2)\right] \\ &\times\exp\left\{\frac{ik}{d_{10}}[x(x_1+M_{AP}x_2)+y(y_1+M_{AP}y_2)]\right\}dx_1dy_1dz_1dxdy \end{aligned} \tag{5-12}$$

另外，三维振幅点扩展函数 $h(\xi,\eta,z')$ 表示如下：

$$\begin{aligned} h(\xi,\eta,z')=&\frac{M_{AP}}{d_1^2\lambda^2}\iint_{-\infty}^{\infty}P(x,y)\exp\left[-\frac{ikz'}{2d_{10}^2}(x^2+y^2)\right] \\ &\times\exp\left[\frac{ik}{d_{10}}(\xi x+\eta y)\right]dxdy \end{aligned} \tag{5-13}$$

系统在离焦时的有效光瞳函数可表示为

$$P_{eff}(x,y)=P(x,y)\exp\left[-\frac{ik}{2d_{10}^2}z'(x^2+y^2)\right] \tag{5-14}$$

将式(5-14)代入式(5-13)，可得

$$h(\xi,\eta,z')=M_{\mathrm{AP}}\iint_{-\infty}^{\infty}P_{\mathrm{eff}}(d_1\lambda x',d_1\lambda y')\exp[2\pi\mathrm{i}(\xi x'+\eta y')]\mathrm{d}x'\mathrm{d}y' \tag{5-15}$$

对于式(5-12)，$U_1(x_1, y_1, z_1)\exp(\mathrm{i}kz_1)$称为有效物函数$U_1'(x_1, y_1, z_1)$，则像场振幅为有效物函数与$h(\xi, \eta, z')$的卷积。因此，像场的强度可表示为

$$I_2(x_2,y_2,z_2)=\left|U_1'(x_1,y_1,z_1)\otimes h(x,y,z')\right|^2 \tag{5-16}$$

对点物而言，有$U_1(x_1,y_1,z_1)=\delta(x_1)\cdot\delta(y_1)\cdot\delta(z_1)$，则其像场为

$$U_2(x_2,y_2,z_2)=\exp[-\mathrm{i}k(d_{10}+d_{20})]\exp\left[-\frac{\mathrm{i}kM_{\mathrm{AP}}}{2d_{10}}(x_2^2+y_2^2)(1+M_{\mathrm{AP}})\right]$$
$$\times\exp(-\mathrm{i}kz_2)h(M_{\mathrm{AP}}x_2,M_{\mathrm{AP}}y_2,-M_{\mathrm{AP}}^2z_2) \tag{5-17}$$

光强为

$$I_2(x_2,y_2,z_2)=\left|h(M_{\mathrm{AP}}x_2,M_{\mathrm{AP}}y_2,-M_{\mathrm{AP}}^2z_2)\right|^2 \tag{5-18}$$

对于半径为a的圆形透镜，可引入以下三个参数：

$$\begin{cases}v\approx\dfrac{2\pi}{\lambda}r_2\sin\alpha_i\\ u\approx\dfrac{8\pi}{\lambda}z_2\sin^2\dfrac{\alpha_i}{2}\\ N=\dfrac{a^2}{\lambda d_{20}}\end{cases} \tag{5-19}$$

式中，$\sin\alpha_i$为透镜在像空间的数值孔径；v为归一化横向坐标，对应实际横坐标$r(r^2=x^2+y^2)$；u为归一化轴向坐标；N为菲涅耳数。

则单物点成像可表示为

$$U_2(v,u)=\frac{M_{\mathrm{AP}}\exp\left[-\dfrac{\mathrm{i}u}{4\sin^2(\alpha_i)}\right]}{d_1^2\lambda^2}\exp\left[-\frac{\mathrm{i}v^2}{4\pi N}(1+M_{\mathrm{AP}})\right]$$
$$\times\int_0^1P(\rho)\exp\left(-\frac{\mathrm{i}u}{2}\rho^2\right)J_0(\rho v)2\pi\rho\mathrm{d}\rho \tag{5-20}$$

式中，$\rho=r/a$为归一化半径；$J_0(v\rho)$为零阶 Bessel 函数；$P(\rho)$是归一化后光瞳函数。

忽略式(5-15)常数部分，且用归一化坐标表示，为

$$h(v,u)=\int_0^1P(\rho)\exp\left(-\frac{\mathrm{i}u}{2}\rho^2\right)J_0(\rho v)2\pi\rho\mathrm{d}\rho \tag{5-21}$$

$h(v, u)$称为三维振幅点扩展函数(3-D APSF)，描述系统在离焦条件下，单个物点成像的三维特性。

对于点物而言，当透镜的光瞳采用圆对称形式，并忽略常数部分的情况下，其像场的三维强度点扩展函数(3-D IPSF)为

$$I(v,u)=\left|h(v,u)\right|^2 \tag{5-22}$$

如图 5-3～图 5-5 所示分别为薄透镜三维衍射光强分布、当 u=0 时的焦平面上横向光强响应特性曲线及当 v=0 时的轴向响应特性曲线。

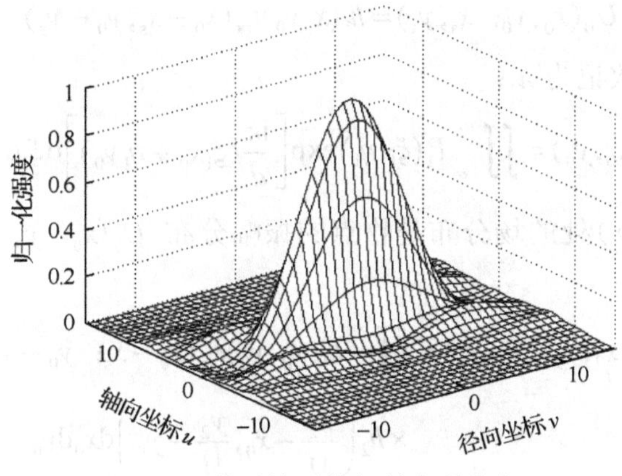

图 5-3　薄透镜三维衍射光强分布

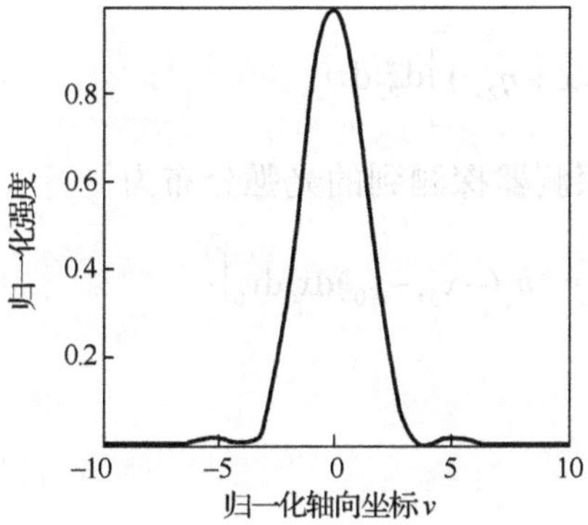

图 5-4　薄透镜焦平面横向特性曲线

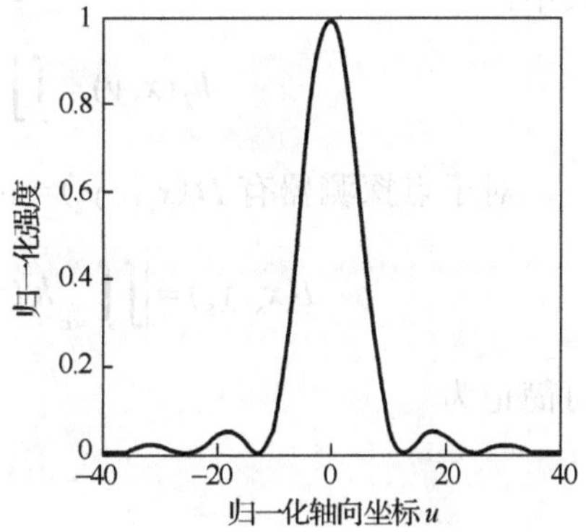

图 5-5　薄透镜衍射轴向特性曲线

5.1.3　共焦显微三维成像技术

典型的共焦显微成像原理如图 5-6(a)和图 5-6(b)所示，成像方式有反射、透射两种，点光源、点探测器彼此共轭。透射式共焦系统和反射式共焦系统在原理上是等价的，工业样品检测领域一般采用反射式共焦显微成像系统，本书为了方便说明其原理，主要讨论透射式共焦成像系统特性。

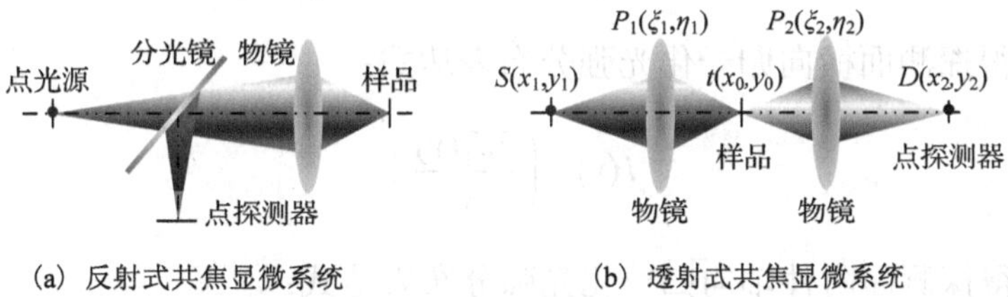

图 5-6　共焦显微系统成像原理

在图 5-6(b)中，点光源的振幅分布函数记为 $S(x_1, y_1)$，点探测器在像平面上的探测函数记为 $D(x_2, y_2)$，照明物镜和收集物镜的光瞳函数记为 $P_1(\xi_1, \eta_1)$ 和 $P_1(\xi_2, \eta_2)$，物体的振幅透过率函数记为 $t_{\text{ra}}(x_0, y_0)$。

点光源的振幅分布函数可表示为 $S(x_1, y_1)=\delta(x_1)\delta(y_1)$，物体被照明的位置为$(x_s, y_s)$，则透过物体后的光场为

$$U_0(x_0,y_0;\ x_s,y_s)=h_1(x_0y_0)t_{ra}(x_0-x_s,y_0-y_s) \tag{5-23}$$

其中，物镜的点扩散函数记为 h_1：

$$h_1(x_0,y_0)=\iint_{-\infty}^{\infty}P_1(\xi_1,\eta_1)\exp\left[\frac{ik}{d}(\xi_1x_0+\eta_1y_0)\right]d\xi_1d\eta_1 \tag{5-24}$$

因此，像平面(x_2, y_2)处的场分布是物点的振幅分布 $U_0(x_0, y_0;\ x_s, y_s)$和收集物镜点扩散函数 h_2的卷积，即

$$\begin{aligned}U_2(x_2,y_2;\ x_s,y_s)=&\iint_{-\infty}^{\infty}h_1(x_0,y_0)t_{ra}(x_0-x_s;\ y_0-y_s)\\&\times h_2\left(\frac{x_2}{M}-x_0,\frac{y_2}{M}-y_0\right)dx_0dy_0\end{aligned} \tag{5-25}$$

其中，

$$h_2(x,y)=\iint_{-\infty}^{\infty}P_2(\xi_2,\eta_2)\exp\left[\frac{ik}{d}(\xi_2x+\eta_2y)\right]d\xi_2d\eta_2 \tag{5-26}$$

对于点探测器有 $D(x_2, y_2)=\delta(x_1)\delta(y_1)$，该理想探测器探测到的光强分布为

$$I(x_s,y_s)=\left|\iint_{-\infty}^{\infty}h_1(x_0,y_0)t_{ra}(x_0-x_s;\ y_0-y_s)h_2(-x_0,-y_0)dx_0dy_0\right|^2 \tag{5-27}$$

可简记为

$$I=\left|h_1h_2\otimes t_{ra}\right|^2 \tag{5-28}$$

由式(5-28)可以看出，系统的有效点扩散函数 h_{eff}是照明物镜与收集物镜点扩散函数乘积的结果，探测面上的光振动是有效点扩散函数与物体透过率函数的卷积。

当被测物为点物时，根据式(5-27)可得准焦点探测共焦响应三维光强为

$$I(v,u)=\left|h_1(v,u)h_2(v,u)\right|^2=\left|h(v,u)\right|^4 \tag{5-29}$$

其中，

$$h(v,u)=2\pi\int_0^1P(\rho)J_0(v\rho)\exp\left(-\frac{iu}{2}\rho^2\right)\rho d\rho \tag{5-30}$$

当 u=0 时，得探测面横向归一化光强分布表达式：

$$I(v)=\left(\frac{2J_1(v)}{v}\right)^4 \tag{5-31}$$

当 v=0 时，得探测面附件轴向归一化光强分布表达式：

$$I(u)=\left[\frac{\sin(u/4)}{u/4}\right]^4 \tag{5-32}$$

共焦显微测量系统的三维光强响应、横向响应特性曲线、轴向响应特性曲线分别如图 5-7～图 5-9 所示。

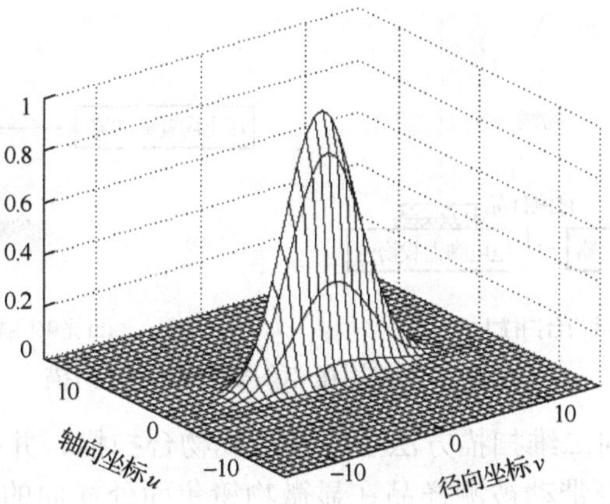

图 5-7　共焦显微系统三维光强分布

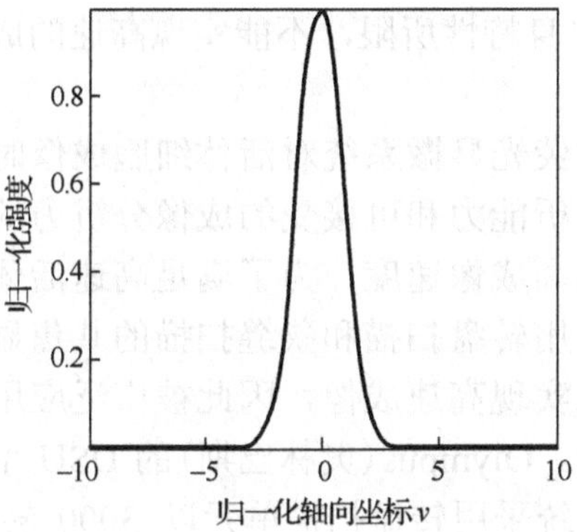

图 5-8　共焦显微系统横向特性曲线

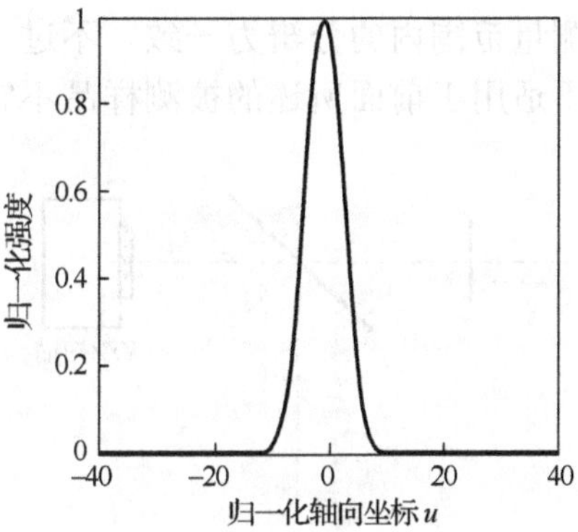

图 5-9　共焦焦显微系统轴向特性曲线

5.2　激光共焦测量中的关键技术

5.2.1　共焦显微测量扫描技术

目前共焦显微测量技术普遍采用一维轴向扫描和二维横向扫描结合的方式去实现聚焦光斑的三维扫描。其中，轴向扫描主要用的压电陶瓷或者步进电机等微驱动技术实现显微物镜或者载物台沿轴向步进扫描，如图 5-10 所示。其中，利用压电陶瓷驱动显微物镜，可以在保持被测样品轴向不动的情况下实现聚焦光斑的横向扫描。在被测样品质量比较重或者体积比较大的工业测量领域，很难通过移动被测样品实现轴向扫描。在生物成像领域，移动生物样品可能会造成生物组织内部发生变化，从而很难获得准确的生物组织成像。因此，目前共焦显微系统中的轴向扫描主要是利用压电陶瓷驱动显微物镜的方式，避免被测样品的移动。不过，基于压电陶瓷的轴向扫描方法在生物成像领域仍然存在问题，轴向移动物镜或样品都会影响浸油膜，当物镜远离被测样品时，盖玻片的作用会导致样品发生轴向移动，从而降低轴向定位精度。另外，共焦显微技术在生物领域和工业检测领域对轴向扫描机构的精度要求有差异，对于用于生物成像的荧光共焦系统，需要的轴向扫描精度为±50nm，而对于工业检测用的反射式共焦系统，轴向扫描精度需要优于±4nm。

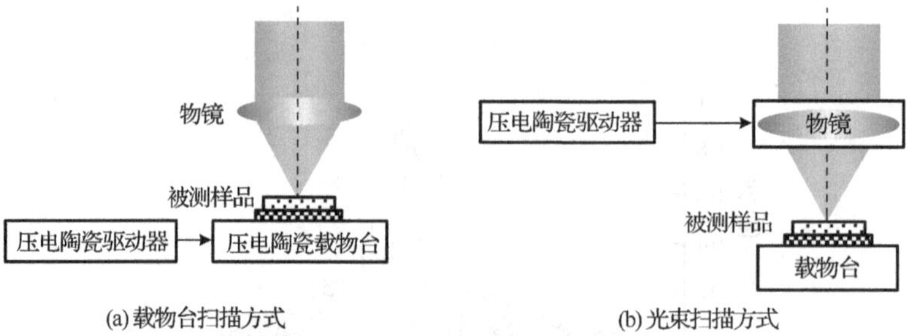

图 5-10　使用压电陶瓷实现轴向扫描

实现聚焦光斑的横向二维扫描方法主要包括载物台扫描、并行扫描和光束扫描。其中载物台扫描就是利用载物台带动被测样品在显微物镜焦面处横向的二维扫描，如图 5-10(a)所示。最早的共焦显微系统就是采用的载物台扫描方式。利用载物台扫描可以使共焦光路保持不变，使照明光束可以一直充满显微物镜的入瞳，保证有效数值孔径不变，从而可以保证在横向测量范围内的分辨力一致。不过，由于压电陶瓷自身特性所限，不能实现高速的成像，并且不适用于前面所述的被测样品不宜移动的情况。

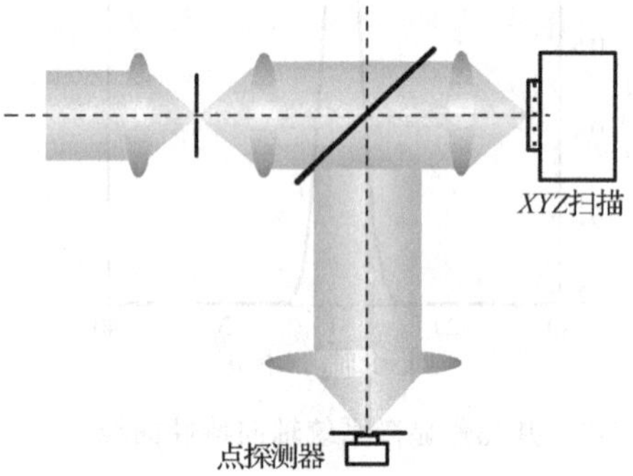

图 5-11　载物台扫描方式

在利用生物荧光显微系统对活体细胞成像时，在保证共焦系统层析能力和可接受的成像分辨力的前提下，需要尽量提高成像速度。为了满足高速活体细胞成像的要求，采用转盘扫描和狭缝扫描的共焦显微成像系统由于可以实现高速成像，因此被广泛应用在活体细胞成像领域。Olympus(奥林巴斯)的 DSU 型转盘扫描共焦显微系统采用转盘扫描单元以 3000 转/秒的速度旋转，利用成像线阵 CCD 可以以 15 幅/秒的速度获取高分辨率的图像，如图 5-11 所示。转盘扫描等并行扫描方式虽然提高了成像速度，但是由于降低了共焦成像系统的分辨力，目前主要应用在生物活体细胞成像领域，在工业测量领域应用较少。

商业级共焦显微系统中采用的最主要的横向扫描方法是光束扫描而不是样品扫描。光束扫描方式是通过改变光束通过显微物系统后焦面时的角度来实现对被测样品的扫描。光束扫描时，被测样品保持不动，应用更加灵活，并且通过选择合适的光束扫描器件，可以实现高速成像。因此，采用光束扫描方式作为横向扫描手段得到了广泛的应用。目前常用的光束扫描器件包括扫描振镜(Galvanometer Mirrors, GM)、微机电系统(Micro-Electro-Mechanical System, MEMS)、扫描器、声光偏转器、旋转多面镜等。其中，基于双扫描振镜的光束扫描方法是目前共焦系统中应用最广泛的光束扫描手段，扫描振镜是利用磁力矩使反射镜绕轴偏转，从而实现对入射光束的扫描。扫描振镜由于速度快、扫描线性度好、转动惯量较小、结构相对简单、负载低等优点，被广泛地应用在显微成像领域。目前，用于工业领域的奥林巴斯公司的 OLS4000 型工业级共焦显微系统、Keyence(基恩士)公司的 VK-X100/X200 系列激光扫描显微系统以及用于生物领域的 Olympus 公司的 FV 300/1000 型生物共焦显微系统、Nikon(尼康)公司的 Cl-plus/Clsi 型生物共焦显微系统、Zeiss(蔡司)公司的 LSM510META 型、LSM 5 Pascal 型生物共焦显微系统都是采用的双扫描振镜的横向扫描方式。不过，基于扫描振镜的光束扫描技术由于仍然存在机械运动部件，扫描速度受器件自身惯性的限制。并且，扫描振镜的短期重复性以及长时间工作时的“热漂移”限制了其光束偏转定位的精度。虽然目前的扫描振镜已经可以将重复性控制在 10 微弧度以下，不过当振镜工作几小时以后，其“热漂移”将会大于 0.5 毫弧度。因此，在需要检测生物过程的领域，基于扫描振镜的光束扫描技术仍然存在不足，需要进一步抑制器件本身的“热漂移”。

5.2.2 共焦显微测量分辨力

分辨力是指所能分辨的最小细节，包括空间分辨力、时间分辨力、光谱分辨力等，空间分辨力是指最小可分辨的物体空间尺度的细节，即空间横向和轴向的分辨力。对于光学显微相干成像系统，阿贝衍射分辨力极限指出任何光学成像系统可分辨的物体最小细节为照明波长的一半；而对于非相干光学成像系统，瑞利将其具体表述为两点分辨的瑞利判据。时间分辨力在生物活体细胞实时成像中可提高成像速度，有利于分析研究快速变化的生物动态机理等。共焦显微测量系统的空间分辨力是以下将介绍的共焦显微测量系统的关键技术。

共焦显微测量系统的轴向分辨力需要用测量分辨力评价，对于共焦显微测量轴向分辨力，对应深度分辨力，由于峰值点位置的低灵敏度特性，造成共焦显微测量顶点层析的低轴向分辨力，需要采用合适的算法进行峰值点提取，一般轴向分辨力在数十纳米量级，而采用差动共焦显微测量或干涉共焦显微测量线层析可以获得纳米甚至亚纳米量级的超高分辨力特性，实验可以通过平面反射镜的往复运动进行测得，然而高轴向分辨力并不意味着高测量精度。轴向分辨力对于生物成像和工程表面测量具有不同的定义，前者可表述为 $\mathrm{FWHM}_z = 0.64\lambda/(n_{\mathrm{lq}}-\sqrt{n_{\mathrm{lq}}^2-NA^2})$，$n_{\mathrm{lq}}$ 是浸液折射率，对于后者轴向分辨力又称高度或深度分辨力，由层析曲线的顶点定位精度确定，对于普通工业共焦显微测量系统在数十纳米量级以上，利用差动共焦显微测量技术和干涉共焦显微测量技术将轴向分辨力提高至数纳米甚至亚纳米量级，可提供高分辨微结构表面分析等。

共焦显微测量系统的横向分辨力需要用光学分辨力评价，对于共焦显微测量横向分辨力，在理想点照明和点探测条件下，共焦显微测量横向光强点扩散函数的半高宽 $\mathrm{FWHM}_{\mathrm{conf}} = 0.37\lambda/(NA)$，而普通光学成像横向光强点扩散函数的半高宽 $\mathrm{FWHM}_{\mathrm{conv}} = 0.51\lambda/(NA)$，因此理想共焦显微测量系统的横向分辨力提高至普通光学显微测量系统的 1.4 倍，但是在实际条件下，共焦显微测量系统的高横向分辨力将受针孔有限尺寸、光学系统像差、系统装调非理想等因素的影响，因此，相比于普通光学显微测量，共焦显微测量系统的横向分辨力并未显著提高，在数百纳米至微米量级不等，最佳横向分辨力在 180nm。光瞳滤波技术是目前提高共焦显微测量横向分辨力最常用超分辨方法，然而除应用荧光特性的受激发射损耗(Stimulated Emission Depletion, STED)超分辨技术提高分辨力十倍以上外，其他光瞳滤波技术仅在一定程度上改善了横向分辨力。因此，共焦显微测量系统的横向和轴向分辨力的来源不同，轴向分辨力远高于横向分辨力，二者极不匹配，相差两个数量级。

5.3 共焦显微测量典型技术

5.3.1 轴向差动共焦显微测量技术

差动共焦显微测量技术的测量原理如图 5-12 所示，在测量光路中，放置差动式双探测器，针孔分别对称地位于像焦平面前后，通过对针孔后两光电探测器的探测信号求差值，获取差动共焦信号。

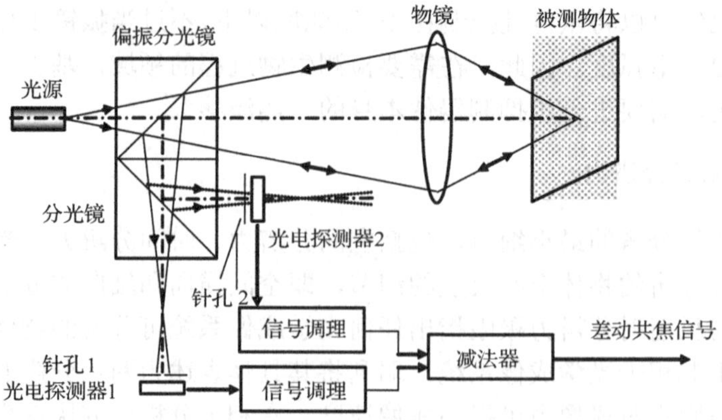

图 5-12　差动共焦显微测量技术原理示意图

当物体初始位于焦平面时，两探测器信号的差值，即差动共焦信号值为零。当物体向靠近物镜的方向偏离一个微小位移时，像点趋近于由针孔 1 和光电探测器 1 构成的点探测器 1，此时探测器 1 接收的光能量相对初始位置时增大；同时，像点远离由针孔 2 和光电探测器 2 构成的点探测器 2，使探测器 2 接收的光能量减小。同理，当物体向远离物镜的方向偏移时，像点趋近点探测器 2，而远离点探测器 1，则探测器 2 接收的光能量增大，而探测器 1 接收的光能量减小。驱动物体在轴向作扫描运动，两探测器探测到的信号经放大和归一化处理后作减法处理，得到的差动共焦信号可以较好地反映出物体位移的大小和方向。

假设两点探测器分别偏离像焦平面的位置为$+u_D$和$-u_D$，根据式(5-33)，得到的差动共焦信号(Differential Confocal Signal, DCS)为

$$\begin{aligned}\mathrm{DCS} &= I(u,+u_D) - I(u,-u_D) \\ &= \left[\frac{\sin(2u+u_D)/4}{(2u+u_D)/4}\right]^2 - \left[\frac{\sin(2u-u_D)/4}{(2u-u_D)/4}\right]^2\end{aligned} \tag{5-33}$$

差动共焦显微探测技术具有许多优点，一方面利用该聚焦误差信号的线性关系可以进行直接测量，另一方面可以利用聚焦误差信号的过零点作为绝对零位进行触发瞄准，因此该方法同时具有测微和绝对跟踪能力。其次，与非干涉差分共焦显微技术相比，该技术的轴向分辨率高。再者，可以利用聚焦误差的双极性特点准确判断误差方向，从而有利于实现自动调焦，这也是普通共焦显微技术所不具备的。另外，相对于普通共焦显微技术的单一检测器而言，差动方式的应用有效地抑制了系统的共模噪声与漂移对测量造成的影响，大大提高了信噪比。

在差动共焦显微探测技术中，为获得轴向响应特性的高分辨率，有必要对针孔相对于像焦平面的偏移量 u_D 进行优化。

如图 5-13 所示为在不同 u_D 值时得到的一族聚焦误差信号曲线，给出的是当 $u_D>0$ 时，偏移量由小到大变化对应的聚焦误差信号曲线，并同时给出了聚焦误差信号斜率最大或分辨率最高时对应的最优轴向偏移量 u_D，如图中的实线所示。从图 5-13 曲线可知，点探测器相对于像焦平面的偏移量 u_D 在理想共焦显微情况下的半极值宽度($|2u\pm0.5|=5.56$)附近时，聚焦误差曲线线性段的斜率绝对值最大。

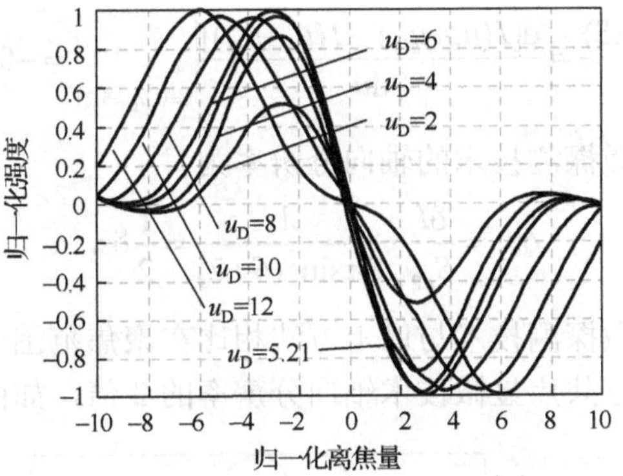

图 5-13 不同偏移量 u_D 所对应的聚焦误差信号随被测物偏离焦平面量 u 的变化曲线

要使聚焦误差曲线的斜率最大或者说轴向分辨率最高，应使 DCS 对 u 的二阶导数在 u=0 处为零，则有

$$\left.\frac{\mathrm{d}^2(DCS)}{\mathrm{d}u_D^2}\right|_{u=0}=0 \tag{5-34}$$

通过计算机仿真分析，可以得到针孔的最优轴向偏移为 u_D=5.21。

从以上分析中，可以知道基于差动共焦显微原理的光聚焦技术具有许多普通共焦显微技术所无可比拟的优点，下面就其中两点——轴向分辨率的改善作用和共模噪声的抑制作用进行详细研究和分析。

利用自聚焦共焦显微技术进行绝对跟踪探测时存在一个问题，即峰值位置对表面轮廓高度的变化不敏感，因此该方法的轴向分辨率通常只能达到亚微米级；扩展聚焦法利用对扫描位置的轴向响应进行积分，虽然可以使焦深增大，但其轴向分辨率和对比度都要低于前一种方法，因此这两种方法都不能满足现代高精度三维测量的需求。

C.H.Lee 等提出的非干涉差分共焦显微技术的轴向分辨特性，可以通过在其轴向响应特性曲线的任意一侧(为便于比较，本文选择相应曲线的右侧)拐点处的一阶导数近似为曲线线性拟合的斜率 S_{n1} 给出：

$$S_{n1}=\frac{\delta[I(u)]}{\delta u}=\left.\frac{\mathrm{d}\{[\sin(u/2)/(u/2)]^2\}}{\mathrm{d}u}\right|_{\frac{\mathrm{d}^2\{[\sin(u/2)/(u/2)]^2\}}{\mathrm{d}u^2}=0}=-0.27 \tag{5-35}$$

由式(5-35)可得非干涉差分共焦显微技术的轴向分辨率为

$$\delta z_1=\frac{\delta I}{S_{n1}}\cdot\frac{\lambda}{8\pi\sin^2(\theta/2)} \tag{5-36}$$

式中，δI 为探测器检测到的光强变化。C.H.Lee 等把非干涉差分共焦显微技术应用到表面轮廓测量时，轴向分辨率可达纳米量级，但是存在较大的非线性误差，而且线性范围较小，另外其测量精度受光源的光强波动以及探测器的电子噪声影响较大，因此其应用范围也受到一定的限制。

同样，对于差动共焦显微探测技术，在轴向响应特性曲线的过零处并且探测器具有最优偏移量 u_D=5.21 时，可以得到聚焦误差信号曲线的最大斜率为

$$S_{n2}=\frac{\delta(\text{FES})}{\delta u}=\frac{\mathrm{d}[I(u,+u_{\mathrm{D}})-I(u,-u_{\mathrm{D}})]}{\mathrm{d}u}\bigg|_{u=0,u_{\mathrm{D}}=5.21}=-0.54=2S_{n1} \tag{5-37}$$

于是得到差动共焦显微探测技术的轴向分辨率为

$$\delta z_2=\frac{\delta I}{S_{n2}}\cdot\frac{\lambda}{8\pi\sin^2(\theta/2)}=\frac{1}{2}\delta z_1 \tag{5-38}$$

因此说，差动共焦显微探测技术与以上方法相比在聚焦范围内轴向响应曲线的斜率大，其轴向分辨率是非干涉差分共焦显微技术轴向分辨率的 2 倍，如图 5-14 所示。

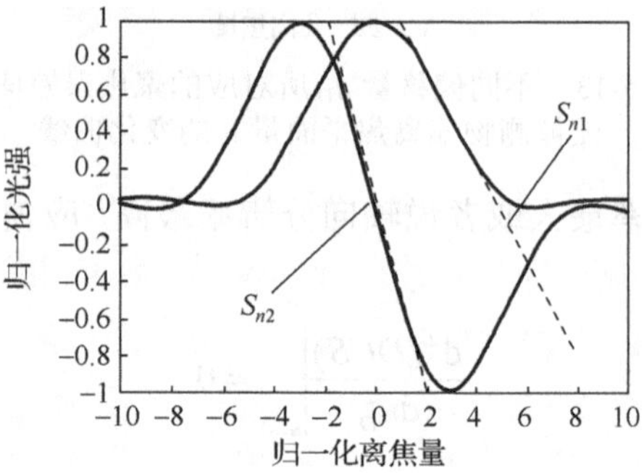

图 5-14　差动共焦显微探测技术中聚焦误差信号的斜率和普通共焦显微技术中轴向响应的斜率比较图

共模抑制是指利用噪声的共模特性和信号的差模特性实现对噪声的抑制作用，以提高系统的信噪比。差动共焦显微探测系统的共模抑制特性包含两层含义，一是指利用共光路技术，能有效地消除系统以外的环境干扰，如机械振动、空气扰动、温度漂移等；二是指应用两路光电信号的差动处理，实现对光源的光强波动和探测器及后续电路产生的电子噪声的抑制。

这里重点介绍后者，假设两探测器偏离焦平面的距离分别为+5.21 和−5.21，则接收到的光强信号分别为

$$I_1(u)=\left[\frac{\sin(2u+5.21)/4}{(2u+5.21)/4}\right]^2\cdot I_0+n_{\mathrm{s}1}+n_{\mathrm{D}1} \tag{5-39}$$

$$I_2(u)=\left[\frac{\sin(2u-5.21)/4}{(2u-5.21)/4}\right]^2\cdot I_0+n_{\mathrm{s}2}+n_{\mathrm{D}2} \tag{5-40}$$

式中，I_0 为几何焦点处的光强信号；$n_{\mathrm{S}1}$ 和 $n_{\mathrm{S}2}$ 分别为探测器 1 和探测器 2 探测到的光源光强波动信号，$n_{\mathrm{D}1}$ 和 $n_{\mathrm{D}2}$ 分别为探测器 1 和探测器 2 的电子噪声。

由于整个光学系统是一个共光路系统，且两探测器对称地分布在像焦平面两侧且偏离焦平面的距离很小，因此可以近似认为光源波动对两探测器的影响相同，即 $n_{\mathrm{S}1}\approx n_{\mathrm{S}2}$；同时，选择性能完全相同的两路光电探测系统和信号调理电子系统，则 $n_{\mathrm{D}1}=n_{\mathrm{D}2}$。那么差动共焦信号为

$$\mathrm{DCS}=I_1(u)-I_2(u)=\left\{\left[\frac{\sin(2u+5.21)/4}{(2u+5.21)/4}\right]^2-\left[\frac{\sin(2u-5.21)/4}{(2u-5.21)/4}\right]^2\right\}\cdot I_0 \tag{5-41}$$

应用光路的差动设置能够有效地抑制光源的光强波动和探测器产生的电子噪声。

差动共焦显微测量系统如图 5-15 所示，激光器作光源，通过放置针孔，使之成为点光源，经扩束器扩束并准直后进入偏振分光镜，透射过偏振分光镜的光经过$\lambda/4$ 波片和显微物镜后

汇聚到被测工件表面上，而反射光沿原路返回到偏振分光镜。由于光两次通过$\lambda/4$ 波片，线偏振方向产生 90° 旋转，因此没有反射光透过偏振分光镜并返回激光器，而全部被偏振反光镜反射进入普通分光镜，再由普通分光镜再次分光，分别经过聚光镜聚焦，并检测透过针孔 1 和针孔 2 的光强信号。物体在 PZT 驱动下作匀速轴向扫描运动，通过信号采集卡定时同步对位移传感器测的位移值进行采样和对探测器检测到的电压值进行采样，两探测器探测到的信号差值即为差动共焦信号。

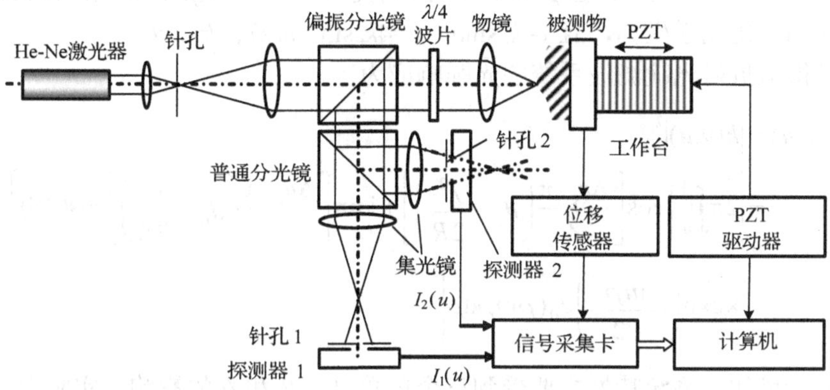

图 5-15　差动共焦显微探测技术的实验系统

5.3.2　横向光瞳滤波共焦显微测量技术

应用比较广泛的环形滤波技术虽然具有成熟的理论，但是环形滤波器属于非连续型光瞳滤波器，在光瞳孔径内其振幅和相位都是非连续变化的，不可避免地发生有用信息的丢失情况，而一般的连续型光瞳滤波器设计复杂，普遍缺少解析设计方法，一旦结构和材料确定后，制作的成品将具有固定的特性，不能够随需求的改变而变化。而双折射光瞳滤波器，不仅属于一种连续型光瞳滤波器，可以有效避免信息的丢失，当结构确定后，还能够通过变化其参数 θ(θ 为双折射元件光轴方向与偏振方向的夹角)进而使轴向和横向分辨特性发生改变，同时还具有结构和设计简单，制作成本低的优点。

如图 5-16 所示是径向双折射滤波器(Radial Birefringent Filter, RBPF)的组成和双折射透镜(平凹)结构示意图。

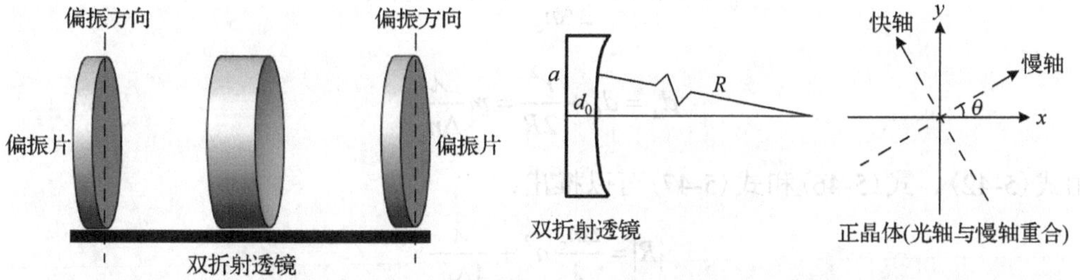

(a) 径向双折射滤波器的组成　　(b) 双折射透镜(平凹)结构示意图

图 5-16　径向双折射滤波器

REBF 的光瞳函数表示为

$$P(r)=\cos\left[\frac{\Delta n\cdot\pi}{\lambda}\left(d_0+\frac{r^2}{2R}\right)\right]+\mathrm{i}\sin\left[\frac{\Delta n\cdot\pi}{\lambda}\left(d_0+\frac{r^2}{2R}\right)\right]\cos(2\theta) \tag{5-42}$$

式中，d_0 是晶体中心厚度(mm)；R 是球面曲率半径；r 是透镜径向距离；折射率差为 $\Delta n_c = n_e - n_o$；θ 是 x 轴与晶体光轴之间的夹角。

对于普通的探测系统，像面上的相对点扩展函数为

$$h(v,u) = 2\pi\int_0^1 P(\rho)\exp\left(-\frac{\mathrm{i}u\rho^2}{2}\right)J_0(\rho v)\rho\mathrm{d}\rho \tag{5-43}$$

式中，ρ 为出瞳处归一化坐标，且 $\rho=r/a$；$P(\rho)$ 为光瞳函数；$J_0(\rho v)$ 为零阶 Bessel 函数；v、u 为横向和轴向归一化光学坐标，且 $v=kr\sin a$，$u=4kz\sin^2(a/2)$；$k=2\pi/\lambda$。

于是，可得双折射光瞳滤波系统的光强响应为

$$\begin{aligned} I(v,u) &= \left|h(v,u)\right|^2 \\ &= \left|2\pi\int_0^1\left\{\cos\left[\frac{\Delta n_c\cdot\pi}{\lambda}\left(d_0+\frac{r^2}{2R}\right)\right]+\mathrm{i}\sin\left[\frac{\Delta n_c\cdot\pi}{\lambda}\left(d_0+\frac{r^2}{2R}\right)\right]\cos(2\theta)\right\}\right. \\ &\quad \left.\times\exp\left(-\frac{\mathrm{i}u\rho^2}{2}\right)J_0(\rho v)\rho\mathrm{d}\rho\right|^2 \end{aligned} \tag{5-44}$$

由上述分析可知，系统特性主要受到三个参数 d_0、R 和 θ 的影响。实际上，当滤波器制作完成时，参数 d_0、R 就已经固定不变，但是 θ 能够随着实际需要而改变。给定一个 θ 值，滤波器的透射率 T_{RBPF} 只随 ρ 值的变化而变化，它的透射率为

$$\begin{aligned} T_{\mathrm{RBPF}}(r) &= \frac{I_{\mathrm{out}}}{I_{\mathrm{in}}} = \left|L\right|^2 \\ &= \cos^2\left[\frac{\varphi(r)}{2}\right]+\sin^2\left[\frac{\varphi(r)}{2}\right]\cos^2(2\theta) \\ &= \cos^2\left(\frac{\varphi(r)}{2}\right)+\sin^2(2\theta)\cos^2\left[\frac{\varphi(r)}{2}\right] \end{aligned} \tag{5-45}$$

为了使 RBPF 的透射率沿径向连续变化，即式(5-45)中 $\varphi(r)/2$ 从 0 连续变化至 1，从而由光透过晶体产生的相位差可得径向双折射元件的厚度 $d(r)$ 满足：中心厚度 d_0 相当于 1/2 波片，边缘处 d_a 相当于全波片，即

$$d_0 = (2m+1)\frac{\lambda}{2\Delta n_c}\ ,\quad m = 0,\pm1,\cdots \tag{5-46}$$

$$d_a = d_0 + \frac{r^2}{2R} = m\frac{\lambda}{\Delta n_c} \tag{5-47}$$

由式(5-42)、式(5-46)和式(5-47)可以推出：

$$\left|R\right| = \frac{\Delta n_c}{\lambda}a^2 + \frac{\lambda}{4\Delta n_c} \tag{5-48}$$

取人造光学正石英晶体，其折射率为：n_e=1.55333，n_o=1.54423，入射光波长 $\lambda = 632.8\mathrm{nm}$。

取 m=49，则 d_0=3.460mm，d_a=3.499mm，在此基础上对元件的参数进行优化，同时为了易于加工，取 R=217.8mm，由式(5-48)可以得到 a=3.9mm。分别对以上三个参数进行仿真，得到图 5-17。

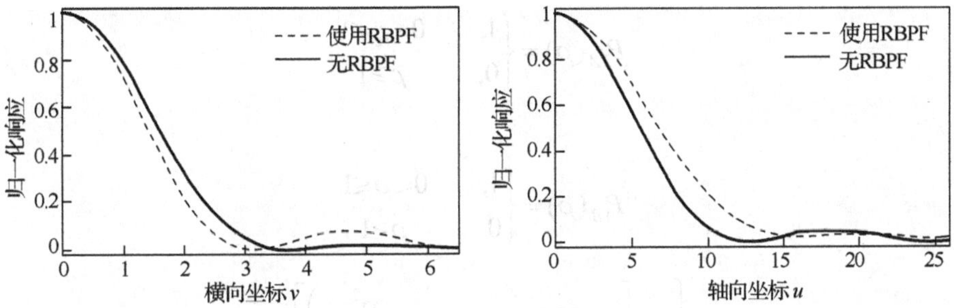

(a) 归一化 RBPF 系统横向光强响应分布　(b) 归一化 RBPF 系统轴向光强响应分布

图 5-17　改进的 RBPF 系统光强响应分布

从图 5-17 中可以看出，RBPF 的加入，能够使系统的横向主瓣宽度减小 18%，但是轴向半高宽增加 22%，同时旁瓣能量损失严重。

实际采用 I 级包裹体，0°籽晶取向，5 级腐蚀隧道密度，A 级光学均匀性的光学正石英晶体，且考虑到元件需要装调并且需要用相关器件固定并承载，实际制作时，元件的半径取 a=6.33mm。

双折射滤波式共焦显微系统装置如图 5-18，在共焦显微测量系统的基础上引入双折射光瞳滤波器。

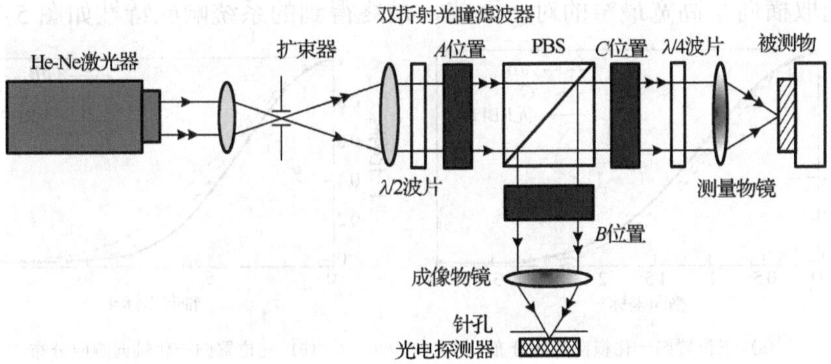

图 5-18　双折射滤波式共焦显微系统原理图

可以将 RBPF 分别放置在共焦系统中的 A、B 或 C 三个不同位置，其探测端接收到的光强为

$$\begin{aligned}I(v,u)&=\left|h_1(v,u)\times h_2(v,u)\right|^2\\&=\left|2\pi\int_0^1 P_1(\rho)\exp\left(-\frac{\mathrm{i}u\rho^2}{2}\right)J_0(\rho v)\rho\mathrm{d}\rho\right.\\&\qquad\left.\times 2\pi\int_0^1 P_2(\rho)\exp\left(-\frac{\mathrm{i}u\rho^2}{2}\right)J_0(\rho v)\rho\mathrm{d}\rho\right|^2\end{aligned}\tag{5-49}$$

光瞳函数不同则其响应特性不同，假设所用 RBPF 的各项参数均相同，系统的通光孔径相等为 a，测量系统和成像系统的光瞳函数 $P_1(\rho)$ 和 $P_2(\rho)$ 分别为

A 处：

$$P_{1A}(\rho)=\begin{cases}\cos\left[14.306\pi\left(3.460+\dfrac{\rho^2}{28.639}\right)\right], & 0\leqslant\rho\leqslant1\\0, & \rho>1\end{cases}\tag{5-50}$$

$$P_{2A}(\rho)=\begin{cases}1, & 0\leqslant\rho\leqslant 1\\ 0, & \rho\geqslant 1\end{cases} \tag{5-51}$$

B 处：

$$P_{1B}(\rho)=\begin{cases}1, & 0\leqslant\rho\leqslant 1\\ 0, & \rho\geqslant 1\end{cases} \tag{5-52}$$

$$P_{2B}(\rho)=\begin{cases}\cos\left[14.306\pi\left(3.460+\dfrac{\rho^2}{28.639}\right)\right], & 0\leqslant\rho\leqslant 1\\ 0, & \rho>1\end{cases} \tag{5-53}$$

C 处：

$$P_{1C}(\rho)=P_{2C}(\rho)=\begin{cases}\cos\left[14.306\pi\left(3.460+\dfrac{\rho^2}{28.639}\right)\right], & 0\leqslant\rho\leqslant 1\\ 0, & \rho>1\end{cases} \tag{5-54}$$

式中，$\rho=r/a$，r 为透镜的横向坐标。

由式(5-49)～式(5-54)可以得到不同位置处的光强响应。同时分别对三个参数 d_0、R 和 θ 进行优化，选取横向半高宽最窄的对应取值，最终得到的系统响应特性如图 5-19 所示。

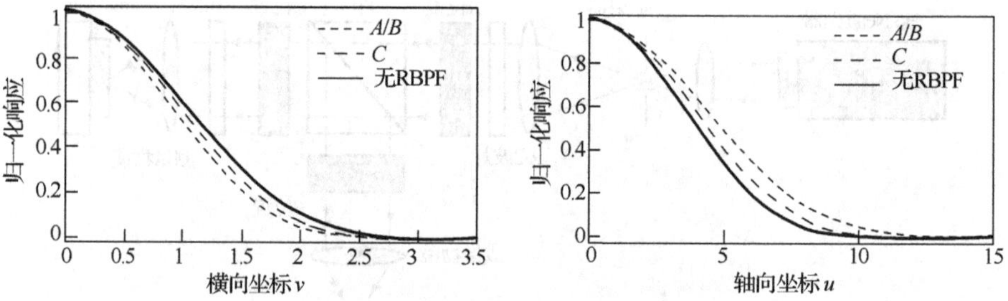

(a) 三位置归一化横向响应分布　　(b) 三位置归一化轴向响应分布

图 5-19　三位置归一化响应分布

第 6 章　激光自准直技术与系统

当今，制造科学和技术正向超精密、微细化方向发展，超精加工已成为先进制造的重要内容之一，超精加工进入纳米技术领域，超精密加工技术、微纳米技术以及微机电系统的不断发展，对角度测量稳定性提出了越来越高的要求。如激光制导所需的激光元件，包括激光反射镜、非球面准直物镜，加工精度已达到纳米级，角度测量稳定性决定了激光元件的加工质量，进而直接影响制导精度；在微电子行业、超精密加工行业的精密位移量和偏摆量的需求，半导体工业中的高精度模板的制造和定位，高精度传感器的标定，高精度陀螺仪和卫星姿态控制轴承孔的加工等应用领域，角度测量稳定性直接影响产品的性能和质量，迫切要求高稳定的角度测量系统来完善和提高超精密测试系统的整体性能，能否拥有高稳定性的角度测量技术已成为决定产品质量和检测精度的主要因素。因此，高稳定的角度测量技术的发展水平直接关系到精密机械电子、精密仪器、超精密测试系统的性能，直接影响到纳米技术等高新技术产业的发展，已经成为许多现代工业领域和前沿科学技术研究的共同基础。激光以其稳定性等优势成为角度测量精度提高的主要技术手段，本章将介绍激光自准直角度测量的基本原理及典型系统的分辨力影响因素。

6.1　激光自准直基本原理

激光自准直可以建立理想的测量模型，但实际由于对模型的高度抽象化而无法实现，所以多以通用模型代替。

6.1.1　激光自准直理想模型

激光自准直测量原理主要是利用平面镜反射与准直物镜焦平面的基本性质实现的，如图 6-1 所示。位于准直物镜 L_1 物方焦点 A 上的点光源发出的同心光束，经物镜 L_1 后成为与光轴平行的平行光束，此光束到达与光轴垂直旋转的平面反射镜 P_0 上，如图 6-1 中的虚线位置；如不考虑能量损失时光束将按原光路返回，光束再次经准直物镜 L_1 聚焦于准直物镜 L_1 的物方焦点 A 处，即返回光的像点与点光源重合。如平面反射镜 P_0 偏转角度 α_{rot} 到 P 位置后，如图 6-1 中的实线位置，由平面反射镜对光束的反射特性可知，经准直物镜后的平行光束经平面反射镜后以与光轴夹角 $2\alpha_{rot}$ 的方向反射，此时反射光束变为与光轴夹角为 $2\alpha_{rot}$ 的平行光束；此光束经准直物镜 L_1 不再聚焦于准直物镜 L_1 的物方焦点 A 位置，而是位于准直物镜 L_1 的物方焦平面 A' 位置。其 A' 离开 A 点的位置距离 AA' 与平面反射镜偏转的角度 α_{rot} 有关。由光路可知，其关系由式(6-1)表示：

$$AA' = f \cdot \mathrm{tg}2\alpha_{rot} \tag{6-1}$$

焦点 A' 离开准直物镜 L_1 物方焦点的位置 AA' 可以通过测量准确获得，而准直物镜 L_1 的物方焦距 f 亦可以通过测量准确获得，则平面反射镜偏转的角度 α_{rot} 可表示为

$$\alpha_{\rm rot}=\frac{1}{2}\operatorname{arctg}\frac{AA'}{f} \tag{6-2}$$

当平面反射镜偏转的角度很小时，$\operatorname{tg}2\alpha_{\rm rot}\approx 2\alpha_{\rm rot}$，则平面反射镜偏转的角度为

$$\alpha_{\rm rot}\approx\frac{AA'}{2f} \tag{6-3}$$

为了提高测量精度，实际中需要设计准直物镜 L_1 焦距比较大；而 AA' 的测量精度将直接影响平面反射镜的偏转角精度，因此对 AA' 的测量精度要求亦非常高，需采用高精度的接收装置。

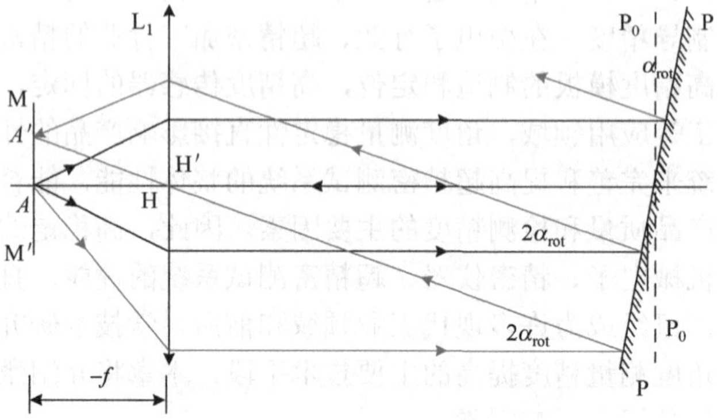

图 6-1　激光自准直基本原理图

6.1.2　激光自准直通用模型

激光自准直理想模型是以点光源为基准进行描述的，但实际中点光源是不存在的，以极小的物面模型来代替；并且为保证实际的可测性，像点 A'也不能在准直物镜的物方焦平面上。A 点的理想点光源以位于准直物镜 L_1 焦平面上设置的通光屏代替，同样 A'点的位置由于通光屏的阻挡而无法获取。为了获得 AA'的距离，需要将 A 与 A'的位置分离，同时形成 A 点的共轭位置，在准直物镜 L_1 与其物方焦平面之间设置一分光棱镜，如图 6-2 所示。

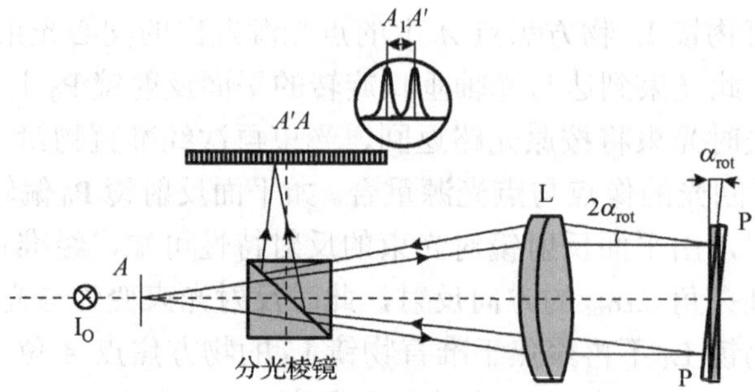

图 6-2　激光自准直工作图

在图 6-2 中，点光源 A 是由照明光源 I_O 照射到带有极小通光孔径的通光屏上形成的，经分光棱镜后在其共轭焦平面 F_0 上的共轭位置为 A_1 位置；平面反射镜 P 偏转$\alpha_{\rm rot}$角度后，点光源 A 发出的光经准直物镜 L_1 照射到偏转的平面反射镜后，以 $2\alpha_{\rm rot}$ 的角度返回到准直物镜 L_1，再次经准直物镜 L_1 与分光棱镜后聚焦到 A'位置。在此处设置检测传感器即可获得 A_1A'的距离，亦即 AA'的距离，从而得到平面反射镜的偏转角为

$$\alpha_{\text{rot}} \approx \frac{A_1A'}{2f} \tag{6-4}$$

实际中，A_1A'处的接收装置可为一维方向接收器，如线阵 CCD；亦可为二维方面接收器，如面阵 CCD。由于线阵或面阵 CCD 上得到的为图像坐标系内的点坐标，为了建立整个物面坐标点与像面坐标点以及反射镜二维转角之间的关系，需要求解物面上任一坐标点经自准直成像后在像面上的位置坐标。

自准直系统中像面与物面相对于分光棱镜的反射面互为镜像关系，因此可以将自准直系统等效为图 6-3 所示的光路图形式，其中物面坐标系为 $X_OO_OY_O$，像面坐标系为 $X_IO_IY_I$，准直物镜所在平面坐标系为 $X_CO_CY_C$，反射镜平面所在坐标系为 $X_MO_MY_M$，以准直物镜平面 $X_CO_CY_C$ 所在的位置为 z 向零点。由于自准直系统中物面上任一点发出的光线经过准直物镜的中心时，其传播方向不发生变化，所以光线从物面发出经准直物镜出射以及经反射镜反射后由准直物镜成像的过程中可以将经过准直物镜中心的光线作为特征光线进行分析。

图 6-3 为自准直模型分析的原理图，由于实际自准直系统中难以精确确定准直物镜的焦面位置，所以物面以及像面在安装过程中相对于准直物镜不可避免地存在一定的离焦量，物面与像面相对于准直物镜的距离并非等于准直物镜的焦距 f，为了对自准直系统进行一般化分析，假设物面与像面相对于准直物镜的距离分别为 z_O 和 z_I。由于物面存在离焦的情况，离焦时物面上任一点 $A(x_O, y_O, -z_O)$ 发出的光线经准直物镜后不再是平行光束，出射光线的方向随光线在准直物镜上的位置不同而发生变化，但所有光线均经过其由准直物镜所成的像点位置，所以根据光线在准直物镜上的位置坐标以及像点的位置坐标可以确定出光线经准直物镜后的方向向量。

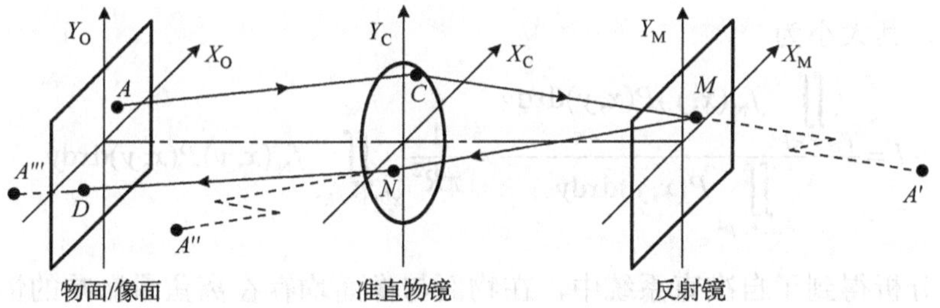

图 6-3　自准直模型分析

设平面反射镜在 X 方向和 Y 方面的倾斜角分别为 α_M 和 β_M，则平面反射镜对光线的反射过程可以采用平面镜的反射传输矩阵 R_M 表示，其传输矩阵为

$$R_M = \begin{bmatrix} 1-2\sin^2\alpha_M & -2\sin\alpha_M\sin\beta_M & -2\sin\alpha_M\cos\gamma_M \\ -2\sin\alpha_M\sin\beta_M & 1-2\sin^2\beta_M & -2\sin\beta_M\cos\gamma_M \\ -2\sin\alpha_M\cos\gamma_M & -2\sin\beta_M\cos\gamma_M & 1-2\cos^2\gamma_M \end{bmatrix} \tag{6-5}$$

公式(6-5)中的($\sin\alpha_M, \sin\beta_M, \cos\gamma_M$)为反射镜平面法线的方向余弦。

物面上任一点 $A(x_O, y_O, -z_O)$ 发出的光线经准直物镜上点 $C(x_C, y_C, 0)$ 出射并由反射镜反射后，反射光线的方向向量可由公式(6-6)进行计算：

$$\boldsymbol{n}_b = \begin{bmatrix} \cos2\alpha_M & -2\sin\alpha_M\sin\beta_M & -2\sin\alpha_M\cos\gamma_M \\ -2\sin\alpha_M\sin\beta_M & \cos2\beta_M & -2\sin\beta_M\cos\gamma_M \\ -2\sin\alpha_M\cos\gamma_M & -2\sin\beta_M\cos\gamma_M & -\cos2\gamma_M \end{bmatrix} \begin{bmatrix} \cos\alpha_a \\ \cos\beta_a \\ \cos\gamma_a \end{bmatrix} \tag{6-6}$$

反射光线的方向余弦$(\cos\alpha_b, \cos\beta_b, \cos\gamma_b)$可以表示为

$$\begin{cases}\cos\alpha_b = \cos 2\alpha_M \cos\alpha_a - 2\sin\alpha_M \sin\beta_M \cos\beta_a - 2\sin\alpha_M \cos\gamma_M \cos\gamma_a \\ \cos\beta_b = -2\sin\alpha_M \sin\beta_M \cos\alpha_a + \cos 2\beta_M \cos\beta_a - 2\sin\beta_M \cos\gamma_M \cos\gamma_a \\ \cos\gamma_b = -2\sin\alpha_M \cos\gamma_M \cos\alpha_a - 2\sin\beta_M \cos\gamma_M \cos\beta_a - \cos 2\gamma_M \cos\gamma_a\end{cases} \tag{6-7}$$

实际中，像平面位置处得到的物点经该自准直系统成像后所成像点的强度分布情况。在实际自准直系统中，由于准直物镜通光孔径的限制，物面上的点坐标经自准直成像后，其像点的能量强度随反射镜转角以及反射镜与准直物镜之间的距离而发生变化。像点能量强度与探测器对像点位置的探测能力、自准直系统的角度测量范围以及有效测量距离等指标密切相关。物面经自准直成像后像点的强度是由准直物镜的有限孔径导致，所以，分析物面点发出的光线经反射镜反射后在准直物镜所在平面 $X_CO_CY_C$ 上的坐标位置，与准直物镜通光孔径区域进行比较，即可得到返回至像面的总光能量强度分布。

物面点发出的经过准直物镜全孔径的光束，假设其能量密度为 1，光束经反射镜反射后返回至准直物镜所在平面时，其能量密度的分布函数$f_N(x, y)$为

$$f_N(x,y) = \begin{cases}1, & x = x_N, y = y_N \\ 0, & \text{其他}\end{cases} \tag{6-8}$$

设准直物镜半孔径为 R，则准直物镜的孔径函数 $P(x, y)$为

$$P(x,y) = \begin{cases}1, & x^2 + y^2 < R^2 \\ 0, & \text{其他}\end{cases} \tag{6-9}$$

根据式(6-8)和式(6-9)，可以得到物面点 $A(x_O, y_O, -z_O)$经自准直系统成像后返回至像面总光能量强度，其大小为

$$I = \frac{\iint_{x^2+y^2<R^2} f_N(x,y)P(x,y)\mathrm{d}x\mathrm{d}y}{\iint_{x^2+y^2<R^2} P(x,y)\mathrm{d}x\mathrm{d}y} = \frac{1}{\pi R^2}\iint_{x^2+y^2<R^2} f_N(x,y)P(x,y)\mathrm{d}x\mathrm{d}y \tag{6-10}$$

通过以上分析得到了自准直系统中，在物面与像面均存在离焦量影响的情况下物面上任一点 $A(x_O, y_O, -z_O)$经孔径角为 R 的准直物镜上任一点 $C(x_C, y_C, 0)$、以及倾角为(α_M, β_M)的反射镜自准直成像后在像面上所成像点的总相对光强 I，式(6-10)即为准确的、包含了离焦量的一般化自准直理论模型。根据该模型可以详细地对自准直系统中各参量之间的影响进行理论分析，从而对自准直系统的实际应用起到理论指导意义。

6.2 光束的漂移及抑制

在式(6-3)中，准直物镜 L_1 的物方焦距 f 一经设计即为固定值，虽然准直物镜 L_1 物方焦距 f 的测量结果与真实值之间存在一定偏差，但此偏差为固定不变的值，属于系统误差，在实际中可通过修正等方式将此偏差对角度的影响去除。而 A_1A'的距离，即平面反射镜偏转后返回光聚焦的位置成为影响角度测量精度最主要因素，因此必须对 A_1A'距离的测量采取合适的方式。

随着 CCD 应用领域地不断推广，CCD 被引入到激光自准直角度测量系统中，形成激光

CCD 自准直系统。激光 CCD 自准直技术在大型几何参数和形位测量中得到了广泛的应用，如在大型工件的直线度、平面度等参数的测量过程中具有独特的优势。从理论上讲，激光器可以发射出一条稳定的可见光束，该光束具有亮度高、方向性好、能量集中等其他光束无法比拟的优点，因而是准直测量的理想光束，然而，在理论上有着显著优越性的激光准直，实际应用状况并不十分理想。激光器谐振腔对振荡光束的方向限制是有限的，激光器运转过程中也会因温度的变化而偏离理想情况，使得激光器输出光束的方向将随时间作随机变化；另外，如环境因素、空气湍流变化等也影响着激光自准直精度的提高，限制了其应用范围。以上现象主要原因是产生了激光光束的漂移，如果能够同时抑制或补偿上述诸因素引起的激光光束漂移，就可以更加充分地发挥激光自身的特点，进一步提高激光 CCD 自准直角度测量系统的精度与测量稳定性。解决激光光束漂移问题，是提高激光 CCD 自准直测量系统精度与测量稳定性的关键所在。

激光 CCD 自准直测量系统中，光束漂移产生的影响因素主要有：激光器自身的热漂移、空气折射率变化和大气随机扰动引起的漂移。这些引起激光光束漂移的因素虽然可以建立相应的光束漂移数学模型，但实际中激光光束的漂移实质是多个影响因素随机变化的最终合成结果，因而分析各个因素的变化量并进行补偿的方法收效甚微，必须通过闭环反馈控制的方法，消除或补偿修正激光光束角漂移量引起的测量偏差。本节将介绍激光光束漂移的影响因素、漂移形式及分离检测方法。

6.2.1 光束质量的影响因素

1. 光束漂移

在激光的实际应用中，光斑中心位置一直随时间在微量变动，其方向并不是稳定的，在传播过程中常产生漂移。激光光源自身热漂移、空气折射率的变化以及大气随机扰动是漂移产生的三个最主要原因，以下将对其进行简要介绍和分析。

1)激光器自身热漂移

激光准直系统常采用气体激光器或固体激光器作为测量用光源，在通电状态下，激光器自身会逐渐变热，其内部会存在不稳定的温度梯度，使谐振腔内反射镜产生热变形，直接影响激光出射光束的方向稳定性，如图 6-4 所示。

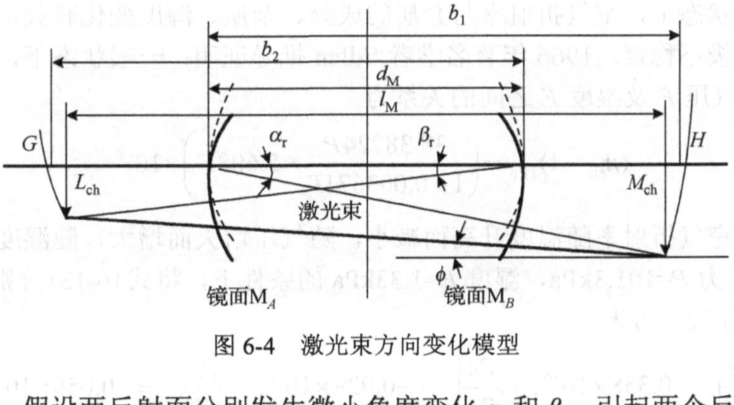

图 6-4　激光束方向变化模型

由于热变形，假设两反射面分别发生微小角度变化 α_r 和 β_r，引起两个反射面的光束在聚焦平面上的变化为 M_{ch} 和 L_{ch}，激光束变化如图 6-4 中实线所示。则由于热变形引起的反射面

角度发生变化，导致激光束方向漂移量ϕ_s为

$$\tan\phi_s = \frac{M_{ch} - L_{ch}}{l_M} = \frac{b_1 \sin\alpha_r - b_2 \sin\beta_r}{b_1 \cos\alpha_r + b_2 \cos\beta_r - d_M} \tag{6-11}$$

式中，b_1、b_2分别为间距为d_M、焦点距离为l_M的两反射镜M_A和M_B的曲率半径。HG 为正常状态下激光束出射方向。

实际应用中，谐振腔两个反射面的曲率半径相同，即$b_1 = b_2 = b$，假设热变形引起的角度变化α_r和β_r很小，光束方向漂移量ϕ_s可以简化为

$$\phi_s = \frac{b(\alpha_r - \beta_r)}{2b - d_M} \tag{6-12}$$

实验采用日本 SANYO（三洋）公司出产的 DL-4038-025 型半导体固体激光器，发光面尺寸ϕ_s为 1.0mm×0.3mm；两个光滑表面谐振腔间距为 0.3mm，曲率半径为 10m；材料线膨胀系数 $K=5.7\times10^{-6}$/℃。由式(6-12)可以计算出，在极限情况下，当谐振腔的两个反射面温度在 20℃附近变化±0.5℃，且温度梯度场线性变化时，产生的漂移如表 6.1 所示。可以看出，漂移量大小与近似于半导体激光器左右两端点的温度差成正比。

表 6.1　半导体激光器温度变化引起的光束漂移

激光光束漂移ϕ_s/1×10^{-6}rad		左端点温度变化/℃				
		−0.5	−0.25	0	0.25	0.5
右端点温度变化/℃	−0.5	0	0.4275	0.8550	1.2825	1.7100
	−0.25	−0.4275	0	0.4275	0.8550	1.2825
	0	−0.8550	−0.4275	0	0.4275	0.8550
	0.25	−1.2825	−0.8550	−0.4275	0	0.4275
	0.5	−1.7100	−1.2825	−0.8550	−0.4275	0

由于半导体激光器自身温度梯度是一个不稳定的随机场分布，所以无法精确描述其对光束漂移的影响。当半导体激光二极管谐振腔两个反射面的温度在 20℃附近变化±0.5℃时，光束的漂移量将在 0.2″范围内变动，严重影响激光束的方向稳定性。

2）空气折射率变化引起的光束漂移

激光束在真空中传输是一条理想的直线，而实际应用中光束传输是离不开大气介质的。由于大气中各处折射率不同，激光在折射率不同的各个界面处便产生了折射，造成了光束的漂移。在非真空状态下，空气折射率与介质的成分、杂质、湿度变化有关，这些物理量极易受环境的干扰，极不稳定。1966 年著名学者 Edlen 推导证明：一般状态下，综合考虑空气折射率与温度 T、气压 P 及湿度 F 之间的关系为

$$(n_{air} - 1)_{TPF} = \left(\frac{38.38724P}{1 + 0.003671T} - 5.608F\right) \times 10^{-8} \tag{6-13}$$

由此可见，空气折射率随温度升高而减小，随气压增大而增大，随湿度增大而减小。在温度 T=20℃，压力 P=101.3kPa，湿度 F=1.33kPa 的条件下，将式(6-13)分别对温度 T，压力 P，和湿度 F 求偏微分可得

$$\left.\frac{\partial n}{\partial P}\right|_{P_0} = 0.358\times10^{-6},\quad \left.\frac{\partial n}{\partial T}\right|_{T_0} = -0.929\times10^{-6},\quad \left.\frac{\partial n}{\partial F}\right|_{F_0} = -0.056\times10^{-6} \tag{6-14}$$

从上述结果可知，温度与压力的变化对折射率变化影响最大，而湿度变化的影响最小。微小单位光线弯曲量计算模型如图 6-5 所示，经过推算，传播路径长度为 L 的光路中光线角度变化量 β_L 和光线弯曲产生的方向漂移量 ε_A 分别为

$$\beta_L = \int_0^L \mathrm{d}\beta = \int_0^L \frac{\mathrm{d}n_{\mathrm{air}}}{\mathrm{d}D}\mathrm{d}L,\ \ \varepsilon_A = \int_0^L \mathrm{d}\varepsilon_A = \int_0^L \left(\frac{\mathrm{d}n_{\mathrm{air}}}{\mathrm{d}D}L\right)\mathrm{d}L \tag{6-15}$$

式中，D 为激光束半径。若 $\mathrm{d}n_{\mathrm{air}}/\mathrm{d}D$ 为常数且可预先求得，由式(6-15)可得方向漂移量 ε_A 为

$$\varepsilon_A = \frac{L^2}{2} \times \frac{\mathrm{d}n_{\mathrm{air}}}{\mathrm{d}D} \tag{6-16}$$

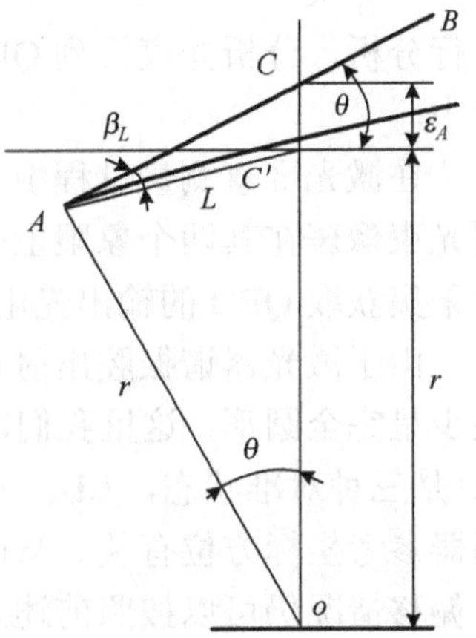

图 6-5　微小单位光线弯曲量计算

当温度 T=20℃，压力 P=101.3kPa 时，温度和压力的垂直梯度变化仅为 0.005 时，光束漂移量可近似计算为

$$\varepsilon_A = 0.14297 \times L^2 \times 10^{-8} \tag{6-17}$$

由以上分析可知，激光束方向漂移量 ε_A 与光路长度 L 的平方成正比，L 越大，漂移量越大。温度、压力、湿度变化导致了空气折射率的变化，对激光束的稳定性产生了很大的影响。

3) 大气随机扰动引起的光束漂移

激光传播过程中，大气湍流造成局部空气折射率的随机变化会引起激光束随机抖动，资料表明，随机抖动与距离的 1.5 次方成正比。

T.Chiba 利用程函方程、并考虑 Kol-mogorov 湍流模型，得出了平行准直光束在大气中传播时，激光光斑抖动标准差为

$$\begin{cases} S = S_0 \cdot L^{3/2} \\ S_0 = 1.38 C_n \omega_0^{-1/6} \end{cases} \tag{6-18}$$

式中，S 为激光光斑抖动的标准差；L 为传播距离；ω_0 为激光光束束腰半径；C_n 是光传播问题中重要的折射率结构参数，可表示为

$$\begin{cases} C_n = (79P/T^2) \cdot 10^{-G} C_{\mathrm{T}} \\ C_T = \langle (T_1 - T_2) \rangle^{1/2} r^{1/3} \end{cases} \tag{6-19}$$

式中，P 为气压，单位：102Pa；T 为温度，单位：K，〈 〉表示集平均，(T_1-T_2) 表示工作路径上相隔 r 的二点间温差，单位：K。在一般工作大气中 S_0 的变化不大，可视为常数。通常取 S_0=0.35 (μm/m$^{3/2}$)。即

$$S = 0.35 \cdot L^{3/2} \tag{6-20}$$

当激光光束传输距离 L=1m 时，光斑抖动的标准差约为 0.35μm，达到了 0.2"量级，可见其影响也不可忽略。

以上这些外部因素对激光光束准直的影响是不容忽视的，因此，寻求减少或消除光束漂移对测量影响的方法与技术，是高精度的激光测量获得成功的关键所在。

2. 激光漂移的影响因素分析

根据前面分析，几种影响光束准直误差的扰动因素均具有不确定性，在实际信号检测中，

当测量光束投射到探测器平面时会产生与理想情况的偏差。此处以四象限探测器(QPD)为例进行分析，分析光束投到 QPD 光敏面上，各种扰动因素通过测量光束耦合进 QPD 的检测结果中。

在激光准直测量过程中，测量光束经过光学系统后照射到 QPD 光敏面上，QPD 通过检测光束像斑在其四个象限上的光强分布情况，输出与光束偏移情况相对应的光电流信号，通过采集获取 QPD 的输出光电流信号即可解算出激光系统的光束偏移情况。

由于激光器谐振腔出射窗口形状限制或者光路中光学器件影响，实际光学系统中激光束很少呈完全圆形，这里我们以椭圆光斑形式表示光束的对准状态如图 6-6 所示。其中，(a)～(c)是三种对准状态，(d)～(f)均是光斑中心存在对准偏差的状态，这与光斑形状与 QPD 探测器参考坐标方位有关。从图中可以看出，当光斑是对称形状(正圆形或椭圆形)时，光斑位置偏移情况仍可以按照前述加减法公式进行分析和计算。

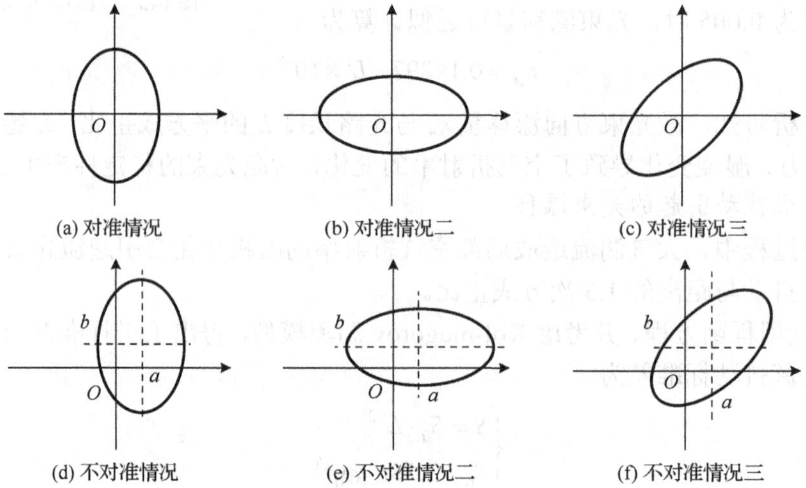

图 6-6　激光准直光斑对准/不对准状态

6.2.2　光束漂移形式

根据上述的激光光束在 QPD 光敏面上投影所产生的不对准状态分析，光束光斑中心与 QPD 光敏面中心由于这种不对准产生了光斑中心偏移误差，按入射激光束与 QPD 光敏面的相对关系，用 QPD 直接检测激光光束存在如下三种光束偏移情况，如图 6-7 所示。

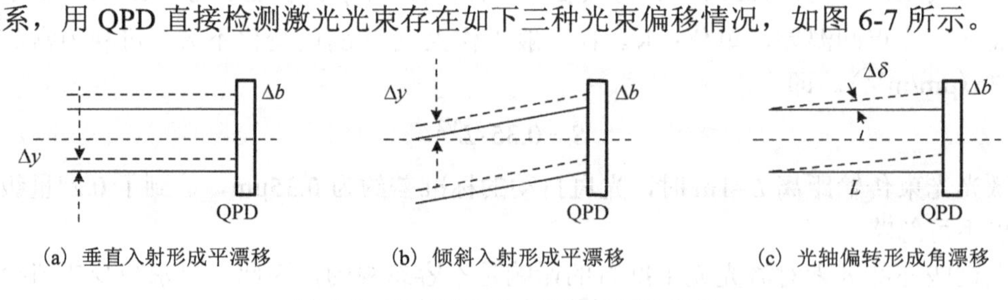

图 6-7　光束漂移形式及其检测示意图

当光束垂直于光敏面入射时，如图 6-7(a)所示，当光束发生平行于光轴方向的光漂移时，QPD 上的偏差值可以直接反映光束平行漂移的情况。当平行光束倾斜入射至 QPD 光敏面上时，如图 6-7(b)所示，QPD 检测的偏差情况仍可以直接反映光束平行偏移情况，而与光束入射角度无关。

当光束由于反射或折射情况而导致光束方向发生偏折时，其典型情况如图 6-7(c)所示，此时 QPD 检测的偏差值与光束偏折点位置 L_0 和偏转角 $\Delta\delta$ 有关。

从光路形式上看，把前面两种形式的光束偏转误差称为平行漂移误差，简称平漂移，后一种称为角度漂移误差，简称角漂移。当光束存在平漂移时，QPD 光敏面上体现的光斑中心偏差直接体现了光束的空间位置偏差情况；当存在光束角漂移时，图 6-7(c)中仅是单一点光折射的等效模型，实际光学系统中 QPD 检测的光斑中心偏差与光束状态有关。

实际测量过程中，光束偏转和折射通常是由空气微粒和大气折射等多种因素引起的，但这些扰动因素通常都具有随机性和不确定性，要确定实际光路中的偏折点位置和偏转角均有困难，因此要构建准确的激光准直光束的漂移检测模型也比较困难。为了简化理论分析，考虑到 QPD 上的光斑偏差情况体现的是光束方向偏折情况的综合效果，我们假想光路中存在一个等效位置点，该位置的光束状态可以等效成图 6-7(c)所示的光束角漂移情况，实际应用中用于光束漂移检测、分析和反馈控制的应用场合都存在类似的假设情况。

6.2.3 光束漂移分离检测方法

激光准直测量中平漂移和角漂移两种误差同时作用到光电探测器光敏面上，即在光电检测原理上存在平漂移和角漂移的相互耦合，这为单独检测一种形式的光束误差带来困难。由于光束平漂移和角漂移的特性完全不同，平漂移与光束中间经过的路径关系不大，仅与光束的起始位置状态有关；而光束角漂移不仅与光束的起始位置状态有关，还与光束任何时刻的光束状态相关，在光路中任何位置的扰动因素均会反映到光束角漂移信息中，故其状态分析比平漂移复杂很多。

实际中一般采用对平漂移和角漂移分离检测的方式，利用正透镜的会聚作用，可以将角漂移转化成在 QPD 光敏面上的位置误差形式，而光束平漂移则会聚于透镜焦点处，其对于角漂移量检测的影响可忽略不计，示意图如图 6-8 所示。这种光漂移分离检测的方法为高精度激光基准测量和对光束漂移的性质分析提供了一种良好的解决方案。

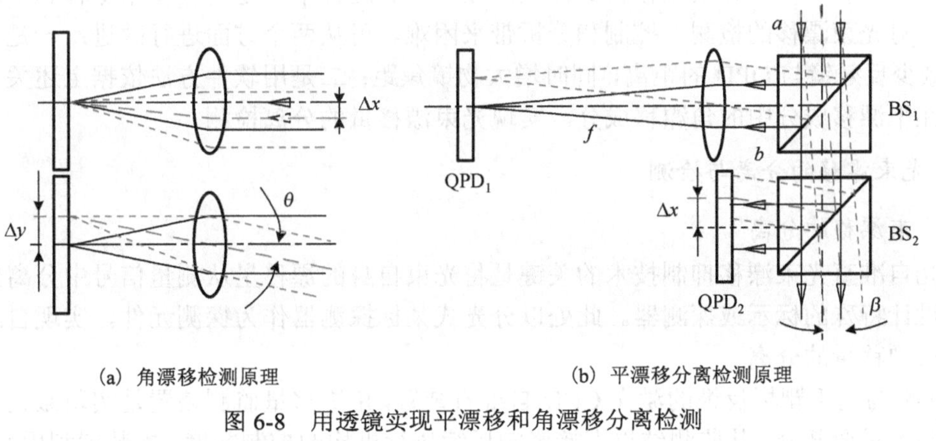

(a) 角漂移检测原理　　(b) 平漂移分离检测原理

图 6-8　用透镜实现平漂移和角漂移分离检测

1. 光束角漂移量分离检测

如图 6-8(a)所示，利用透镜对光束的会聚能力可以实现对光束角漂移量的分离检测，用聚焦物镜对准 QPD 光敏面中心处，同时要保证光轴方向与 QPD 光敏面相互垂直，当光束发生θ角倾斜偏差的角漂移时，该光束经物镜会聚到其焦平面上并发生一定的位置偏移，其偏差量为

$$\Delta y = \theta \times f_{\mathrm{B}} \tag{6-21}$$

式中，Δy 为光束聚焦的位置偏移；f_{B} 为聚焦物镜焦距；θ 为光束角漂移量。

当测量光束相对于光轴产生平漂移时，由于物镜的会聚能力使其会聚在焦点上，可以有效分离出其中的平漂移量。可见，物镜对平漂移不敏感，但将角漂移量放大了 f_{B} 倍，故为改善 QPD 的探测灵敏度，常选取较大 f_{B} 的物镜焦距。实际中光束角漂移是空间量，对实际光学系统来说，常可以分解为相互正交的 x 向和 y 向角漂移θ_x和θ_y，即

$$\begin{cases} \theta_x = \Delta x / f_{\mathrm{B}} \\ \theta_y = \Delta y / f_{\mathrm{B}} \end{cases} \tag{6-22}$$

2. 光束平漂移量分离检测

图 6-8(b)为光束平漂移分离检测示意图，用分光镜从光路中分出相同两束光，一束光直接用物镜聚焦用以检测该光束中的角漂移部分，由于聚焦物镜对光束平漂移不敏感，故检测的完全是光路中的角漂移成分；而另一束则用 QPD 直接接收，用以检测光束总漂移情况，其中包含平漂移和耦合的角漂移成分。

假设从角反射镜到 BS_1 分光镜距离为 a，透镜焦距为 f_{t}，从 BS_2 到 QPD_2 的距离为 b，光线经由角反射镜微小调整后偏转 β_{j} 角，此时光束在 QPD_1 光敏面上的偏移为 $\beta_{\mathrm{j}}\ f_{\mathrm{t}}$，而由角反射镜偏转 β_{j} 角而引起光束在 QPD_2 光敏面上的位置偏移为

$$\Delta x_{\mathrm{p}} = (a+b)\cdot \beta_{\mathrm{j}} \tag{6-23}$$

所以角漂移测量对平漂移检测结果的干扰程度为

$$s = \frac{a+b}{f_{\mathrm{t}}} \tag{6-24}$$

从分析来看，由于光束漂移自身性质，在其检测过程中一定会存在角漂移和平漂移的耦合，这会对光束漂移的检测、控制和分析带来困难。可从两个方面进行改进：一是优化光路布局，减少反射镜与 QPD 的距离，同时增大物镜焦距；二是用软件方法依据上述关系来分离出耦合在平漂移成分中的角漂移成分，实现光束漂移量的分离检测。

3. 光束漂移的分离与检测

1)光束漂移的分离

激光自准直光束漂移抑制技术的关键是将光束自身的漂移量从测量信号中分离出来，为此必须设计特殊的标示或探测器。此处以分光式某标探测器作为探测元件，实现自准直光束自身光束漂移量的分离。

图 6-9 为基于靶标反馈的激光 CCD 自准直装置，角漂移量监测装置是实现激光光束角漂移量探测的重要部分，其监测结果直接影响后续执行机构的控制精度，本装置利用 QPD 的高精度对零特性，实现激光光斑中心的精确定位的同时将激光光斑中心和 QPD 中心的偏差量反馈回计算机，用以实现对执行机构的精确控制。

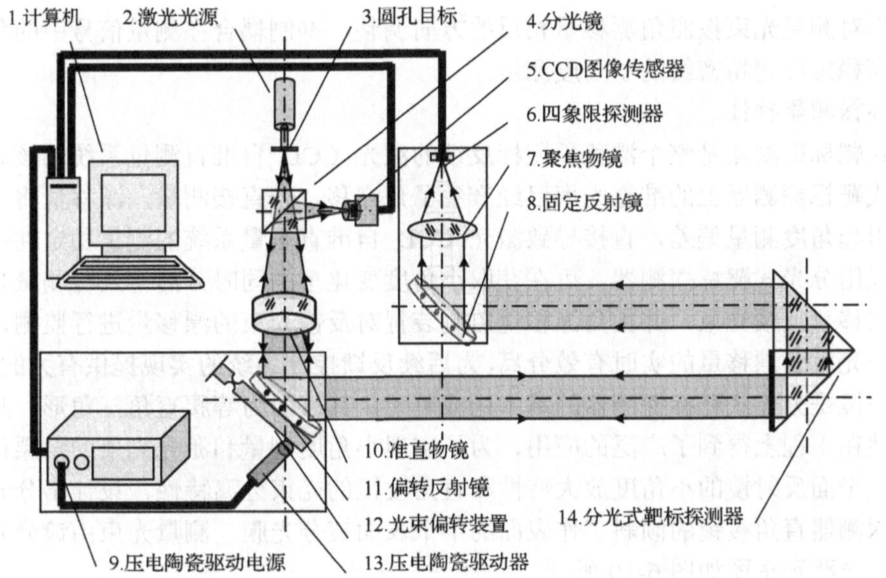

图 6-9　漂移量靶标反馈的激光 CCD 自准直装置

光束偏转装置由压电陶瓷驱动电源、压电陶瓷位移器、柔性铰链和偏转反射镜组成。本装置是实现激光光束角漂移量精确控制的主要组成部分，重点实现对激光光束角漂移量的精确控制，控制系统的执行器采用体积小、分辨率高、功耗低、无热源、动态性能好、控制简单的压电陶瓷驱动器实现，而对应于执行器实现微转角功能的装置采用柔性铰链，其柔性铰链结构具有体积小、无机械摩擦、无爬行、无间隙、运动平稳、机械谐振频率高等优点。

测量系统的工作机理如下：测量时，自准直光学测量系统的激光光源发出激光光束照亮位于准直物镜的焦点处的分划板，经过分光镜透射，准直物镜会聚后，再经过光束偏转装置反射，入射到放置在被测物上的分光式靶标探测器，分光式靶标探测器将入射光束分为两束。

反射光束获取分光式靶标探测器的小角度变化，结合几何光学和光学自准直原理，通过测量信号可精确测出分光式靶标探测器的小角度变化量：

$$\alpha_{\mathrm{A}}=\frac{d_1}{2f_{\mathrm{c}}} \tag{6-25}$$

式中，α_{A} 为分光式靶标探测器的小角度变化量；d_1 为测量信号在 CCD 图像传感器上形成的激光光斑中心位置的变化量；f_{c} 为准直物镜的等效焦距。

透射光束成为角漂移量反馈光束，由角漂移量监测装置监测出角漂移量反馈光束的角漂移量为

$$\varphi_\delta=\arctan\left(\frac{\Delta d}{f_{\mathrm{B0}}}\right) \tag{6-26}$$

式中，φ_δ 为反馈光束的角漂移量；Δd 为反馈光束的聚焦中心偏离 QPD 光敏面中心的位移量；f_{B0} 为聚焦物镜的焦距。

光束偏转装置对激光光束角漂移量进行闭环反馈控制的调整量大小为

$$\varepsilon_{\mathrm{A}}=\frac{\varphi_\delta}{2} \tag{6-27}$$

式中，ε_{A} 为光束偏转装置对光束的调整量；φ_δ 为反馈光束的角漂移量。

计算机对测量光束按照角漂移量相反的方向调整，抑制耦合在测量信号中的角漂移量，从而实现高稳定性超精密级的小角度测量。

2)靶标探测器特性

分光式靶标探测器是整个漂移量靶标反馈的激光 CCD 自准直测量系统的核心部件，入射到分光式靶标探测器上的准直光束已经产生了角漂移，若直接测量，漂移量将混合在测量结果中，引起角度测量偏差，直接导致激光 CCD 自准直测量系统的测量稳定性难以进一步提高；而采用分光式靶标探测器，可在获取小角度变化量的同时分离得到与测量光束特性完全相同的漂移量反馈光束，并由角漂移量监测装置对反馈光束的漂移量进行监测，实现测量信号和激光光束角漂移量的实时有效分离，为后续反馈控制系统的实现提供有力的技术保障。

直角棱镜是分光式靶标探测器的基本构成单元，其截面为等腰直角三角形，其独特的光路变换特性在工程上得到了广泛的应用，为了实现小角度测量和激光光束的角漂移量分离的功能，结合平面反射镜的小角度放大特性和直角棱镜的光束分离特性，设计出分光式靶标探测器，该探测器直角棱镜的倾斜工作表面的半个表面镀分光膜，测量光束由镀分光膜的工作表面入射，光路示意图如图 6-10 所示。

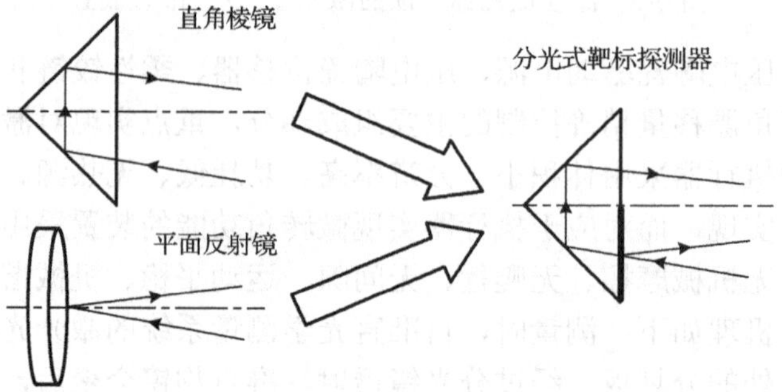

图 6-10　分光式靶标探测器光路示意图

当激光光束出射方向旋转 β_{rot} 角度，同时直角棱镜旋转 α_{rot} 角度时，根据分光式靶标探测器的光束分离特性，在分光面上的反射光束旋转角度为 $2(\alpha_{\mathrm{rot}}+\beta_{\mathrm{rot}})$，而经过分光面透射后的出射激光光束光斑中心位置在 QPD 上变化的角度刚好等于激光光束的旋转角度 β_{rot}，光路示意图如图 6-11 所示。

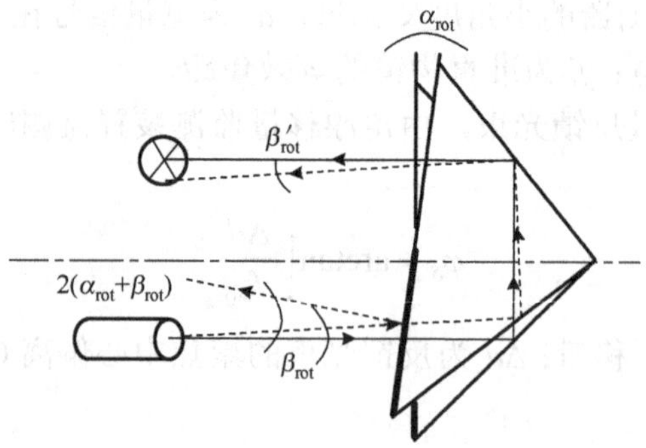

图 6-11　激光光束和分光式靶标探测器转动后的光路示意图

传统的激光准直方法在实时控制激光光束角漂移量的同时也把需要测量的小角度变化量消除了，无法确切反映出所需测量的角度的变化量，而将分光式靶标探测器引入激光 CCD

自准直测角，可以分别得到CCD靶面和转角之间的对应关系以及QPD靶面和激光光束漂移量之间的对应关系。因此，采用分光式靶标探测器，有效地实现了激光光束角漂移量的实时分离，可在获取小角度变化量的同时分离得到与测量光束特性完全相同的漂移量反馈光束，并由角漂移量监测装置对反馈光束的漂移量进行监测，为后续反馈控制系统的实现提供了有力的技术保障。

6.3 典型自准直系统的分辨力影响因素

6.3.1 影响分辨力的因素

根据自准直式(6-3)可以看出，自准直系统的分辨力受到准直物镜焦距长度和自准直图像位移检测分辨力的影响，图6-12为自准直系统分辨力在不同的准直物镜焦距长度和自准直图像位移检测分辨力下的变化关系曲线。从图6-12(a)中可以看出随着自准直图像位移检测分辨力的提高，自准直系统的分辨力对准直物镜焦距长度变化的敏感程度迅速降低；随着准直物镜焦距长度的增加，自准直系统的分辨力对自准直图像位移检测分辨力的敏感程度降低。比较自准直系统分辨力对二者的敏感程度可以发现，相比于提高准直物镜的焦距长度，提高自准直图像位移检测的分辨力对提高自准直系统的分辨力更加有效。

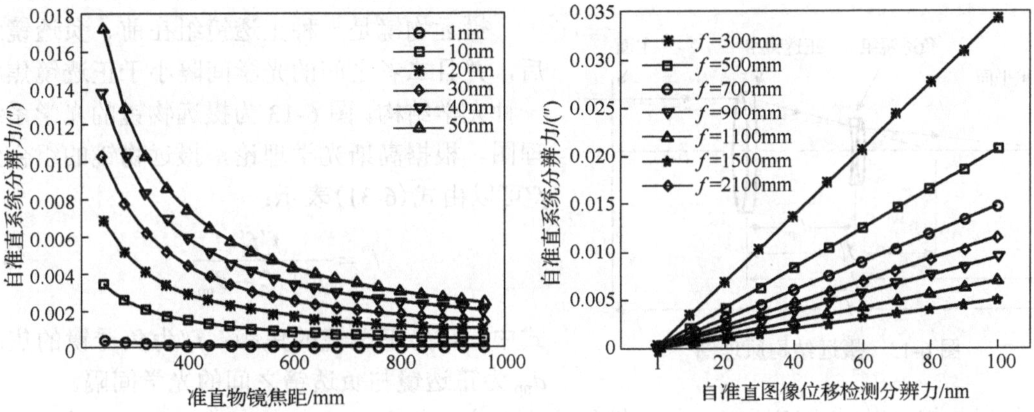

(a) 随准直物镜焦距长度的变化　　(b) 随图像位移检测分辨力的变化

图6-12　激光自准直分辨力的变化

激光自准直中光电探测器通常采用相位灵敏调解器(phase sensitive demodulator，PSD)和QPD，自准直图像的位置变化量通过PSD和QPD输出的电流信号计算获得。PSD在x方向的输出信号为

$$I_{x1}=I_0 S_{\mathrm{PSD}}\frac{L_x-\Delta x}{2L_x},\ I_{x2}=I_0 S_{\mathrm{PSD}}\frac{L_x+\Delta x}{2L_x} \tag{6-28}$$

式中，I_0为自准直图像的强度，单位为W；S_{PSD}为PSD对光强的响应度，单位为A/W；L_x为PSD光敏面在x方向的长度，单位为mm；Δx为自准直图像在x方向的位移量，单位为mm。自准直图像在x方向的位移量Δx与PSD输出的x方向电流信号之间的关系为

$$\Delta I_{\mathrm{PSD}}=I_{x2}-I_{x1}=\frac{I_0 S_{\mathrm{PSD}}}{L_x}\Delta x \tag{6-29}$$

式中，ΔI_{PSD}为 PSD 输出的 x 方向电流变化量。

与 PSD 相似，自准直图像在 x 方向的位移量 Δx 与 QPD 输出的 x 方向电流变化量的关系为

$$\Delta I_{QPD} = I_B + I_C - I_A - I_D = \frac{2I_0 S_{QPD}}{\pi} \times \left(\arcsin\frac{\Delta x}{R} + \frac{\Delta x}{R} \right) \tag{6-30}$$

式中，ΔI_{QPD}为 QPD 输出的 x 方向电流变化量；S_{QPD}为 QPD 的光强响应度，单位为 A/W；R 为自准直返回图像光斑的半径，单位为 mm。

从式(6-29)和式(6-30)中可以看出，对某一特定的电流变化量 ΔI_{PSD} 或 ΔI_{QPD}，自准直图像更高的能量强度对应更小的光斑位移变化量 Δx，因此，利用激光光束的高能量强度可以提高自准直的分辨力。

6.3.2 分辨力提高形式

由式(6-3)可以看出，增加准直物镜焦距长度和提高自准直图像位移检测的分辨力均可以提高自准直系统的分辨力，并且提高自准直图像位移检测的分辨力，相比于增加准直物镜焦距长度对提高自准直系统的分辨力更加有效。

1. 长焦距准直物镜设计

自准直测量中准直物镜的焦距需要同时满足长焦距与小体积的要求，采用光学系统结构中经典的摄远物镜，可以使自准直测量系统的尺寸在受到限制的情况下获得较大的焦距。

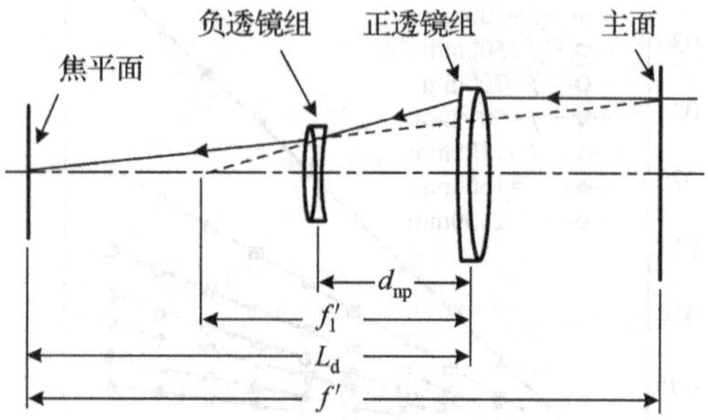

图 6-13 摄远结构原理图

摄远物镜是一种正透镜组在前、负透镜组在后，并且二者之间的光学间隔小于正透镜焦距的一种光学结构。图 6-13 为摄远物镜的光学系统原理图。根据高斯光学理论，摄远物镜的组合焦距 f'可以由式(6-31)表示：

$$f' = \frac{f_1' f_2'}{f_1' + f_2' - d_{np}} \tag{6-31}$$

式中，f_1'为正透镜的焦距；f_2'为负透镜的焦距；d_{np}为正透镜与负透镜之间的光学间隔。

摄远物镜从其前组正透镜到组合镜组焦面的实际物理尺寸 L_d 由式(6-32)表示为

$$L_d = \frac{f_1' f_2' + d_{np}(f_1' - d_{np})}{f_1' + f_2' - d_{np}} \tag{6-32}$$

远摄比 R_{ls} 可以反映摄远物镜的长度 L_d 相对于焦距 f'缩短的程度，其定义如式(6-33)所示。远摄比 R_{ls} 的取值为 0～1，显然，在某一焦距 f'下，远摄比 R_{ls} 越小，摄远物镜的长度 L_d 越短。

$$R_{ls} = \frac{L_d}{f'} = \frac{f_1' f_2' + d_{np}(f_1' - d_{np})}{f_1' f_2'} \tag{6-33}$$

为考察远摄比 R_{ls} 的影响因素，结合式(6-31)与式(6-33)，将其表示为

$$R_{ls} = 1 + d_{np}\left(\frac{1}{f'} - \frac{1}{f_1'} \right) \tag{6-34}$$

自准直仪中准直物镜的设计通常是先根据角度测量的分辨力的要求，确定准直物镜的焦距，然后在已确定的焦距下使准直物镜具有最短的长度，即具有最小的远摄比 R_{ls}。正透镜与负透镜之间光学间隔 d_{np} 总小于正透镜的焦距 f_1'，因此根据式(6-31)可知：

$$R_{ls} > 1 + f_1'\left(\frac{1}{f'} - \frac{1}{f_1'}\right) \tag{6-35}$$

$$R_{ls} > \frac{f_1'}{f'} \tag{6-36}$$

式(6-36)可以看出，远摄比 R_{ls} 与正透镜的焦距 f_1' 和组合光组的焦距 f' 有关，在设定摄远物镜焦距 f' 的情况下，为了缩短摄远物镜的长度，需要减小正透镜的焦距 f_1'，而正透镜的孔径通常为 30～50mm，变化不大，因此根据高斯光学理论，正透镜的焦距 f_1' 减小将导致光线在孔径边缘的折射角增大，给光学系统的像差校正带来较大困难，因此实际应用中，可根据实际情况进行选择。例如，某要求中，根据角度测量分辨力的需求确定准直物镜焦距长度为 1920mm，考虑到系统体积的限制以及前组正透镜对像差的校正能力，选择远摄比 R_{ls}=0.6，对应的准直物镜长度 1152mm。

根据摄远物镜的焦距式(6-31)，分别对 f_1'、f_2' 和 d_{np} 求偏导数：

$$\left.\begin{aligned}
\frac{\partial f'}{\partial f_1'} &= \frac{f_2'}{f_1' + f_2' - d_{np}} + f_1' \times \left(-\frac{f_2'}{(f_1' + f_2' - d_{np})^2}\right) = \frac{f_2' - f'}{f_1' + f_2' - d_{np}} \\
\frac{\partial f'}{\partial f_2'} &= \frac{f_1'}{f_1' + f_2' - d_{np}} + f_2' \times \left(-\frac{f_1'}{(f_1' + f_2' - d_{np})^2}\right) = \frac{f_1' - f'}{f_1' + f_2' - d_{np}} \\
\frac{\partial f'}{\partial d_{np}} &= \frac{f_1' f_2'}{(f_1' + f_2' - d_{np})^2} = \frac{f'}{f_1' + f_2' - d_{np}}
\end{aligned}\right\} \tag{6-37}$$

将透镜参数值代入式(6-37)中可以看出，摄远物镜的焦距 f' 对正负组透镜焦距 f_1'、f_2' 以及正负组透镜间隔 d_{np} 的变化都很敏感，正透镜焦距 f_1' 变化 0.1mm 引起摄远物镜的焦距 f' 的变化为 4.5mm，后组负透镜焦距 f_2' 变化 0.1mm 引起摄远物镜焦距 f' 的变化约 3mm，前后组透镜间隔 d_{np} 变化 0.1mm 引起摄远物镜的焦距 f' 的变化约为 4mm。摄远物镜焦距对参数敏感的特点增加了镜片制作加工以及装调的难度。图 6-13 为摄远物镜焦距随正、负透镜的间距及它们之间的光学间隔的变化关系，此分析结果可以作为制定摄远物镜结构参数设计公差的依据。

2. 光学放大法

对自准直系统中准直物镜焦面的返回图像进行放大，可以提高自准直返回图像位移测量的分辨力，进而提高自准直角度测量的分辨力。图 6-14 为采用显微透镜进行光学放大的原理图。经显微透镜放大后的图像在像面的位移量 Δy_1 与准直物镜焦面图像的位移量 Δy_0 之间的关系为

$$\Delta y_1 = k_a \times \Delta y_0 \tag{6-38}$$

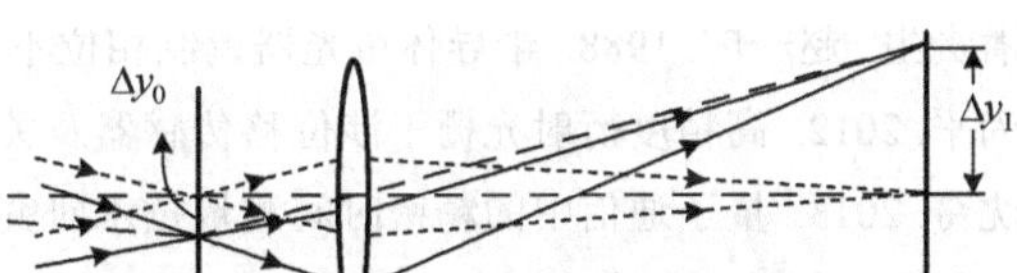

图 6-14 光学放大原理图

式中，k_a 为显微透镜的放大倍数。

在光电位置传感器的有效接收面积一定的情况下，采用光学放大法提高自准直角度测量的分辨力，通常会使角度测量范围呈相应比例下降。本系统中对角度测量分辨力和测量范围综合考虑，选择光学放大倍数为 10。采用光学放大法时应将显微透镜与准直物镜作为一整套光学系统进行整体优化设计，其光学系统的设计难度比较大，并且采用光学放大法会使准直物镜的像差以及光束漂移引起的图像位置变化量放大，因此，光学放大法能够得到有效应用的前提是需要进行像差的整体优化，并且采用合适的措施对自准直中光束漂移量进行抑制或补偿。

参 考 文 献

安琪. 2006. 粒子物理实验中的精密时间间隔测量. 核技术, 29 (6): 453-462

曹向群，黄维实，金彤. 1992. 光栅计量技术. 杭州: 浙江大学出版社

常丽. 2015. 光栅莫尔条纹纳米级细分技术. 沈阳: 辽宁科学技术出版社

陈千颂, 杨成伟, 潘志文, 等. 2002. 激光飞行时间测距关键技术进展. 激光与红外, 32(1): 7-10

陈艳, 赵洋. 1997. 绝对距离测量技术综述. 现代计量测试, (2): 3-9

邓罗根. 1997. 多波长激光绝对距离干涉计量术的原理与发展. 激光技术, 21(2): 65-72

冯志辉, 刘恩海, 岳永坚. 2010. 基于 FPGA 延迟线插入法的半导体激光测距. 光电工程, 37 (4): 53-59

胡鹏程. 2007. 超精密激光外差干涉测量中的激光稳频技术研究. 哈尔滨: 哈尔滨工业大学博士学位论文

华卿, 周维虎, 许艳. 2012. 飞秒激光频率梳绝对测距技术综述. 计测技术, 32(1): 1-5

黄银国. 2010. 激光自准直微小角度测量基础技术研究. 天津: 天津大学博士学位论文

黄振, 刘彬. 2006. 脉冲激光测距中时间间隔测量的新方法. 光电子 • 激光, 17(9): 1153-1155

江月松. 2009. 光电技术与实验. 北京: 北京理工大学出版社

焦明星, 冯其波, 王鸣, 等. 2014. 激光传感与测量. 北京: 科学出版社

金国藩, 李景镇. 1998. 激光测量学. 北京: 科学出版社

蓝信钜. 2009. 激光技术. 北京: 科学出版社

梁晶, 龙兴武, 张斌. 2008. 一种新型多波长绝对距离干涉测量系统的研究. 光学技术, 34(5): 681-683

梁铨廷. 2008. 物理光学. 北京: 电子工业出版社

梁浴榕. 2013. 外差激光干涉仪中的高精度相位测量研究. 武汉: 华中科技大学博士学位论文

刘峰. 2003. 脉冲半导体激光测距机的研制及应用. 红外与激光工程, 32(2): 118-112

刘俭. 2009. 超分辨移相解算共焦及复色差动共焦传感方法研究. 哈尔滨: 哈尔滨工业大学博士学位论文

刘玉圣，范光照，陈叶金. 2006. 高精度衍射光栅干涉仪的研制. 工业计量, 16(2): 1-3

陆振刚，谭久彬，魏培培，等. 2015. 一种基于衍射光栅的二维位移测量装置: 中国，201510021664.0

潘贵生, 赵一广. 1988. 半导体激光器调制相位不均匀性效应的实验研究. 半导体学报, 9(5): 513-516

尚平. 2012. 高精度衍射光栅干涉位移传感器及关键技术研究. 合肥: 合肥工业大学博士学位论文

沈奇. 2013. 量子通信中的精密时间测量技术研究. 合肥: 中国科学技术大学博士学位论文

苏绍璟，刘辉，吕海宝. 2003. 纳米级位移分辨率双光栅系统的多普勒分析. 光学精密工程，11(1): 17-21

孙长库, 何明霞, 王鹏. 2008. 激光测量技术. 天津: 天津大学出版社

所睿, 范志军, 李岩, 等. 2002. 双频激光干涉仪技术现状与发展. 激光与红外. 34(4): 251-253

谭久彬, 胡鹏程, 陈朋. 2013. 抗光学混叠的双频激光光栅干涉三维测量方法及系统: 中国，CN201310616973

谭久彬, 陆振刚, 魏培培. 2015. 一种使用双频激光和衍射光栅的二维位移测量装置: 中国，201510021686.7

万德安. 1999. 激光基准高精度测量技术.北京: 国防工业出版社

王富生. 2001. 基于差动共焦显微探测原理的三维测量技术研究. 哈尔滨: 哈尔滨工业大学博士学位论文

王国超, 魏春华, 颜树华. 2014. 光梳多波长绝对测距的波长选择及非模糊度量程分析. 光学学报, 34(04): 121-127

王鹏, 徐毓光, 余勤跃, 等. 1999. 矩形光栅的衍射特性. 光子学报, 28(5): 446-450
王晓冬. 2009. 高频脉冲激光测距接收系统设计. 南京: 南京理工大学硕士学位论文
王秀芳, 王江, 杨向东, 等. 2006. 相位激光测距技术研究概述. 激光杂志, 27(2): 4-5
吴文明. 2007. 提高光电自准直仪分辨率及精度的研究. 西安: 西安光学精密机械研究所硕士学位论文
夏豪杰，费业泰，范光照，等. 2007. 基于衍射光栅的二维纳米位移测量技术. 纳米技术与精密工程, 5(4): 311-314
许艳, 周维虎, 刘德明, 等. 2011. 基于飞秒激光器光学频率梳的绝对距离测量. 光电工程, 38(8): 79-83
许艳. 2012. 基于飞秒光频梳的绝对距离测量技术研究. 武汉: 华中科技大学博士学位论文
薛江蓉. 2004. 单频激光干涉测长系统抗干扰性及细分技术的研究. 南京: 南京理工大学硕士学位论文
杨成伟, 陈千颂, 林彦, 等. 2003. 脉冲激光测距时间间隔测量及误差分析. 红外与激光工程, 32(2): 123-126
杨睿韬. 2010. 偏频锁定式热稳频激光器偏频信号检测及数字控制器研究. 哈尔滨: 哈尔滨工业大学硕士学位论文
叶声华. 1980. 激光在精密计量中的应用. 北京: 机械工业出版社
殷纯永. 1999. 现代干涉测量技术. 天津: 天津大学出版社
张存满, 赵洋, 李达成. 1998. 超外差干涉绝对距离测量研究综述. 光学技术, 1(1): 7-10
张广军. 2003. 光电测试技术. 北京: 中国计量出版社
张洪明, 鲁涛, 王鑫, 等. 2006. 异步取样在光数字信号监测中的应用. 光电子・激光, 17(10):1229-1232
张继涛, 吴学健, 李岩, 等. 2012. 利用光频梳提高台阶高度测量准确度的方法. 物理学报, (10): 88-92
张鸣, 朱煜, 王磊杰, 等. 2013. 一种外差光栅干涉仪位移测量系统: 中国, CN201210449244.9
张萍. 2001. 激光自准直仪在远距离精密定位系统中应用的实验研究. 天津: 天津大学硕士学位论文
张善锺，浦昭邦. 1985. 计量光栅技术. 北京: 机械工业出版社
张书练，李岩. 2003. 面向 21 世纪的双频激光及相关测量科学技术. 中国机械工程, 11(3): 266-269
张书练. 2005. 正交偏振激光原理. 北京: 清华大学出版社
张涛. 2013. 基于相移法的飞秒脉冲激光绝对距离测量技术研究. 天津: 天津大学博士学位论文
赵晨光. 2010. 同步移相干涉共焦显微成像技术研究. 哈尔滨: 哈尔滨工业大学博士学位论文
周炳琨, 高以智, 陈倜嵘, 等. 2000. 激光原理. 北京: 国防工业出版社
周小珊, 李岩. 2010. 相位激光测距与外差干涉相结合的绝对距离测量研究. 应用光学, 31(6):1013-1017
朱凡. 2013. 基于共光路光束漂移测量与同步补偿的激光自准直技术. 哈尔滨: 哈尔滨工业大学博士学位论文
朱目成, 周肇飞, 张涛. 2004. He_Ne 拍波激光干涉仪的研究. 激光技术, 28(5): 531-533
朱煜, 张鸣, 王磊杰, 等. 2013. 一种双频光栅干涉仪位移测量系统: 中国，CN201210448734.7
Ari K, Riku P, Juha K. 2001. Precise pulsed time-of-flight laser range finder for industrial distance measurements. Review of Scientific Instruments, 72(4): 2197-2203
Baer T, Kowalski F V, Hall J L. 1980. Frequency stabilization of a 0.633 μm He-Ne longitudinal zeeman laser. Applied Optics, 19(18): 3173-3177
Balhorn R, Kunzmann H, Lebowsky F. 1972. Frequency stabilization of internal-mirror Helium-Neon lasers. Applied Optics, 11(4): 742-746
Bennett S J, Ward R E, Wilson D C. 1973. Comments on: frequency stabilization of internal mirror He-Ne lasers. Appl. Opt., 12(7): 1406
Best R E. 1999. Phase-Locked Loops: Design, Simulation, and Applications. 4th. New York: Graw-Hill Companies

Chen K H, Chen J H, Lu S H, et al. 2009. Absolute distance measurement by using modified dual-wavelength heterodyne michelson interferometer. Optics Communications, 282(9):1837-1840

Cheng F, Fan K C. 2011. Linear diffraction grating interferometer with high alignment tolerance and high accuracy. Applied optics, 50(22): 4550-4556

Coddington I, Swann W C, Nenadovic L, et al. 2009. Rapid and precise absolute distance measurements at long range. Nature Photonics, 3(6): 351-356

Corporation Z. 2012. Interferometric encoder systems: US, 8300233 B2

Daendliker R, Hug K, Politch J. 1995. High-accuracy distance measurements with multiple-wavelength interferometry. Optical Engineering, 34(8): 2407-2412

Das A, Boruah B R. 2011. Optical sectioning microscope with a binary hologram based beam scanning. Review of Scientific Instruments, 82(4): 043702-043702-6

Dornfeld D, Min S, Takeuchi Y. 2006. Recent advances in mechanical micromachining. CIRP Annals-Manufacturing Technology, 55(2): 745-768

Ellers T J, Davidson M W. 2014. Confocal Microscopy. New York: Humana Press

Ellis J D，Meskers A J H，Spronck J W. 2011. Fiber-coupled displacement interferometry without periodic nonlinearity. Optics Letters, 36(18): 3584-3586

Gu M. 1996. Principles of Three Dimensional Imaging in Confocal Microscopes. Singapore: World Scientific Publishing Co Pte Ltd.

Hartmann L, Meiners-Hagen K, Abou-Zeid A. 2008. An absolute distance interferometer with two external cavity diode lasers. Meas. Sci. Tech., 19(4): 1-6

Hou W, Wilkening G. 1992. Investigation and compensation of the nonlinearity of heterodyne interferometers. Precis. Eng., 14(2): 91-98

Li X, Gao W, Muto H, et al. 2013. A six-degree-of-freedom surface encoder for precision positioning of a planar motion stage. Precision Engineering, 37(3): 771-781

Meiners-Hagen K, Schodel R, Pollinger F, et al. 2009. Multi-wavelength interferometry for length measurements using diode lasers. Measurement Science Review, (9): 16-26

Minoshima K, Matsumoto H. 2000. High-accuracy measurement of 240-m distance in an optical tunnel by use of a compact femtosecond laser. Applied Optics, 39(30): 5512-5517

Minsky M. 1961. Microscopy apparatus: U.S, 3013467

Pisani M. 2009. A homodyne Michelson interferometer with sub-picometer resolution. Measurement Science and Technology, 20(8): 084008

Riza N A. 2008. Axial scanning confocal microscopy with no moving parts. Optics and Photonics News, 19(12): 33-33

Rowley W R C. 1990. The performance of a longitudinal zeeman-stabilized He-Ne laser with thermal modulation and control. Meas. Sci. Tech., 1(4): 348-351

Mohammad S B, 2002. Cross-talk and intermediate frequency deviation effects on phase-shift range finder. Source Iranian Journal of Science and Technology, 26(B4): 647-654

Yokoyama J, Ohnishi S I. 1999. Real-time and high-resolution absolute-distance measurement using a two-wavelength superheterodyne interferometer. Meas. Sci. Technol, 10(12): 1233-1239

Schuhler N, Salvade Y, Leveque S, et al. 2006. Frequency-comb-referenced two-wavelength source for absolute distance measurement. Optics Letters, 31 (21) : 3101-3103

Sheppard C J R, Shotton D M. 1997. Confocal Laser Scanning Microscopy. Oxford: BIOS Scientific Publishers

Shuko Y, Akito O, Tsutomu A, et al. 1995. Examination to eliminate undesirable phase delay of an avalanche photodiode (APD) for intensity-modulated light. Review of Scientific Instruments, 66 (11) : 5331-5336

Teimel A. 1992. Technology and applications of grating interferometers in high-precision measurement. Precision Engineering, 14 (3) : 147-154

Thiel J, Pfeifer T, Hartmann M. 1995. Interferometric measurement of absolute distances of up to 40 m. Measurement, 16 (1) :1-6

Umeda N, Tsukiji M, Takasaki H. 1980. Stabilized 3He-20Ne transverse zeeman laser. Applied Optics, 19 (3) : 442-450

Wilson T. 2001. Resolution and optical sectioning in the confocal microscope. J. Microsc, 244 (2) : 113-121

Xie Y, Wu Y Z. 1992. Zeeman laser interferometer errors for high-precision measurements. Applied Optics, 37 (7) : 881-884

Ye J. 2004. Absolute measurement of a long, arbitrary distance to less than an optical fringe. Optics Letters, 29 (10) : 1153-1155

Yokoyama T, Araki T, Yokoyama S, et al. 2001. A subnanometre heterodyne interferometric system with improved phase sensitivity using a three-longitudinal-mode He-Ne laser. Meas. Sci. Technol, 12 (2) :157-162

Yun M J, Wang M, Wang Q T, et al. 2007. Laser beam shaping system with a radial birefringent filter. Journal of Modern Optics, 54 (1) : 129-136

Zhao Y. 2002. Dual-wavelength parallel interferometer with super high resolution. Optics Letters, 27 (7) :503-505

Zou L M, Qu J Q, Hou S L, et al. 2012. Differential confocal technology based on radial birefringent pupilfiltering principle. Optics Communications, 285 (8) : 2022-2027

Zumberge M A. 1985. Frequency stability of a zeeman-stabilized laser.Applied Optics, 24 (13) : 1902-1904

